Richard H. 11/1

D1752927

Marie-Curie-Gymnasium
Hohen Neuendorf
Waldstraße 1a
16540 Hohen Neuendorf
Tel.   03303 / 50 04 65
Tel./Fax 03303 / 50 41 32

TERRA

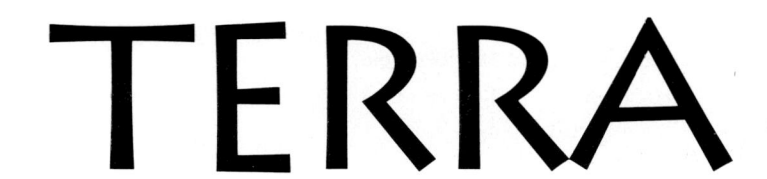

Erdkunde S II
Landschaftszonen und Stadtökologie

Von
Hans-Ulrich Bender
Wilfried Korby
Ulrich Kümmerle
Norbert von der Ruhren
Christoph Stein
Waldemar Viehof

mit Beiträgen von
Andreas Niessen
Manfred Thierer

KLETT-PERTHES
Gotha und Stuttgart

Terra Erdkunde S II
Landschaftszonen und Stadtökologie

Von
StD Hans-Ulrich Bender, Köln
StD Dr. Wilfried Korby, Korb
Prof. Ulrich Kümmerle, Saulgau
StD Norbert von der Ruhren, Aachen
StD Dr. Christoph Stein, Wolfsburg
OStR Dr. Waldemar Viehof, Niederkassel

mit Beiträgen von
Andreas Niessen, Köln
StD Dr. Manfred Thierer, Leutkirch

Dieses Werk folgt der reformierten Rechtschreibung und Zeichensetzung. Ausnahmen bilden Texte, bei denen künstlerische, philologische oder lizenzrechtliche Gründe einer Änderung entgegenstehen.

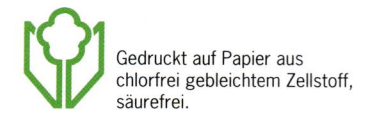

Gedruckt auf Papier aus chlorfrei gebleichtem Zellstoff, säurefrei.

1. Auflage   1 5 4 3 2 1 | 2000 99 98 97 96

Alle Drucke dieser Auflage können im Unterricht nebeneinander benutzt werden, sie sind untereinander unverändert. Die letzte Zahl bezeichnet das Jahr dieses Druckes.
© Justus Perthes Verlag Gotha GmbH, Gotha 1996. Alle Rechte vorbehalten.

Redaktion und Produktion: Ingeborg Philipp, Andrea Somogyi, Achim Hutt

Einband: Erwin Poell, Heidelberg
Satz: Lihs, Satz und Repro, Ludwigsburg
Druck: B. Kühlen, Mönchengladbach
Karten: Klett-Perthes/Walter Scivos, Ingolf Meier, Bernd Kreutzburg; Peter Blank, Bielefeld; Heike Carrle, Schorndorf; ComCart, Leonberg; Dietlof Reiche, Hamburg
Zeichnungen: R. Hungreder, W. Schaar, U. Wipfler
ISBN 3-12-409440-9

Inhalt

Die Erde – ein gefährdetes Ökosystem	4
Die Atmosphäre – Aufbau und klimawirksame Vorgänge	6
Böden	28
Vegetation	40
Landschaftszonen	46
Tropen	46
Tropischer Regenwald: Gefährdung komplexer Ökosysteme	52
Zerstörung des Tropischen Regenwaldes durch Holznutzung	62
Erschließungsprojekte in Amazonien	70
Sahel: Problemraum in den Wechselfeuchten Tropen	72
Beispiel: Landnutzung und Desertifikation in der Butana (Südsudan)	84
Subtropen	86
Mittelmeerraum: Nutzungskonflikt Wasser	88
Naturpotential und Nutzung im Subtropischen China (Yunnan)	94
Gemäßigte Zone	96
Wechselwirkungen der Naturfaktoren in komplexen Ökosystemen: Das Waldsterben in Mitteleuropa	100
Rheinhochwasser und Ökologie	110
Great Plains: Nutzung und Gefährdung eines Raumes an der Trockengrenze	120
Kalte Zone	126
Erschließung der Erdöl- und Erdgasprovinz Westsibirien	132
Hydroenergie aus der Waldtundra Kanadas	140
Stadtökologie	142
Stadtklima: Das Beispiel Düsseldorf	144
Energieversorgung der Städte	152
Grundwasserbelastung und Wasserversorgung	156
Abfallwirtschaft in Deutschland	160
Abfallaufkommen und -entsorgung in Nordrhein-Westfalen	166
Innerstädtischer Verkehr: „Dicke Luft"	170
Aachen – ökologisch orientierte Verkehrspolitik	176
Flächennutzungskonflikt und Bauleitplanung	182
Gefährdung der Erdatmosphäre	186
Anhang	195
Weiterführende Literatur	195
Register	198

Die Erde – ein gefährdetes Ökosystem

Das **„Prinzip Verantwortung"** hat der Philosoph Hans Jonas formuliert und in seinem 1979 unter diesem Titel erschienenen Buch auch ausführlich begründet. Für dieses Werk wurde er mit dem Friedenspreis des Deutschen Buchhandels ausgezeichnet. Gleichsam als erweiterten kategorischen Imperativ hat er an jeden von uns die Forderung gerichtet: „Handle so, dass die Wirkungen deines Handelns verträglich sind mit der Fortdauer menschlichen Lebens und der Erhaltung der Vielfalt der Natur auf der Erde."

Dasselbe Anliegen hat bereits in der Mitte des letzten Jahrhunderts ein Indianer Nordamerikas – zwar in den Worten und Bildern seiner Kultur, aber doch in gleicher Eindringlichkeit und mit beeindruckender Weitsicht – so ausgedrückt:

„Der große Häuptling in Washington sendet Nachricht, dass er unser Land zu kaufen wünscht. Wie kann man den Himmel kaufen oder verkaufen – oder die Wärme der Erde? Diese Vorstellung ist uns fremd. Wenn wir die Frische der Luft und das Glitzern des Wassers nicht besitzen – wie könnt ihr sie von uns kaufen? Jeder Teil dieser Erde ist meinem Volk heilig, jede glitzernde Tannennadel, jeder sandige Strand, jeder Nebel in den dunklen Wäldern, jede Lichtung, jedes summende Insekt. Wir sind ein Teil der Erde und sie ist ein Teil von uns. Die duftenden Blumen sind unsere Schwestern, die Rehe, das Pferd, der große Adler – sind unsere Brüder. Die felsigen Höhen, die saftigen Wiesen, sie alle gehören zur gleichen Familie. Wenn wir euch Land verkaufen, müsst ihr wissen, dass es heilig ist. Das Murmeln des Wassers ist die Stimme meiner Vorväter. Die Flüsse sind unsere Brüder – sie stillen unseren Durst. Die Flüsse tragen unsere Kanus und nähren unsere Kinder. Wenn wir euch Land verkaufen, so müsst ihr euch daran erinnern und eure Kinder lehren: Die Flüsse sind unsere Brüder – und eure.

Die Luft ist kostbar für den roten Mann – denn alle Dinge teilen denselben Atem, das Tier, der Baum, der Mensch, sie alle teilen denselben Atem. Der Wind gab unseren Vätern den ersten Atem und empfängt den letzten.

Der weiße Mann muss die Tiere des Landes behandeln wie seine Brüder. Was ist der Mensch ohne Tiere? Wären alle Tiere fort, so stürbe der Mensch an großer Einsamkeit des Geistes. Was immer den Tieren geschieht, geschieht bald auch den Menschen. Alle Dinge sind miteinander verbunden. Was die Erde befällt, befällt auch die Söhne der Erde. Lehrt eure Kinder, was wir unsere Kinder lehren: Die Erde ist eure Mutter. Wenn Menschen auf die Erde spucken, bespeien sie sich selbst. Denn das wissen wir, die Erde gehört nicht den Menschen, der Mensch gehört der Erde. Der Mensch schuf nicht das Gewebe des Lebens, er ist darin nur eine Faser. Was immer ihr dem Gewebe antut, das tut ihr euch selber an."

Erzählung nach einer Rede des Häuptlings Seattle vom Stamme der Duwamish im Gebiet Washington, 1855; gekürzt

„Die einzige Hoffnung besteht darin, dass der Mensch zumindest ein wenig von seiner Habgier und Verantwortungslosigkeit abrückt, um nicht nur an sich zu denken, sondern auch an die Mitmenschen und an die Umwelt.

Die Verantwortung der Menschheit besteht also darin, die Welt ein wenig besser zurückzulassen, als sie sie vorgefunden hat. Das wäre schon der entscheidende Schritt zur Zukunftssicherung. Angesichts zunehmender ökologischer Probleme – Treibhauseffekt, saure Böden, vergiftetes Wasser, unreine Luft – flüchten sich viele Menschen in die verantwortungslose Haltung: ‚Ich kann ja doch nichts ändern!' Wer aber soll etwas ändern, wer ist verantwortlich für den Zustand unseres Planeten, wenn sich nicht jeder Einzelne angesprochen fühlt?"

Gedanken des Oberstufenschülers Oliver Maier, 1996

Der verantwortliche Umgang mit dem Planeten Erde setzt Antworten auf zwei Fragen voraus: Was für eine Erde wollen wir haben, und was für eine Erde können wir haben?
Die Menschheit muss also die globalen ökologischen Auswirkungen ihres Handelns erkennen und sich für bestimmte Entwicklungsstrategien entscheiden.
Ein lokales Element einer möglichen globalen Strategie symbolisiert diese junge Nepalesin, die im Rahmen eines Wiederaufforstungsprojekts einen Baum pflanzt.

Die Atmosphäre – Aufbau und klimawirksame Vorgänge

M 1

Zentralheizung, Klimaanlagen und andere technische Errungenschaften haben uns zu einer so großen Unabhängigkeit von den Unbilden des Wetters verholfen, dass viele Menschen in ihm in erster Linie einen Freizeitfaktor sehen. Manchem mit dem Klima Unzufriedenen ist es sogar möglich, sich im Reisebüro für ein paar Wochen sein „Traumklima" zu kaufen. Wenn aber ein ganzer Sommer verregnet ist, sintflutartige Niederschläge die Flüsse über die Ufer treten lassen, ganze Regionen unter Dürre leiden oder Wirbelstürme das Land verwüsten, dann wird uns stets bewusst, wie hilflos wir den elementaren Kräften der Atmosphäre gegenüberstehen.

Aufbau der Atmosphäre, Strahlungsbilanz und Klimaelemente

Das Wort „Wetter" gehört mit zu den am häufigsten verwendeten Worten in unserer Sprache und wird trotzdem oft nicht ganz richtig gebraucht. Unter *Wetter* versteht man kurzfristige Veränderungen der Atmosphäre bzw. ihren augenblicklichen Zustand an einem bestimmten Ort der Erde. Länger andauernde sowie sich jahreszeitlich wiederholende Wetterlagen nennt man *Witterung*. *Klima* bezeichnet im Gegensatz dazu die Gesamtheit der für einen Raum typischen, sich über einen längeren Zeitraum erstreckenden Witterungsabläufe. Um Klimadaten zu ermitteln, bedarf es langjähriger Messungen und Mittelwertsberechnungen der *Klimaelemente*. Die Wichtigsten sind die Lufttemperatur, der Luftdruck, der Wind, die Luftfeuchtigkeit, die Bewölkung und der Niederschlag.

Klima und Wetter werden aber auch durch die sogenannten *Klimafaktoren* (klimawirksame Raumeigenschaften) beeinflusst, wie Höhenlage, Exposition, Hangneigung, Bodenbedeckung, Land-Meer-Verteilung. Auch der Transport von Wärme bzw. Kälte durch Winde und Meeresströmungen spielt eine wichtige Rolle.

Der Aufbau der Atmosphäre

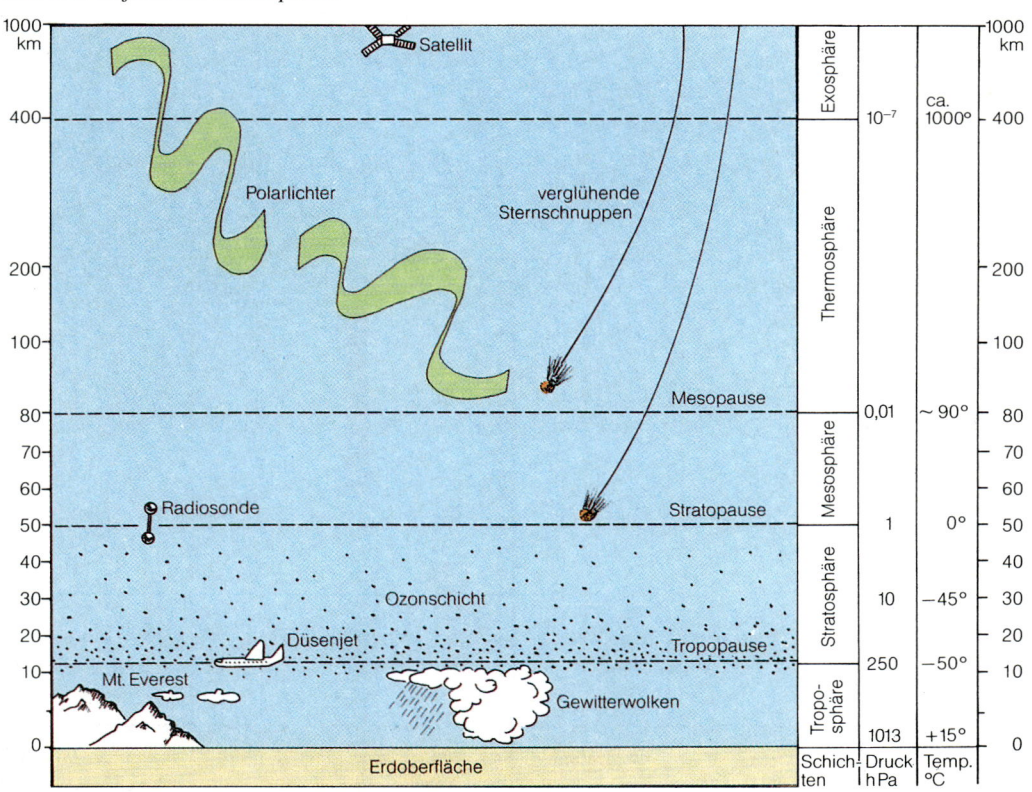

Die *Troposphäre* (griechisch: tropos = Wechsel), die unterste Schicht der Atmosphäre, reicht an den Polen in Höhen von 8 bis 9 km, in äquatorialen Breiten bis in 17 bis 18 km Höhe. In ihr spielt sich im Wesentlichen das Wetter und Klimageschehen ab.

M 2 Der Aufbau der Atmosphäre [1]

[1] Angaben zur Untergrenze der Exosphäre unterschiedlich, z. T. bis 1000 km

M 3 *Zusammensetzung der Atmosphäre (Vol.-% in Meeresniveau)*

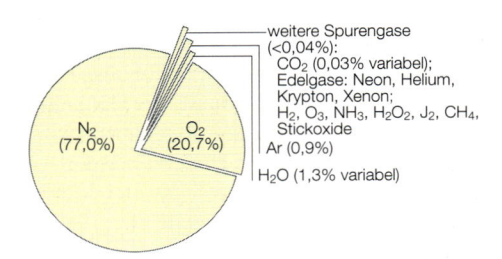

- N₂ (77,0%)
- O₂ (20,7%)
- weitere Spurengase (<0,04%): CO₂ (0,03% variabel); Edelgase: Neon, Helium, Krypton, Xenon; H₂, O₃, NH₃, H₂O₂, J₂, CH₄, Stickoxide
- Ar (0,9%)
- H₂O (1,3% variabel)

Die Zusammensetzung des Gasgemisches Luft ist bis in etwa 20 km Höhe, trotz der unterschiedlichen Dichte der Einzelgase, relativ konstant. Neben dem Stickstoff und dem Sauerstoff spielen die Spurengase eine wichtige Rolle, auch wenn sie nur geringe Volumenanteile einnehmen. Ihre Anreicherung – verstärkt durch das Wirken des Menschen – kann zu Veränderungen des Weltklimas führen. Die Luft enthält außerdem räumlich und zeitlich wechselnde Mengen von Wasserdampf, der sich ganz auf die Troposphäre konzentriert. Moderne Jets können die „Wetterküche Troposphäre" verlassen und bei überwiegend wolkenfreier Sicht fliegen.

In der Stratosphäre konzentriert sich das Spurengas Ozon, das den schädlichen Anteil der kosmischen UV-Strahlung absorbiert. Die noch höheren Schichten sind für das Klimageschehen der Erde weniger wichtig.

Sonnenstrahlung, Lufttemperatur

Alle atmosphärischen Vorgänge werden durch die Sonne, die Licht- und Wärmespenderin, angetrieben. In der Sonne herrscht eine Temperatur von 16 000 000 °C, an ihrer Oberfläche sind es etwa 6000 °C. Ein verschwindend geringer Teil der ausgesandten Energie gelangt in die Atmosphäre und auf die Erde. An der Obergrenze der Erdatmosphäre trifft auf eine zu den Sonnenstrahlen senkrecht stehende Fläche eine Energiemenge von etwa 33,5 kWh je m² und Tag auf. Man nennt diese Menge *Solarkonstante*. Ihre größten Energiebeträge entfallen auf den Bereich des „sichtbaren" Lichtes.

M 4 *Globale Jahresmittel der Energiebilanz in Prozent der einfallenden extraterrestrischen Strahlung*

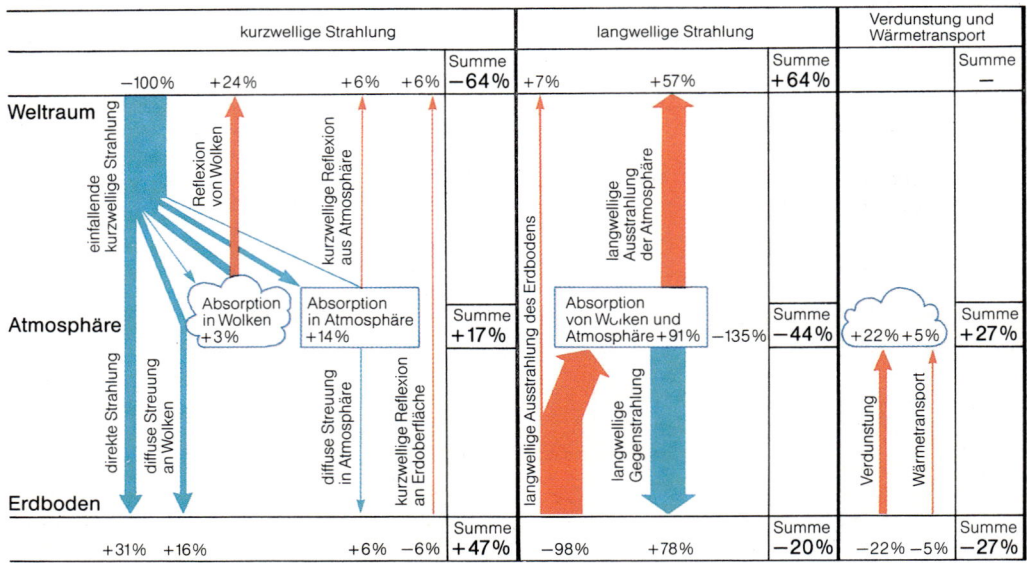

	kurzwellige Strahlung					langwellige Strahlung			Verdunstung und Wärmetransport	
					Summe			Summe		Summe
Weltraum	−100%	+24%	+6%	+6%	−64%	+7%	+57%	+64%		−
	einfallende kurzwellige Strahlung	Reflexion von Wolken	kurzwellige Reflexion aus Atmosphäre			langwellige Ausstrahlung des Erdbodens	langwellige Ausstrahlung der Atmosphäre			
Atmosphäre		Absorption in Wolken +3%	Absorption in Atmosphäre +14%		Summe +17%		Absorption von Wolken und Atmosphäre +91%	−135% Summe −44%	+22% +5%	Summe +27%
	direkte Strahlung	diffuse Streuung an Wolken	diffuse Streuung in Atmosphäre	kurzwellige Reflexion an Erdoberfläche			langwellige Gegenstrahlung		Verdunstung	Wärmetransport
Erdboden	+31%	+16%	+6%	−6%	Summe +47%	−98%	+78%	Summe −20%	−22% −5%	Summe −27%

In jeder Ebene ergeben die Summen der Werte Null; es herrscht also ein energetisches Gleichgewicht.
Nach Heinz Fortak: Meteorologie. Berlin: Reimer 1982, S. 21

Die von der Sonne ausgehende Strahlung ist kurzwellig. An der Erdoberfläche wird sie in langwellige Wärmestrahlung umgewandelt. Diese wiederum erwärmt die Luft an der Erdoberfläche, weshalb ihre Temperatur mit zunehmender Höhe abnimmt – pro 100 m Höhenunterschied zwischen 0,5 ° und 1,0 °C. M 4 zeigt, dass nur ein Teil der solaren Strahlung an die Erdoberfläche gelangt. Es verdeutlicht andererseits auch, dass die von der Erde ausgehende langwellige Strahlung (*terrestrische Strahlung*) größtenteils von der Atmosphäre absorbiert wird, vor allem von Wasserdampf, CO_2 und anderen Spurengasen. Als *Gegenstrahlung* kommt sie zu beträchtlichen Teilen wieder an die Erdoberfläche zurück, sodass der Ausstrahlungsverlust der Erde weitgehend kompensiert wird. Man spricht vom *natürlichen Treibhauseffekt*. Ohne ihn läge die Durchschnittstemperatur der Erde bei –18 °C, so sind es 15 °C.

Die Lufttemperatur ist von der Temperatur der Erdoberfläche abhängig, letztlich also von der Menge der absorbierten Sonnenstrahlung. Diese richtet sich nach der Dauer und Intensität der Einstrahlung sowie der Oberflächenbeschaffenheit. Die Intensität ist besonders vom Einfallswinkel der Sonnenstrahlen abhängig.
Das bedeutet, dass
– die Energiezufuhr der Sonne vom Äquator zu den Polen abnimmt;
– die durch die Schiefstellung der Erdachse bedingte jahreszeitlich unterschiedliche Sonnenhöhe einen bestimmten Jahresgang der Temperatur nach sich zieht;
– die tagsüber wechselnde Sonnenhöhe einen bestimmten Tagesgang der Temperatur bedingt.

M 5 *Mittagshöhe der Sonne, Tageslängen, Durchschnittstemperaturen (Nordhalbkugel)*

		Mittagshöhe der Sonne			Tageslänge in Stunden		Jahres-durchschnitts-temperatur
		21.6.	21.3. 23.9.	21.12.	längster Tag	kürzester Tag	
90°N	Nordpol	23,5°	0°	–	24,0	0	–23°C
66½°	Nördlicher Polarkreis	47,0°	23,5°	0°	24,0	0	–7°C
23½°	Nördlicher Wendekreis	90,0°	66,5°	43,0°	13,5	10,5	+24°C
0°	Äquator	66,5°	90,0°	66,5°	12,0	12,0	+26°C

M 6 *Abhängigkeit der Erwärmung vom Einfallswinkel der Sonnenstrahlen*

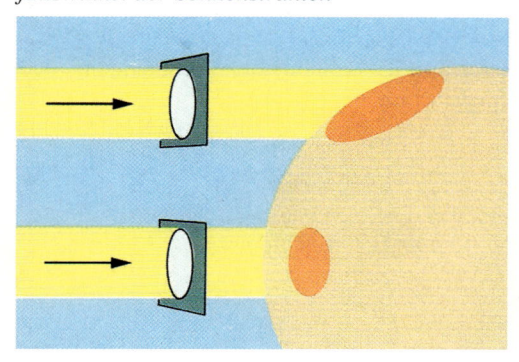

M 7 *Teil der Wetterstation Stuttgart*

Eckardt Jungfer: Einführung in die Klimatologie. Stuttgart: Klett 1985, S. 54

Luftfeuchtigkeit und Niederschläge

M 8 Niederschlagsbildung

M 9 Niederschlagsbildung

Wie entstehen Niederschläge? Warum kommt es auf der Luvseite eines Gebirges zu Wolkenbildung und Niederschlag (Steigungsregen), auf der Leeseite dagegen zur Auflösung von Wolken und Trockenheit (Föhn)? Warum kann es an einem heißen Sommertag bei klarer Luft zu Wolkenbildung kommen?

Zur Klärung dieser Vorgänge bedarf es einer Erörterung einfacher physikalischer Fakten: Von den Bestandteilen der Luft tritt nur das Wasser in allen drei Aggregatzuständen auf. Der gasförmige Wasserdampf ist unsichtbar; Nebel und Wolken enthalten in der Luft schwebende Wassertröpfchen oder Eiskristalle. Die Aggregatzustände können ineinander übergehen, womit erhebliche Energieumsätze verbunden sind. Wichtig ist in der Atmosphäre der Übergang von der gasförmigen in eine feste oder flüssige Phase oder umgekehrt. Ein Beispiel für den Übergang von der festen in die gasförmige Phase, die *Sublimation,* ist das allmähliche Aufzehren einer Schneedecke auch bei Temperaturen von weit unter 0 °C. Der umgekehrte Vorgang ist zu sehen, wenn sich in einer klaren Winternacht Reif an einer Windschutzscheibe bildet.

Den Gehalt der Atmosphäre an Wasserdampf bezeichnet man als *Luftfeuchtigkeit* (*Luftfeuchte*). Sie bildet sich durch Verdunstung. Die Luft kann – jeweils abhängig von ihrer Temperatur – unterschiedliche Mengen Wasserdampf aufnehmen. Als absolute Luftfeuchtigkeit bezeichnet man die Masse (in Gramm) des in einem m³ Luft enthaltenen Wasserdampfes. Die relative Luftfeuchtigkeit gibt an, wie viel Prozent der maximal möglichen Wasserdampfmenge in einer Luftmasse tatsächlich enthalten sind. Beim Abkühlen der Luft wird der Sättigungs- oder Taupunkt bei 100 % relativer Feuchte erreicht. Bei weiter sinkender Temperatur kondensiert der Wasserdampf. Es kommt zu Wolkenbildung und Niederschlag.

M 10 Aggregatzustände des Wassers in der Luft

M 11 *Die Sättigungskurve der Luft für Wasserdampf bei verschiedenen Temperaturen*

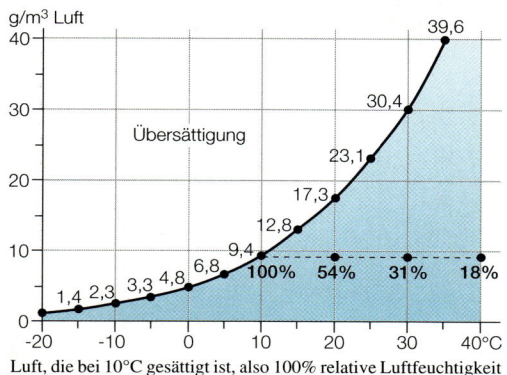

Luft, die bei 10°C gesättigt ist, also 100% relative Luftfeuchtigkeit aufweist, zeigt bei Erwärmung auf 20°C nur noch 54% relative Luftfeuchtigkeit.

Am Beispiel des Steigungsregens lässt sich eine Art der Niederschlagsentstehung anschaulich erläutern: Durch Stau horizontaler Strömungen wird Luft an der Luvseite von Gebirgen angehoben und dehnt sich wegen des geringen Luftdrucks in der Höhe aus (1 m³ Luft in Meeresniveau entspricht 2 m³ in 5000 m Höhe). Sie kühlt sich dabei ab, und zwar um ca. 1 °C/100 m Höhe (*adiabatisch*). Die Abkühlung hat ein Ansteigen der relativen Luftfeuchtigkeit zur Folge, das Wasserdampfaufnahmevermögen sinkt, Kondensation und Wolkenbildung setzen ein und es kann zu Niederschlägen kommen. Grundvoraussetzung für die Kondensation ist das Vorhandensein von kleinsten *Aerosolen* (*Kondensationskerne* wie z. B. Staubteile). Umgekehrt führt das Absinken von Luft zu Verdichtung, Erwärmung, Abnahme der relativen Luftfeuchte und Wolkenauflösung. Neben dem Steigungsregen gibt es auch andere Vorgänge der Kondensation und Niederschlagsbildung:
– durch das Aufsteigen von Luft infolge starker Aufheizung des Bodens, wie etwa in den Tropen (Zenitalregen) oder an heißen Sommertagen in den mittleren Breiten (Wärmegewitter, die sich durch emporquellende Wolkentürme anzeigen);
– durch das Aufgleiten warmer Luft auf kalte (Landregen in der gemäßigten Zone);
– durch nächtliche Ausstrahlung und Abkühlung.

Am Beispiel des Föhns lässt sich exemplarisch zeigen, dass sich der adiabatische Temperaturgradient bei der Bildung von Wolken verändert, denn bei diesem Vorgang wird Kondensationswärme frei. Das bewirkt, dass die unter Wolkenbildung aufsteigende Luft nicht mehr um 1°C/100 m kälter wird, sondern nur noch um 0,6°C (feuchtadiabatischer Temperaturgradient.)

M 12 *Entstehung des Föhns in den Alpen*

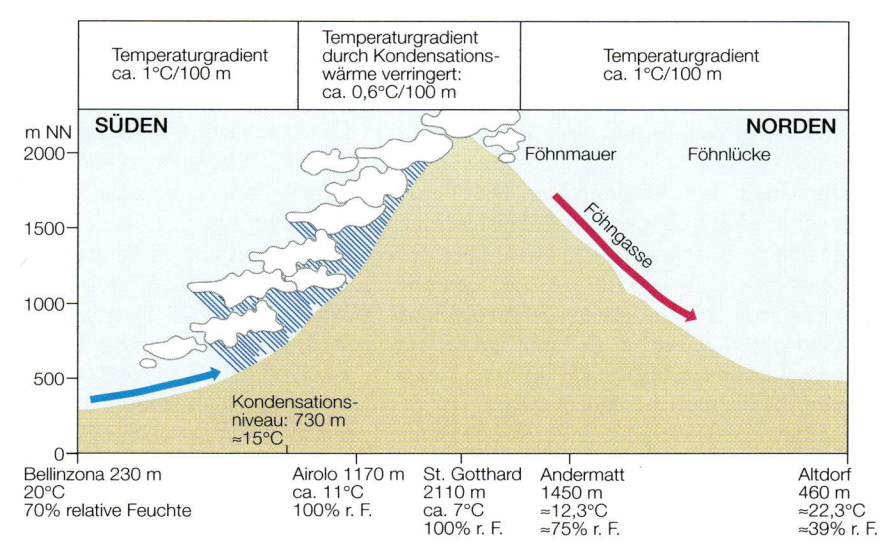

11

Globaler Wasserhaushalt

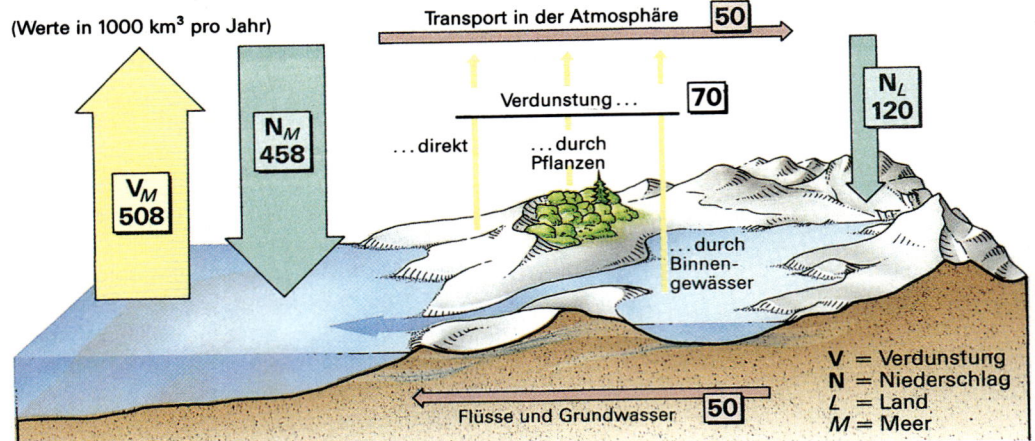

M 13 Schema des globalen Wasserkreislaufs
(Werte in 1000 km³ pro Jahr)

- Transport in der Atmosphäre: 50
- V_M = 508
- N_M = 458
- Verdunstung: 70 (… direkt, … durch Pflanzen, … durch Binnengewässer)
- N_L = 120
- Flüsse und Grundwasser: 50

V = Verdunstung
N = Niederschlag
L = Land
M = Meer

Das Wasser der Erde befindet sich nur zu 0,001 % (13 000 km³) als Wasserdampf in der Atmosphäre. Bezogen auf die jährliche Niederschlagsmenge (516 Mio. km³) bedeutet das im globalen Wasserkreislauf, dass der atmosphärische Wasserdampf im Mittel 34-mal im Jahr umgesetzt wird. In globaler Sicht entspricht die mittlere Verdunstung (V) den mittleren Niederschlägen (N). Für das Festland oder Teilgebiete lässt sich der Wasserhaushalt mit folgender Formel erfassen:

$$N = V + A + (R - B)$$

(N = Niederschlag, V = Verdunstung, A = Abfluss, R = Rücklage, z. B. Bodenfeuchte, Eis, stehende Gewässer, B = Aufbrauch (Entnahme aus der Rücklage durch Abfluss oder Verdunstung)

Niederschlag und Verdunstung. Die Verteilung der Niederschläge auf der Erde ist sehr unterschiedlich, beispielsweise sind sie über dem Meer erheblich höher (1120 mm/Jahr) als über dem Festland (720 mm/Jahr), in Teilen der Sahara fallen im Mittel weniger als 1 mm, auf den Hawaii-Inseln können bis zu 15 000 mm erreicht werden. Ökologisch besonders wichtig ist das Verhältnis der Niederschläge zur Verdunstung, Letztere ist wieder in starkem Maße von der herrschenden Temperatur abhängig. Auf diese Weise lässt sich die Erde klimageographisch in humide, nivale und aride Gebiete gliedern (lat. humidus = feucht, nivalis = schneeig, aridus = trocken).

In den humiden Klimaten (z. B. tropischer Regenwald, ozeanisch geprägte Teile der gemäßigten Zone) sind die jährlichen Niederschläge größer als die Verdunstung (N>V). Der nicht verdunstende Anteil der Niederschläge fließt oberflächlich oder auch unterirdisch ab. Wasserüberschuss, dauernd fließende Flüsse und abwärts gerichteter Bodenwasserstrom sind kennzeichnend. In vollhumiden Gebieten fallen in allen oder nahezu allen Monaten ausreichende Niederschläge. Semihumide Gebiete haben Monate, in denen die Verdunstung größer ist als der Niederschlag, ganzjährig gemittelt gilt aber N>V.

Im nivalen Klima (z. B. Polkappen, Gletscherregion der Hochgebirge) fällt mehr Schnee als abschmilzt oder verdunstet – Gletscherbildung ist die Folge.

Gebiete mit aridem Klima (N<V) zeigen Wassermangel, Kennzeichen sind z. B. nur zeitweilig Wasser führende Flüsse und aufwärts gerichteter Wasserstrom, der zur Salzkrustenbildung führen kann. Vollaride Gebiete, z. B. Wüsten, weisen keinen humiden Monat auf, in semiariden Gebieten, z. B. Steppen und trockenen Savannen, übersteigt die Jahresverdunstung zwar den Niederschlag, aber bis zu sechs Monate sind humid.

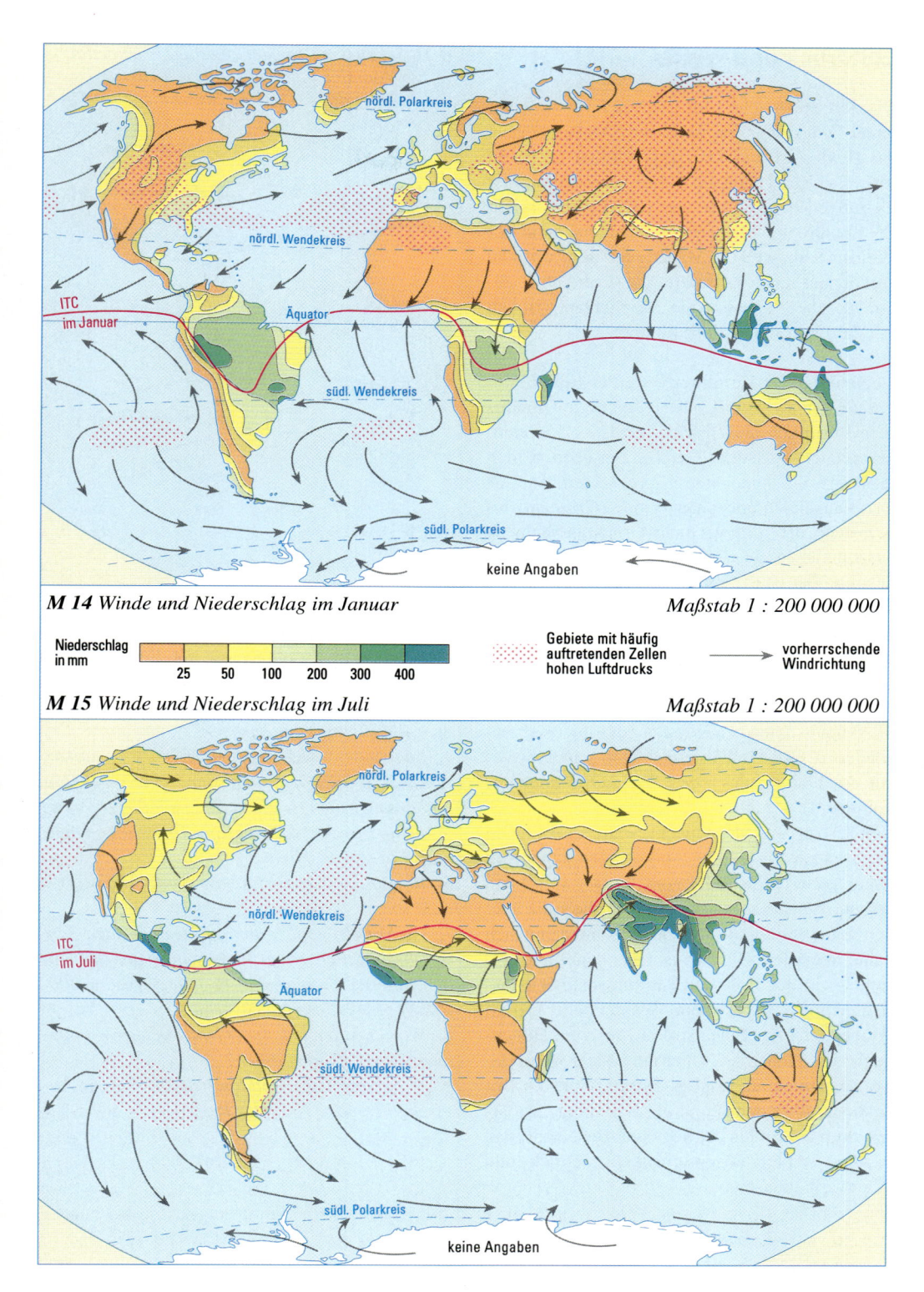

M 14 *Winde und Niederschlag im Januar* — Maßstab 1 : 200 000 000

Niederschlag in mm: 25 | 50 | 100 | 200 | 300 | 400

Gebiete mit häufig auftretenden Zellen hohen Luftdrucks

→ vorherrschende Windrichtung

M 15 *Winde und Niederschlag im Juli* — Maßstab 1 : 200 000 000

Luftdruck und Winde

Die atmosphärische Luft übt durch ihr Gewicht einen Druck aus, den *Luftdruck;* Maßeinheit ist das Hektopascal (1 hPa ≙ 1 Millibar (mb)). In Meeresniveau lasten auf 1 cm² unter Normalbedingungen 1033 g Luft, was 1013 hPa entspricht (Normaldruck). Mit wachsender Höhe sinkt der Luftdruck ab, weil die Mächtigkeit der Luftsäule zurückgeht und außerdem die Luftdichte abnimmt. Darauf beruht die Möglichkeit, Höhen mit dem Barometer zu bestimmen.

Gebiete hohen Luftdrucks werden als *Hochdruckgebiete (Antizyklonen),* solche mit niedrigem Luftdruck als *Tiefdruckgebiete (Zyklonen)* bezeichnet. Aus dem Gefälle zwischen beiden resultiert die sogenannte *Gradientkraft,* und als Druckausgleich entstehen Winde (*Gradientwinde*), denn die Luft versucht Druckunterschiede auszugleichen. Je stärker das Luftdruckgefälle, desto größer ist die Windgeschwindigkeit.
Orte gleichen Luftdrucks werden in Wetterkarten und anderen Darstellungen durch *Isobaren,* Linien gleichen Drucks (griech. isos = gleich, baros = Druck), verbunden.
Temperaturunterschiede führen über Luftdruckunterschiede zu Winden. Das lässt sich besonders deutlich in Küstengebieten zeigen, wo es zur Ausbildung des *Land-Seewind-Phänomens* kommt.
Wer Urlaub am Meer macht, spürt an sonnigen Tagen nach Mittag das Aufkommen angenehm abkühlender Winde, die vom Wasser aufs Land wehen. Im Sommer erwärmt sich die Luft über dem Land stärker als über der See und dehnt sich daher in größere Höhen aus. Über dem Land entsteht so in der Höhe ein Luftmassenüberschuss (Höhenhoch), über dem Wasser ein Defizit (Höhentief). Als Folge strömt Luft vom Höhenhoch zum Höhentief. Über dem Meer steigt daher der Druck an, und es entsteht dort ein Bodenhoch, über dem Land ein Bodentief. Daraus resultiert am Boden der Seewind. Bei Nacht (und auch im Winter) liegen umgekehrte Druck- und Windverhältnisse vor.

M 16 Schema zur Entstehung thermisch bedingter horizontaler Luftdruckunterschiede (Entstehung des Land- und Seewindes)

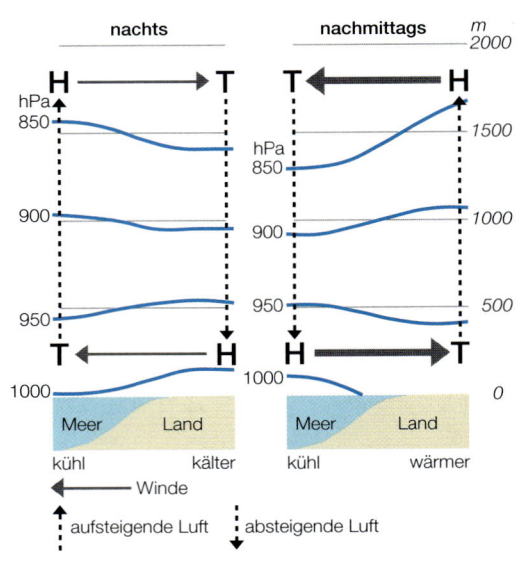

1. *Definieren Sie die folgenden Begriffe: Klima, Wetter, Klimaelemente, Klimafaktoren.*
2. *Nennen Sie Beispiele für die Beeinflussung der Lufttemperatur durch Klimafaktoren.*
3. *Warum kühlen Wüsten nachts stark ab, nicht aber die feuchten Innertropen?*
4. *Begründen Sie, warum Expositionsunterschieden in den inneren Tropen eine geringere Bedeutung zukommt als in der gemäßigten Zone.*
5. *Erläutern Sie die Begriffe Tageszeitenklima und Jahreszeitenklima.*
6. *Beschreiben und erläutern Sie die Fotos (M 8 u. M 9).*
7. *In Mitteleuropa zählt man an einem Ort durchschnittlich etwa 30 Gewitter im Jahr, in den inneren Tropen sind es jedoch bis zu 200. Erklären Sie diesen Sachverhalt.*
8. *Warum fallen in kalten Gebieten weniger Niederschläge als in warmen?*
9. *Wann und warum bilden sich auf Wiesen, Autoscheiben usw. Tau oder Reif?*

Grundzüge der planetarischen Zirkulation

Das einfache Prinzip der Entstehung von Land- und Seewinden lässt sich auf die globalen Luftdruck- und Windverhältnisse übertragen. Wegen der unterschiedlich starken Sonneneinstrahlung erwärmt sich die Luft in den äquatorialen Gebieten viel stärker als in den polaren. Das ist auch der Grund, dass die Obergrenze der Troposphäre, die Tropopause, in den Tropen viel höher (17–18 km) ist als in den polaren Gebieten (8–9 km).

M 1 Die Entstehung der Frontalzone

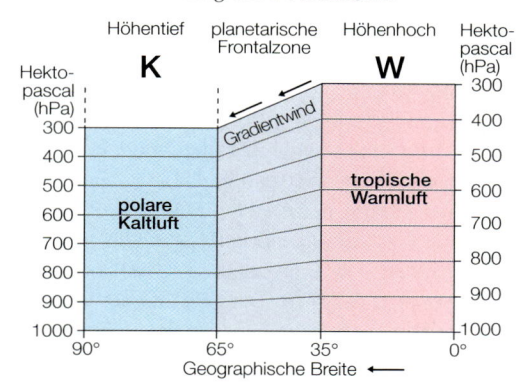

M 2 Luftbewegungen und Isobaren im Hoch und Tief auf der Nordhalbkugel

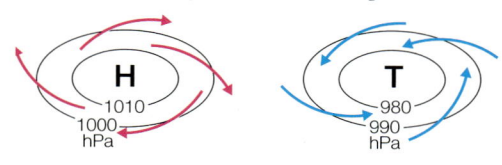

Das Vorhandensein von tropisch-warmen und polar-kalten Luftmassen hat zur Folge, dass die Flächen gleichen Luftdrucks in den Tropen höher liegen als in den polaren Zonen. Die daraus entstehenden Luftdruckgegensätze führen in großer Höhe zu einem Abströmen von Luftmassen aus dem Äquatorbereich (Höhenhoch) polwärts (Höhentief). Auf der Nordhalbkugel müssten demnach in der Höhe ständige Südwinde wehen. In Wirklichkeit wehen dort aber Westwinde. Der Grund dafür ist die ablenkende Kraft der Erdrotation, die *Corioliskraft*.

Die Corioliskraft wurde von dem französischen Mathematiker Gespard Coriolis (1792–1843) entdeckt, der berechnen wollte, warum von Süd nach Nord geschossene Kanonenkugeln nach Osten abgelenkt werden. Sie ist von entscheidender Bedeutung für alle Luftbewegungen. Durch diese Kraft wird jeder Wind auf der Nordhalbkugel aus seiner Richtung nach rechts, auf der Südhalbkugel nach links abgelenkt. So ist es zu erklären, dass auf der Nordhalbkugel in großer Höhe keine Südwinde wehen, sondern diese nach rechts, zu Westwinden abgelenkt werden. Die Corioliskraft führt also dazu, dass Winde nicht auf direktem, kurzem Weg vom Hoch zum Tief strömen, sondern abgelenkt werden. In Höhen über etwa 3 km wehen sie sogar parallel zu den Isobaren – ein rascher Druckausgleich ist dann nicht mehr möglich. In den unteren Luftschichten, besonders über Land, wird dagegen der Wind durch die Reibung abgebremst, sodass er sich stärker in Richtung des Tiefs wendet.

Die Stärke der Corioliskraft ist auch von der Breitenlage abhängig und beim Äquator geht sie auf Null zurück. Demnach können dort die Winde unmittelbar in ein Tief einströmen. Größere Druckunterschiede bauen sich dann gar nicht erst auf – es herrscht häufig Windstille. Man zählt daher diese Zone zu den Kalmen (engl. calm = ruhig).

M 3 Ablenkung einer Luftmasse auf der Nordhalbkugel (schematisch)

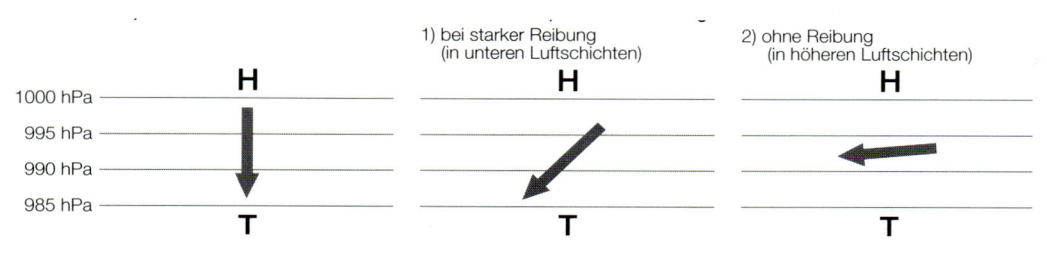

Planetarische Frontalzone, Westwinddrift und Passatzirkulation

Planetarische Frontalzone. Der Druckunterschied in großer Höhe zwischen Tropen und Polargebieten ist besonders stark in einer Zone zwischen dem 35. und dem 65. Breitengrad. Man nennt diese Zone, in der sich der Druckausgleich vollzieht, *Planetarische Frontalzone*. Hier treten stürmische Westwinde, sogenannte *Jetstreams* auf, mit Geschwindigkeiten bis zu 400 km/h. Am stärksten sind sie in Höhen zwischen 8 bis 12 km, wo sie der Luftfahrt kräftig zusetzen. Die Jetstreams – jahreszeitlich wechselnd – wirken sich bis an die Erdoberfläche aus, sodass sich zwischen 35 ° und 65 ° Breite zwei ausgedehnte Westwindzonen erstrecken. Das stürmische Gegenstück zu unseren Breiten finden wir auf der Südhalbkugel in den von der Schifffahrt gefürchteten „roaring forties". Die Winde dieser Zonen strömen nicht ruhig dahin, sondern verlaufen in Wellenbewegungen und sind außerdem mit Tief- und Hochdruckwirbeln bzw. -zellen durchsetzt – all das, was unser Wetter so spannend gestaltet. Die Wirbel wandern ostwärts, wobei die Tiefs polwärts ausscheren und dort eine Zone tiefen Drucks bilden, die *subpolare Tiefdruckrinne*. Sie besteht aus einzelnen, sich ständig erneuernden Zellen (z. B. Islandtief, Aleutentief).

Auf der Äquatorseite scheren dagegen die Hochs aus, die in etwa 30 ° Breite einen Hochdruckgürtel (Azorenhoch, Hawaiihoch) ausbilden. Die genannten Hoch- und Tiefdruckgebilde werden auch als dynamische Hochs und Tiefs bezeichnet.

Passatzirkulation der Tropen. Auf der Fahrt nach Süden, so berichteten die frühen spanischen und portugiesischen Seefahrer, kamen die Schiffe um den 30.–35. Breitengrad in eine Flautenzone, die *Rossbreiten*. Hier lagen die Schiffe oft wochenlang fest. Dann ging es – getrieben vom *Nordostpassat* – wieder zügig voran dem Äquator entgegen, wo häufige Flauten (Kalmen), aber auch ständig wechselnde Winde und viele Regenschauer ihnen zusetzten.

Die moderne Klimatologie kann diese Phänomene erklären: Am thermischen Äquator besteht am Boden niedriger Luftdruck, da Luft aufsteigt und in der Höhe polwärts abfließt. In dieses Tiefdruckgebiet strömen von den bei etwa 30 ° gelegenen subtropischen Hochdruckgürteln (Rossbreiten) Luftmassen ein. Es entstehen in Bodennähe wegen der Wirkung der Corioliskraft der *Nordostpassat* (Nordhalbkugel) und der *Südostpassat* (Südhalbkugel). Dabei handelt es sich um für die Segelschifffahrt günstige, gleichmäßige, ihre Richtung beibehaltende Winde (spanisch: passada = Überfahrt). Die Passate strömen gegeneinander, sie konvergieren (*Innertropische Konvergenzzone, ITC*). Das führt zusammen mit der starken Aufheizung in den inneren Tropen zum Aufsteigen der Luft, womit Wolkenbildung, Schauer und Gewitter einhergehen.

Im Nordsommer, dem Sommer der Nordhalbkugel, wandert der thermische Äquator mit der ITC nach Norden bis ca. 18 ° N (in Südasien noch weiter), im Nordwinter nach Süden. Damit verschieben sich auch die anschließenden Luftdruck- und Windgürtel, ebenso sind entscheidende Auswirkungen auf die Niederschlagsverhältnisse damit verbunden.

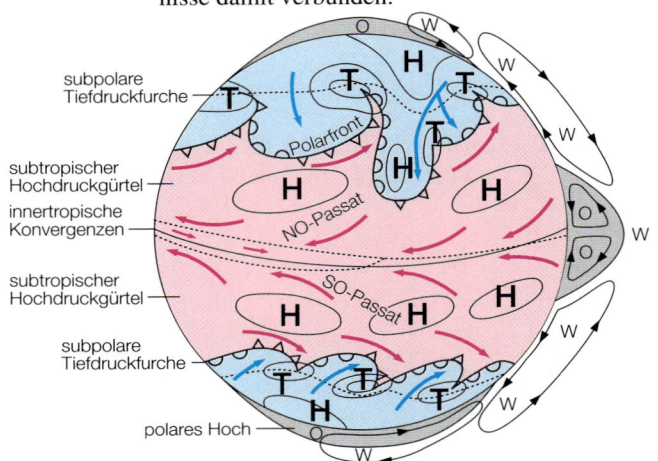

M 4 Schema der planetarischen Luftdruck- und Windgürtel in 0–2 km Höhe mit überhöhtem Aufriss bis 15 km Höhe (nach Flohn)

- ········· Konvergenzen
- ⌒⌒▽▽ Fronten
- kalte Luft mit kalten Winden
- warme Luft mit warmen Winden
- Zonen mit Ostwind

M 5 Schematische Darstellung der atmosphärischen Zirkulation

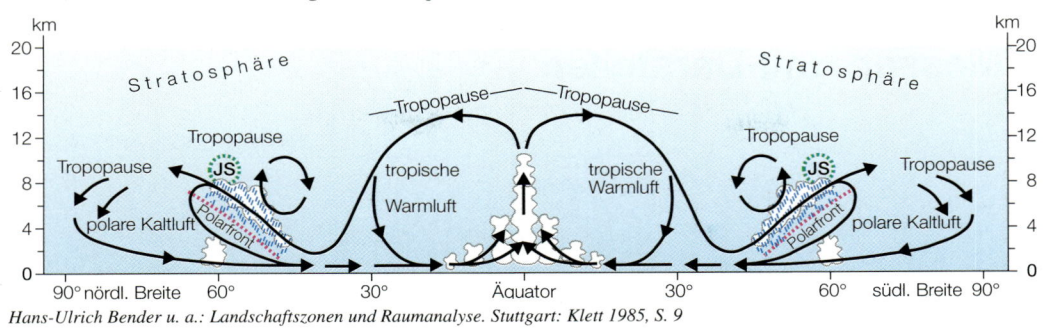

Hans-Ulrich Bender u. a.: Landschaftszonen und Raumanalyse. Stuttgart: Klett 1985, S. 9

M 6 Afrika und Europa aus dem Weltraum betrachtet

1. Nennen Sie Faktoren, die die Windgeschwindigkeit beeinflussen.
2. „Stellt man sich auf der Nordhalbkugel mit dem Rücken zum Wind, so liegt das Tiefdruckgebiet…, das Hochdruckgebiet…" Vervollständigen Sie diese alte meteorologische Regel (Buys-Ballot'sche Regel).
3. Der Nonstopflug eines großen Düsenjets in 10–12 km Höhe von Frankfurt nach New York dauert eine Stunde länger als der Rückflug. Erklären Sie diesen Sachverhalt.
4. Erklären Sie die Entstehung des Monsuns in Vorderindien.
5. Interpretieren Sie die Meteosat-Aufnahme (M 6).

Klimaelemente – Messen und Darstellen

Thermoisoplethendiagramm

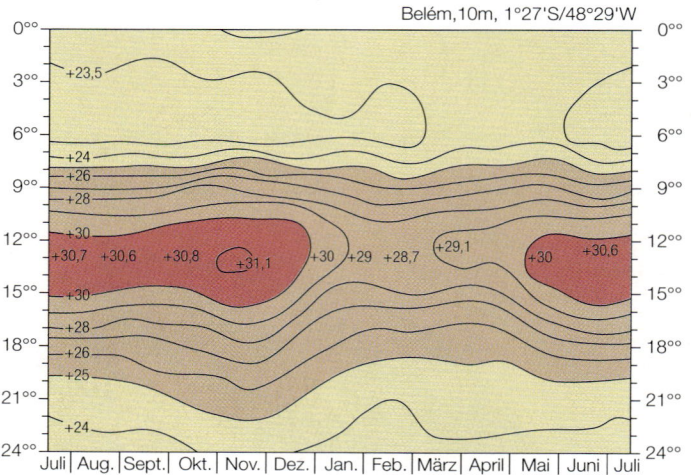

Belém, 10m, 1°27'S/48°29'W

Temperatur: °C
Messung: Thermometer aller Art
(Flüssigkeitsthermometer, elektrische Thermometer)
Darstellung: Diagramme aller Art, Isothermen

Relative Luftfeuchte: %
Messung: Hygrometer aller Art
(Haar-Hygrometer, elektrische Geräte)

Nach Klaus Müller-Hohenstein: Der Landschaftsgürtel der Erde.
Stuttgart: Teubner 1981, S. 57

Täglicher Gang der Temperatur im Jahresmittel in Straßburg

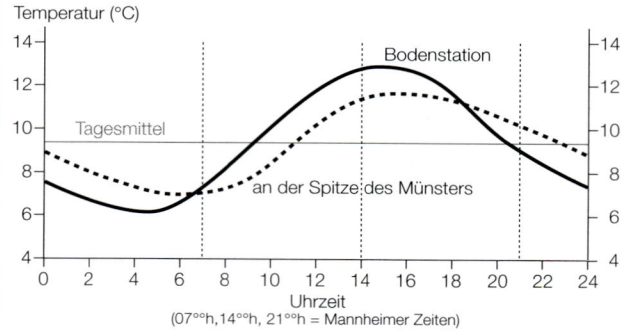

(07°°h, 14°°h, 21°°h = Mannheimer Zeiten)

Nach Wilhelm Lauer: Klimatologie. Das Geographische Seminar.
Braunschweig 1993, S. 42

Niederschläge: mm bzw. l/m^2
Messung: Messzylinder
Darstellung: Diagramme aller Art, Isohyeten

Luftdruck: Hektopascal, hPa (früher Millibar, mb)
Messung: Barometer aller Art
(Quecksilberbarometer, Aneroidbarometer [Dosenbarometer])
Darstellung: Isobaren

Wetterballons mit Messinstrumenten liefern wichtige Daten zur Wettervorhersage. Mit wenig Gas gefüllt steigen sie auf und platzen dann in großer Höhe. So gelangt die Radiosonde wieder zur Erde zurück.

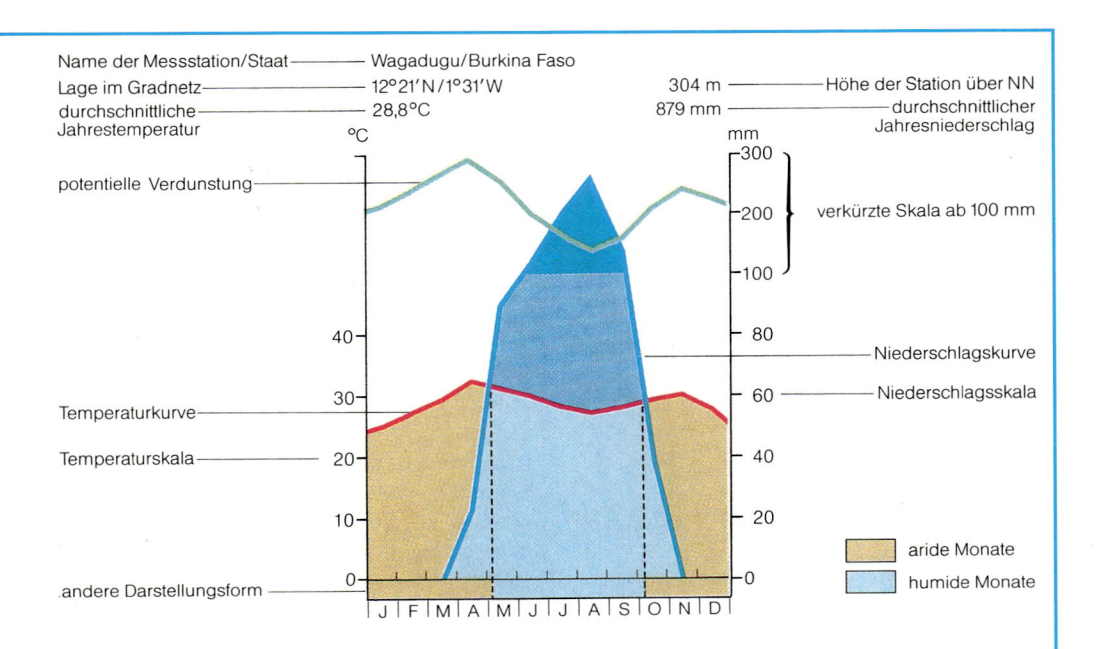

Name der Messstation/Staat — Wagadugu/Burkina Faso
Lage im Gradnetz — 12°21'N/1°31'W
durchschnittliche Jahrestemperatur — 28,8 °C
304 m — Höhe der Station über NN
879 mm — durchschnittlicher Jahresniederschlag

verkürzte Skala ab 100 mm

potentielle Verdunstung

Temperaturkurve
Temperaturskala
andere Darstellungsform

Niederschlagskurve
Niederschlagsskala

aride Monate
humide Monate

Vorgehensweise bei der Auswertung „stummer" Klimadiagramme

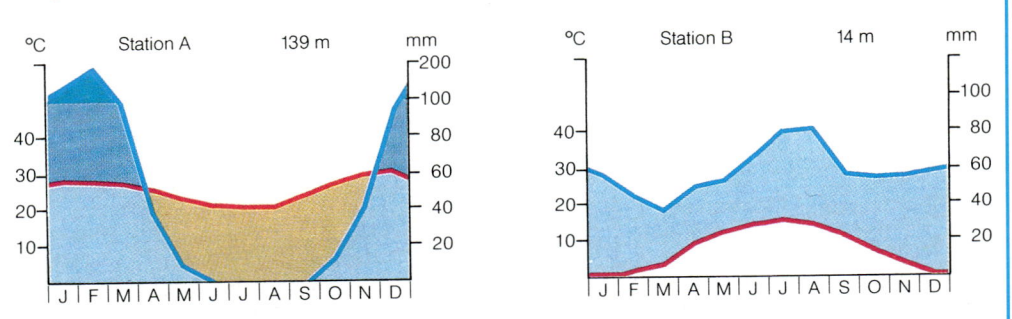

Station A 139 m

Station B 14 m

1. Schritt: Zuordnung zu Klimazonen mit Hilfe der Temperatur (M 2, S. 24–25)

Alle Monate > 18 °C → Tropen

gemäßigter Temperaturverlauf → gemäßigte Zone

Temperaturmaximum Oktober–Februar → Südhalbkugel

Temperaturmaximum Juli–August → Nordhalbkugel

2. Schritt. Weitere Differenzierung (Niederschlagsgang, Temperaturamplituden usw.)

8 aride Monate → Klima der Dornsavanne

milder bis mäßig kalter Winter (2 bis –3 °C) mäßig warmer bis warmer Sommer (15 bis 20 °C) → kühlgemäßigtes Übergangsklima

19

Wetter und Klima in Mitteleuropa

M 1 Für Mitteleuropa wirksame Luftmassen und ihre Eigenschaften (schematisch)

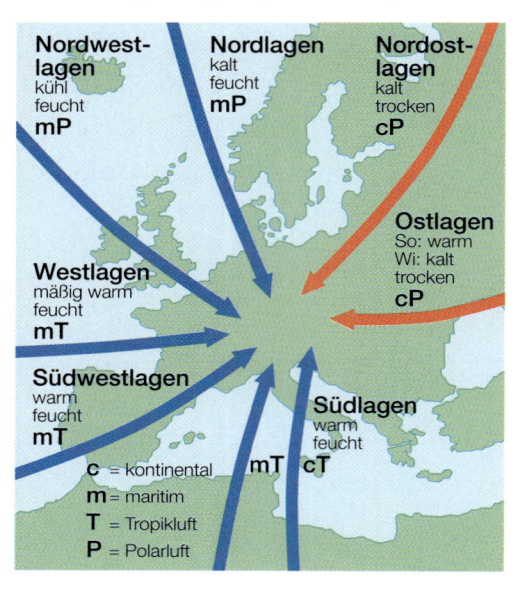

Mitteleuropa ist das ganze Jahr hindurch das „Kampffeld" verschiedener Luftmassen, die sich je nach ihrer Herkunft, in Temperatur und Luftfeuchtigkeit unterscheiden. Die Temperaturen werden weniger durch die solare Strahlungsbilanz bestimmt als durch „Luftmassenimporte". Im Durchschnitt ändert sich die Wetterlage alle 4–5 Tage.

Entsprechend der Lage und der Richtung der „Jetstreams" herrscht am häufigsten „Westwindwetter" mit vom Atlantik her ziehenden Tiefdruckgebieten (Zyklonen). Diese bilden sich beim Aufeinandertreffen von polarer Kaltluft und subtropischer Warmluft in der Planetarischen Frontalzone. Die verschieden temperierten Luftmassen stoßen hier aber nicht frontal zusammen, sondern gleiten aneinander vorbei. In bestimmten Abschnitten – zum Beispiel im Nordatlantik zwischen Neufundland und Island – kann es durch „Instabilitäten" zur Bildung von zunächst kleinen Wirbeln kommen, die sich auf ihrem weiteren Weg zu ausgedehnten Strömungswirbeln entwickeln, in denen Kalt- und Warmluft in riesigen Mengen entgegengesetzt dem Uhrzeigersinn verwirbelt werden. An der Luftmassengrenze der Warmluft gegen die vorgelagerte kalte Luft entwickelt sich die *Warmfront,* an der Grenze der Kaltluft gegen die vorgelagerte Warmluft die *Kaltfront*. Die Fronten unterscheiden sich erheblich.

M 2 Die Entwicklungsstadien einer Polarfrontzyklone

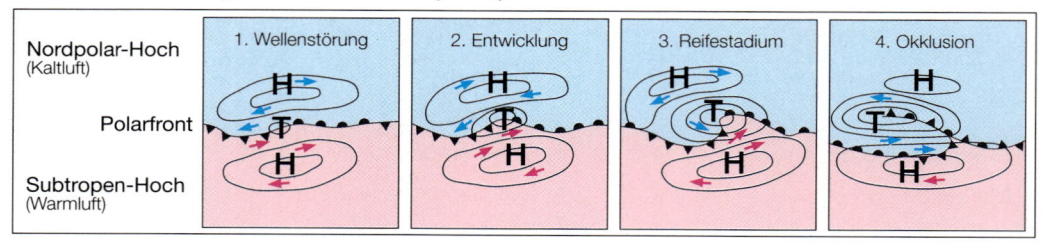

Beim Vordringen der Warmfront schiebt sich die leichtere Warmluft keilförmig über die schwere Kaltluft. An der Aufgleitfront kühlt sich die feuchtigkeitsbeladene Warmluft ab. Hohe und später tief liegende Schichtwolken bilden sich, aus denen Nieselregen, dann Landregen einsetzen. Sobald die Warmfront am Boden durchgezogen ist, lösen sich die Wolken auf. Aber das „schöne" Wetter hält nicht lange an, denn die vordringende Kaltluft an der Kaltfront schiebt sich wie ein großer Keil unter die Warmluft und treibt sie in die Höhe. Mächtige Haufenwolken türmen sich auf und bei böigen Windstößen kommt es zu kräftigen Regenschauern, mitunter sogar zu heftigen Gewittern, sogenannten Frontgewittern. Wenn danach die Kaltfront die gesamte warme Luft erreicht und dann von der Erdoberfläche abgehoben hat (*Okklusion*), verliert die Zyklone an Eigendynamik. Sie endet in den „Zyklonenfriedhöfen" im nordöstlichen und östlichen Europa.

M 3 Reifestadium einer Zyklone

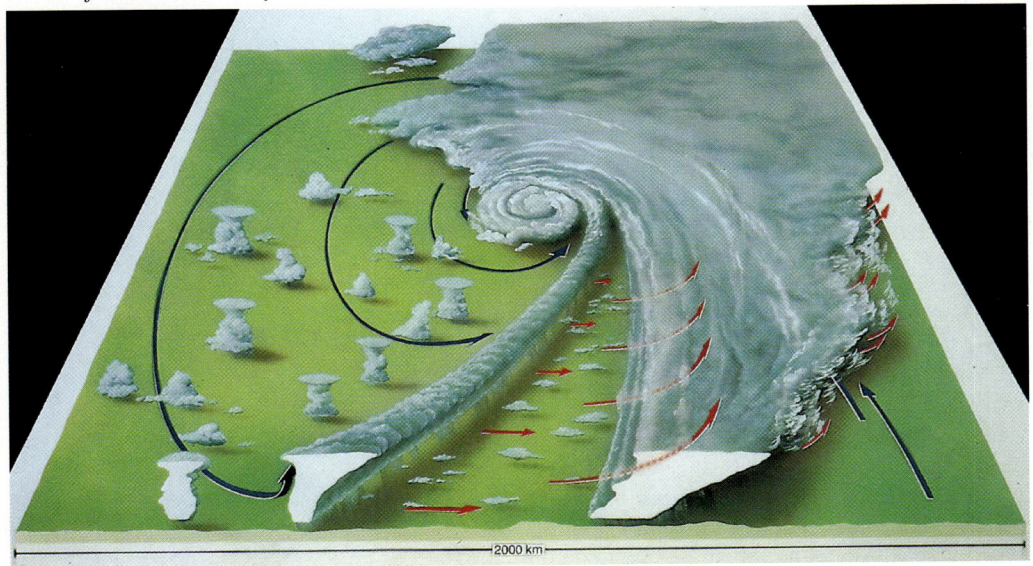

Illustration © Carl-W. Röhrig/CO-ART, Hamburg

M 4 Schema einer Zyklone im Reifestadium

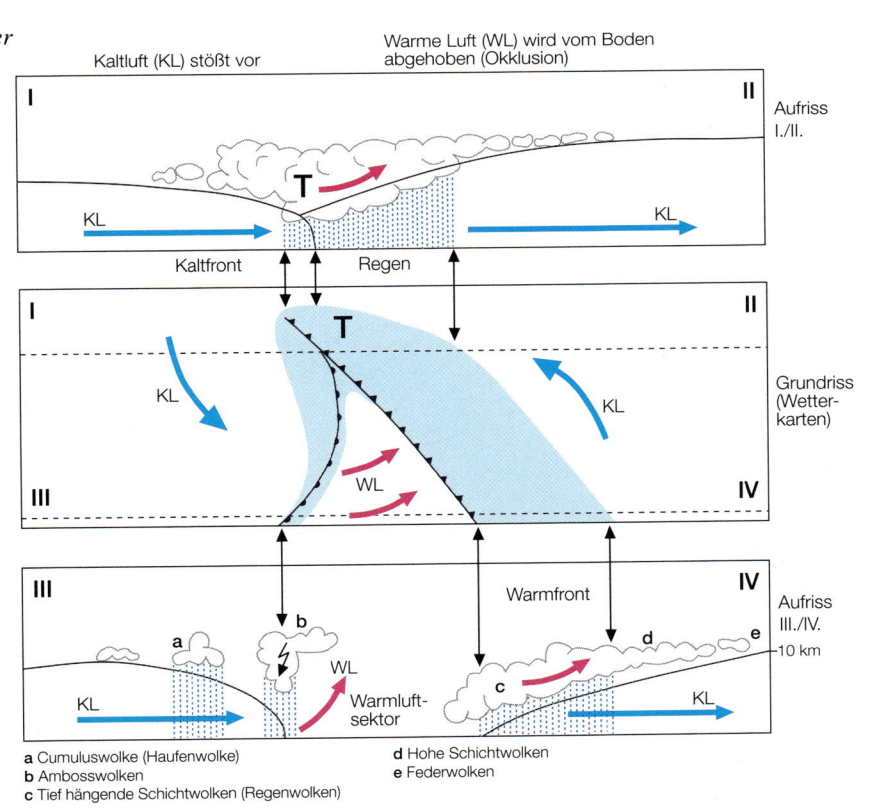

Kaltluft (KL) stößt vor — Warme Luft (WL) wird vom Boden abgehoben (Okklusion)

I / II Aufriss I./II.
Kaltfront — Regen

Grundriss (Wetterkarten)

III / IV Aufriss III./IV. — 10 km
Warmfront — Warmluftsektor

a Cumuluswolke (Haufenwolke)
b Ambosswolken
c Tief hängende Schichtwolken (Regenwolken)
d Hohe Schichtwolken
e Federwolken

Hans-Ulrich Bender u. a.: Landschaftszonen und Raumanalyse. Stuttgart: Klett 1985, S. 17

21

Die klimatischen Verhältnisse in Mitteleuropa werden somit in besonderem Maße durch die Westwinde und durch die Lage an der Westseite des eurasiatischen Großkontinents geprägt. Dadurch stehen sie unter dem Einfluss der feuchten, im Winter erwärmenden, im Sommer kühlenden Westwinde vom Atlantik her. In der Westwindzone in besonderem Maße, aber auch in anderen Klimazonen kommt der Verteilung von Land und Wasser große Bedeutung zu. Wasser erwärmt sich wegen seiner größeren Wärmekapazität langsamer als das Land und kühlt sich auch langsamer ab. Orte am Meer weisen daher geringe Temperaturschwankungen zwischen Tag und Nacht sowie zwischen Sommer und Winter auf. Man spricht vom ozeanischen Temperaturgang (*maritimes Klima/Seeklima*). Im Inneren der Kontinente herrschen dagegen große Tages- und Jahresschwankungen. Hier sind Bewölkung und Wasserdampfgehalt der Atmosphäre gering – damit sind sowohl starke Ein- als auch Ausstrahlung möglich. Man spricht vom kontinentalen Temperaturgang (*kontinentales Klima/Landklima*).

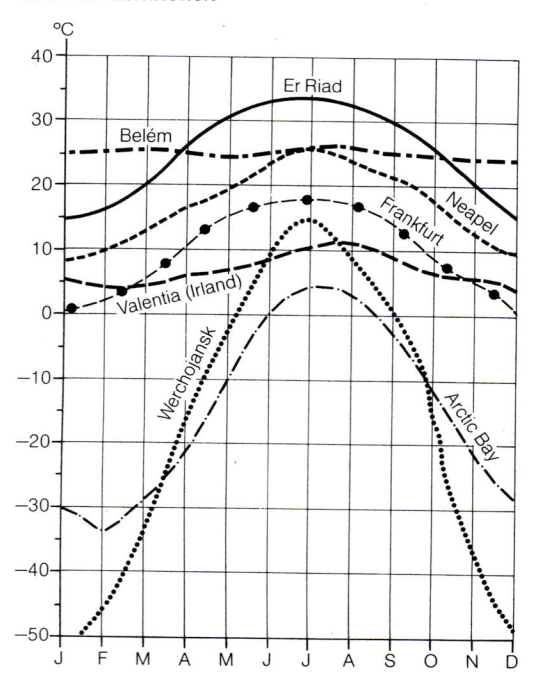

M 6 Der Orkan Vivian am 26.2.1990 über Europa

M 5 Jahresgang der Temperatur in ausgewählten Klimastationen

1. Die außertropischen Zyklonen bezeichnet man oft als die „Mischmaschinen" der planetarischen Zirkulation. Erklären Sie das für die Nordhemisphäre.

Arbeitsaufträge zum nachfolgenden Kapitel:

2. Nennen Sie Vor- und Nachteile der genetischen Klimaklassifikation.

3. Erläutern Sie am Beispiel Südamerikas Vor- und Nachteile der Klassifikation Köppens.

4. Arbeiten Sie mit M 14, 15, S. 13. Begründen Sie
a) die hohen Niederschläge in Südchile, in Südostbrasilien und im Osten Madagaskars;
b) die jahreszeitlich unterschiedlichen Niederschlagsverhältnisse in Äthiopien und im nördlichen Australien;
c) die Trockenheit in Patagonien und in der Taklamakan.

5. Zeichnen Sie für Eurasien Profile der Temperatur und der Niederschläge etwa entlang des 60. nördlichen Breitengrades (verwenden Sie dabei Atlaskarten und Klimatabellen). Begründen Sie die dabei feststellbaren Veränderungen.

6. Nennen Sie die Gebiete mit subtropischem Winterregenklima und begründen Sie diesen Klimatyp.

Klimaklassifikationen

Um das Klima vergleichbar zu machen und es in globalen Übersichten darzustellen, muss das Zusammenspiel aller Klimaelemente berücksichtigt werden. Es bestehen zwei grundsätzliche Klassifikationsmöglichkeiten: Einmal werden Gebiete ausgegliedert, die unterschiedlichen Einflussbereichen der atmosphärischen Zirkulation angehören, beispielsweise bestimmten Luftdruck- und Windsystemen. In diesem Falle spricht man von *genetischer Klassifikation* (Genese = Entstehung). Sie eignet sich eher für globale Übersichten. Die zweite Möglichkeit, die *effektive Klassifikation*, geht von der direkten Auswirkung, dem Effekt des Klimas auf einzelne Erscheinungen der Erdoberfläche aus; beispielsweise zieht sie die Vegetation als Klassifikationsprinzip heran und berücksichtigt insofern die geographischen Bezüge stärker.

Eine vielfach eingesetzte effektive Klassifikation, deren Klimazonen im Wesentlichen mit den wichtigsten Vegetationszonen zusammenfallen, entwickelte der deutsche Klimatologe Köppen. Sie stützt sich auf bestimmte Schwellenwerte von Temperatur und Niederschlag sowie den Jahresgang dieser beiden Klimaelemente. Köppen gliedert die Erde in fünf Hauptklimazonen, die mit Großbuchstaben gekennzeichnet und durch zusätzliche Buchstaben zu einer „Klimaformel" weiter differenziert werden.

Der Klassifikation der Geographen Troll und Paffen (M 2) liegt die Genese der Klimagürtel zugrunde. Die weitere Differenzierung erfolgt über die Vegetationsgürtel, deren Grenzen mit Hilfe von Schwellenwerten oder Schwankungsamplituden insbesondere der Temperatur und des Niederschlags beschrieben werden. Von großer Bedeutung ist vor allem die Dauer der ariden und humiden Jahreszeiten. M 2 ist eine vereinfachte Darstellung der Klassifikation.

M 1 Klassifikation nach Köppen

Klima in Südamerika

Erster Buchstabe

- **A** tropische Klimate
  alle Monatsmittel über 18°C
- **B** Trockenklimate
- **C** warmgemäßigte Klimate
  kältester Monat 18° bis −3°C
- **E** Eisklimate
  wärmster Monat unter 10°C

Zur weiteren Differenzierung:

Zweiter Buchstabe
- **S** Steppenklima
- **W** Wüstenklima
- **s** sommertrocken
- **w** wintertrocken
- **f** immerfeucht

Af	tropisches Regenwaldklima
Aw	Savannenklima
BW	Wüstenklima
BS	Steppenklima
Cw	gemäßigt-wintertrockenes Klima
Cs	Mittelmeerklima
Cf	feuchtgemäßigtes Klima
E	Tundren- und Frostklima

M 2 Klimate der Erde

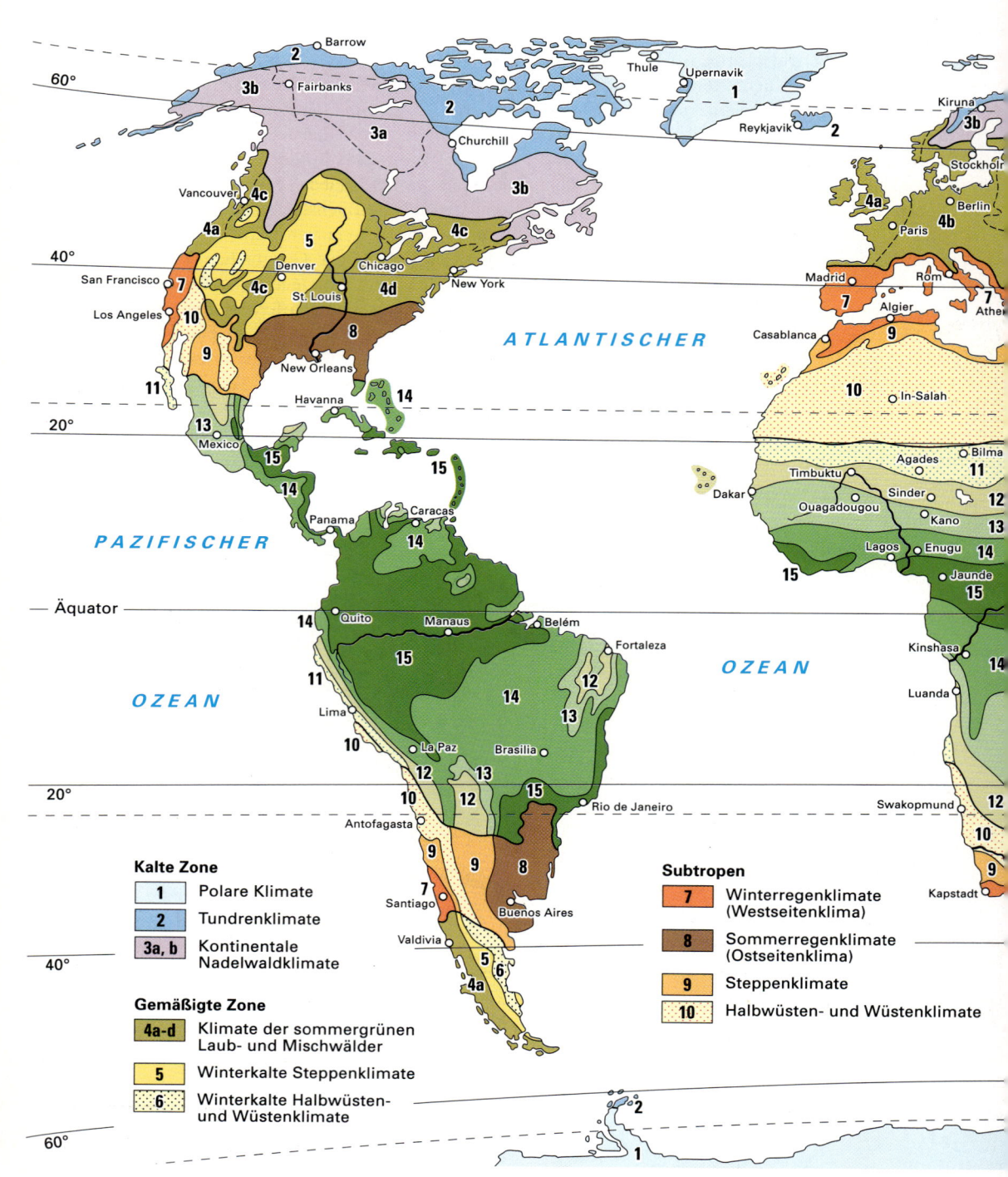

Kalte Zone
- **1** Polare Klimate
- **2** Tundrenklimate
- **3a, b** Kontinentale Nadelwaldklimate

Gemäßigte Zone
- **4a-d** Klimate der sommergrünen Laub- und Mischwälder
- **5** Winterkalte Steppenklimate
- **6** Winterkalte Halbwüsten- und Wüstenklimate

Subtropen
- **7** Winterregenklimate (Westseitenklima)
- **8** Sommerregenklimate (Ostseitenklima)
- **9** Steppenklimate
- **10** Halbwüsten- und Wüstenklimate

Nach Troll und Paffen 1964, Schulbearbeitung nach L. Buck und A. Schultze, aus Lehrwerk TERRA, Stuttgart: Klett, leicht geändert

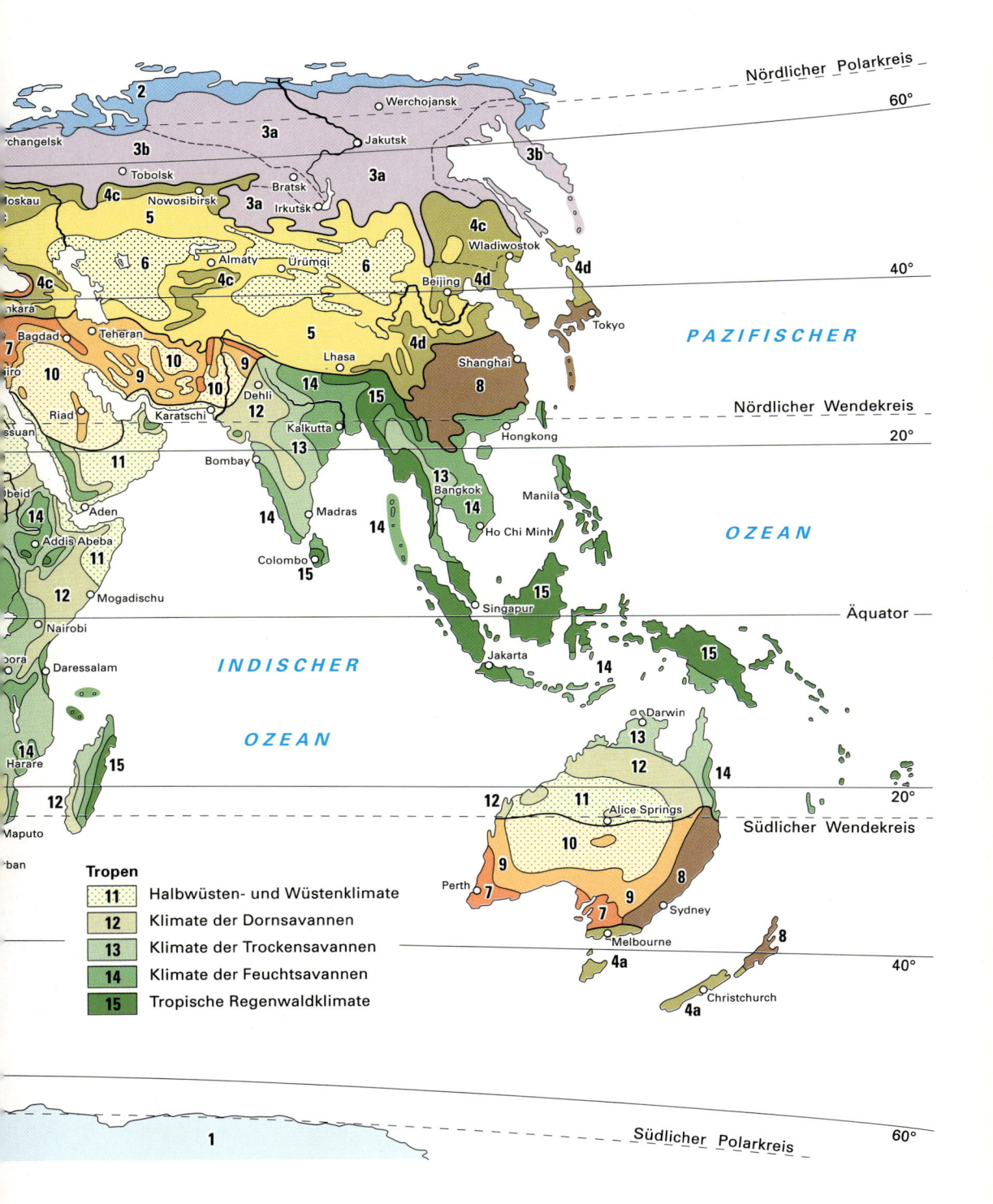

Tropen

- 11 Halbwüsten- und Wüstenklimate
- 12 Klimate der Dornsavannen
- 13 Klimate der Trockensavannen
- 14 Klimate der Feuchtsavannen
- 15 Tropische Regenwaldklimate

M 3 Landschaftszonen: Klima – Boden – Vegetation

Klimazone	Subzone	wesentliche Klimamerkmale	Mitteltemperatur wärmster Monat	Mitteltemperatur kältester Monat	Temperatur: Jahresschwankungen	hygrische Verhältnisse	Verwitterung, Bodenbildungsprozesse	vorherrschende, potentielle Vegetation
Kalte Zone	1 Polare Klimate	extrem polare Eisklimate; Inlandeis, Frostschuttgebiete	unter 6°		(sehr) hoch	nival	physikalische Verwitt., minimale Bodenbildung	ohne höhere Vegetation
	2 Tundrenklimate	kurzer, frostfreier Sommer; Winter sehr kalt	6°–10°	unter –8°	hoch	humid	physikal. Verwitt., geringe Bodenbildung, Dauerfrostböden	Tundren (z. B. Moose, Flechten, Zwergsträucher)
	3a Extrem kontinentale Nadelwaldklimate	extrem kalter, trockener, langer Winter	10°–20°	unter –25°	mehr als 40°	humid	vorherrschend: physikal. Verwitt., Podsolierung	sommergrüne Nadelwälder (Lärchen)
	3b Kontinentale Nadelwaldklimate	lange, kalte, sehr schneereiche Winter; kurze, relativ warme Sommer; Vegetationsperiode: 100–150 Tage	10°–20°	unter –3°	20°–40°	humid		immergrüne Nadelwälder (z. B. Fichte, Kiefer)
Gemäßigte Zone	Waldklimate 4a Ozeanische Klimate	milde Winter, mäßig warme Sommer	unter 20°	über 2°	unter 16°	humid	ausgewogenes Verhältnis von physikal. und chemischer Verwitterung; Entstehung von Braunerden, Parabraunerden und Übergangsbildungen. Bei 4c: Dauerfrostböden, Gley- und Podsolböden	überwiegend sommergrüne Laubwälder, Mischwälder
	4b Kühlgemäßigte Übergangsklimate	milde bis mäßig kalte Winter, mäßig warme bis warme Sommer; Vegetationsperiode über 200 Tage	meist 15° bis 20°	2° bis –3°	16° bis 25°			sommergrüne Laubwälder, Mischwälder (z. B. Buche, Eiche, Fichte)
	4c Kontinentale und extrem kontinentale Klimate	kalte, lange Winter; Vegetationsperiode bei hoher Kontinentalität 120–150 Tage, sonst bis 210 Tage	15° bis über 20°	–3° bis –30°	20° bis über 40°	überwiegend humid		
	4d Sommerwarme Klimate der Ostseiten	generell wärmer als 4c, enge Beziehung zu südlich anschließenden Subtropen	20° bis 26°	2° bis –8°	20° bis 35°			
	Steppenklimate 5 Winterkalte Steppenklimate	Winterkälte und Trockenheit im Sommer engen die Vegetationsperiode ein: selten über 180 Tage	meist über 20°	meist unter 0°	hoch (Ausnahme: Patagonien)	5 bis 7 humide Monate	Bildung der humusreichen Schwarzerden. Mit zunehmender Trockenheit: Abnahme der chemischen Verwitt. des Humus-	Gras- und Zwergstrauchsteppen

Zone	Klima	Jahreszeiten	Temperatur	Schwankungen	Humide Monate	Bodenbildung	Vegetation
Subtropenzone	7 Winterregenklimate (Westseitenklima)	warme und feuchte Jahreszeit fallen auseinander; Mittelmeerklima	starke Schwankungen, meist über 20°	2° bis 13°	im Gegensatz zu den Tropen erhebliche Schwankungen	mehr als 5 humide Monate	Bodenbildungsprozesse in der trockenen Zeit weitgehend unterbrochen; rote und braune Böden	Hartlaubvegetation (z. B. Lorbeer, Stechpalme; immergrüne Stein- und Korkeichen)
	8 Sommerregenklimate (Ostseitenklima)	warme und feuchte Jahreszeit fallen zusammen				10 bis 12 humide Monate		immergrüne und sommergrüne Wälder
	9 Steppenklimate	feuchte Jahreszeit im Vergleich zu 7 kürzer				meist unter 5 humide Monate		Gras-, Strauch-, Dorn- und Sukkulentensteppen
	10 Halbwüsten- und Wüstenklimate	im Gegensatz zu 6 keine strengen Winter, aber Fröste möglich				meist weniger als 2 humide Monate		Halbwüste, Wüste (Anpassung der Pflanzen an die Trockenheit, z. B. Sukkulenz)
Tropenzone	11 Halbwüsten und Wüstenklimate	im Gegensatz zu 10 ganzjährig warm	im Tiefland über 18°	im Tiefland über 18°	gering (meist unter 10°)	weniger als 2 humide Monate	Wüstenböden	Halbwüste, Wüste (Anpassung an die Trockenheit)
	12 Klimate der Dornsavannen	12 bis 14: Wechsel von Regenzeit und Trockenzeit, Jahresniederschläge zunehmend, ebenso Länge der Regenzeit			(keine thermischen Jahreszeiten; Tagesschwankungen der Temperatur größer als Jahresschwankungen der Monatsmittel)	2 bis 4 1/2 humide Monate	fersiallitische Böden	Dornwälder und Dornsavannen
	13 Klimate der Trockenwälder und Trockensavannen					4 1/2 bis 7 humide Monate		regengrüne Trockenwälder und Trockensavannen
	14 Klimate der Feuchtwälder und Feuchtsavannen					7 bis 9 1/2 humide Monate	15 und Teile von 14: ferrallitische Böden (Laterite, Latosole)	immergrüne und regengrüne Feuchtwälder und Feuchtsavannen
	15 Tropische Regenwaldklimate	relativ gleichmäßige und hohe Niederschläge				9 1/2 bis 12 humide Monate, meist über 1500 mm	intensive, tiefgründige chemische Verwitterung	immergrüne tropische Regenwälder

Böden

M 1 Ferrallitischer Boden im Tropischen Regenwald, der 8–10 m mächtig ist. Dieser Boden ist ca. 500 000 Jahre alt und hat deshalb eine große Verwitterungstiefe.

M 2 Rohboden: In den mittleren Breiten dauert es ca. 200 Jahre, bis aus dem anstehenden Gestein 1 cm Boden entsteht. Dieser Boden ist im Initialstadium und für den Anbau nicht geeignet, da er eine geringe Fruchtbarkeit hat.

Verwitterung und Bodenbildung

M 3 Schema der für die Bodenbildung wichtigen Faktoren

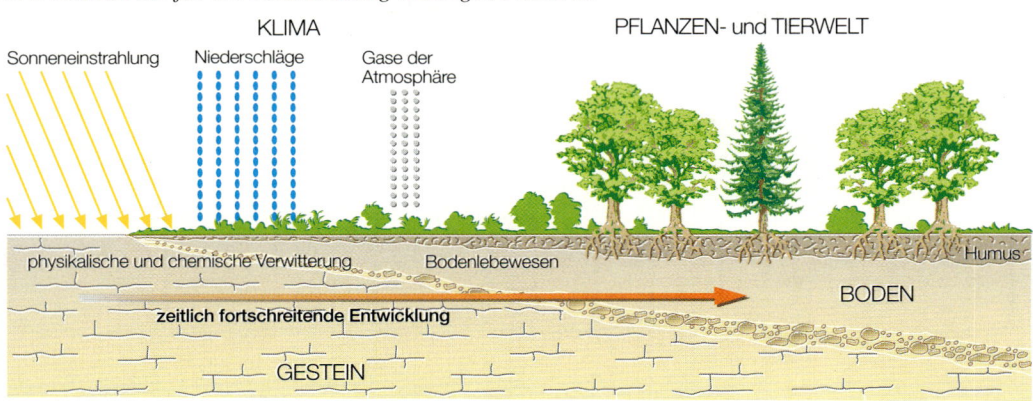

Neben dem Klima und dem Relief spielt der Boden für das Pflanzenwachstum und damit auch für die landwirtschaftliche Nutzung eine bedeutende Rolle. Während in den gemäßigten Breiten die landwirtschaftlichen Erträge durch Düngemittel- und Energieeinsatz ständig steigen, gehen in vielen Teilen der Immerfeuchten Tropen die Erträge trotz Düngung bereits nach wenigen Jahren stark zurück. Man spricht deshalb auch von der ökologischen Benachteiligung der Tropen. Aber auch innerhalb der Gemäßigten Zone weist die Bodenfruchtbarkeit erhebliche Unterschiede auf.

Pflanzennährstoffe und Verwitterung

M 4 Beispiel für die Zusammensetzung eines Grünlandbodens (in Volumen-%)

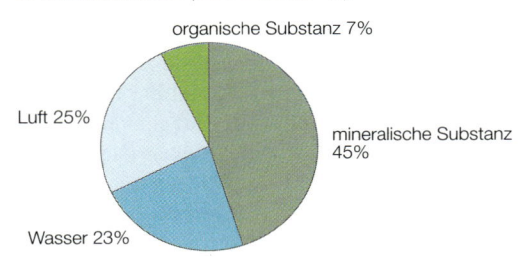

- organische Substanz 7%
- Luft 25%
- Wasser 23%
- mineralische Substanz 45%

Boden entsteht durch den Einfluss des Klimas, der Vegetation und der Tierwelt durch Zersetzung und Verwitterung des organischen Materials und des anstehenden Gesteins. In ihm sind die Pflanzen fest verwurzelt, und er liefert und speichert die für sie notwendigen Nährstoffe.

Die zum Wachstum notwendigen Pflanzennährstoffe liegen zunächst nur in gebundener Form im anstehenden Gestein sowie in den Pflanzen- und Tierresten vor. Für die Pflanzen sind sie jedoch nur in gelöster Form, als Kationen (positiv geladene Ionen) und als Anionen (negativ geladene Ionen), verwertbar.

Deshalb muss das Ausgangsgestein durch physikalische und chemische Verwitterung zerlegt werden; der Abbau der organischen Substanz erfolgt durch physikalischen und mikrobiellen Abbau. Bei beiden Zerlegungsvorgängen werden im Größenordnungsbereich < 0,2 mm Pflanzennährstoffe (Kationen und Anionen) freigesetzt. Außerdem entstehen Tonminerale und Huminstoffe, beide in der Größenordnung von < 0,002 mm, die die Pflanzennährstoffe speichern können. Sie sind die beiden wichtigsten Träger der Bodenfruchtbarkeit.

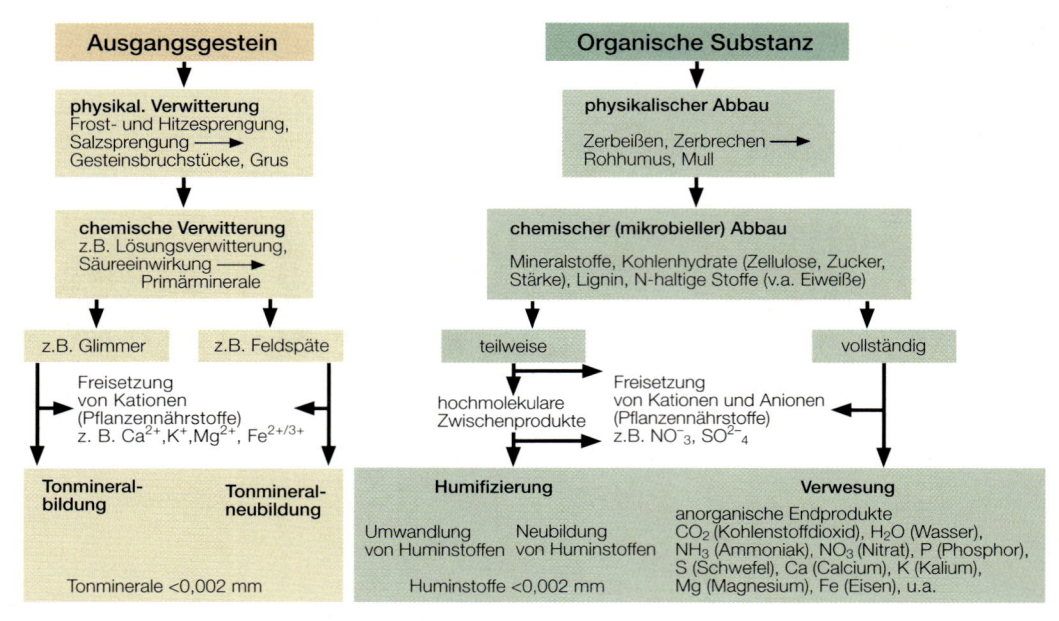

```
        Ausgangsgestein                          Organische Substanz
              ↓                                         ↓
      physikal. Verwitterung                   physikalischer Abbau
      Frost- und Hitzesprengung,               Zerbeißen, Zerbrechen →
      Salzsprengung →                          Rohhumus, Mull
      Gesteinsbruchstücke, Grus
              ↓                                         ↓
      chemische Verwitterung                   chemischer (mikrobieller) Abbau
      z.B. Lösungsverwitterung,                Mineralstoffe, Kohlenhydrate (Zellulose, Zucker,
      Säureeinwirkung →                        Stärke), Lignin, N-haltige Stoffe (v.a. Eiweiße)
      Primärminerale
              ↓                                    ↙              ↘
   z.B. Glimmer    z.B. Feldspäte            teilweise           vollständig
         ↓              ↓                        ↓                    ↓
        Freisetzung                         hochmolekulare      Freisetzung
        von Kationen                        Zwischenprodukte    von Kationen und Anionen
        (Pflanzennährstoffe)                                    (Pflanzennährstoffe)
        z. B. Ca²⁺,K⁺,Mg²⁺, Fe²⁺/³⁺                             z.B. NO⁻₃, SO²⁻₄
              ↓                                    ↓                    ↓
   Tonmineral-     Tonmineral-                  Humifizierung           Verwesung
   bildung         neubildung                                          anorganische Endprodukte
                                           Umwandlung    Neubildung   CO₂ (Kohlenstoffdioxid), H₂O (Wasser),
                                           von Huminstoffen von Huminstoffen   NH₃ (Ammoniak), NO₃ (Nitrat), P (Phosphor),
                                                                      S (Schwefel), Ca (Calcium), K (Kalium),
   Tonminerale <0,002 mm                   Huminstoffe <0,002 mm      Mg (Magnesium), Fe (Eisen), u.a.
```

M 5 Verwitterung und Pflanzennährstoffe

Bodenbestandteile und ihre physikalischen und chemischen Eigenschaften

Mineralische Substanz. Durch Verwitterung des Ausgangsgesteins entsteht die *mineralische Bodensubstanz*. Bei der physikalischen Verwitterung erfolgt vor allem durch Frost- und Hitzesprengung die Zerkleinerung des Gesteins, wobei allerdings die Bruchstücke chemisch unverändert bleiben. Erst die *chemische Verwitterung* bewirkt dann die weitere Zerlegung der Mineralgemische bzw. der Minerale. Sie ist in verschiedenen Klimaregionen unserer Erde unterschiedlich hoch. Je höher die Temperaturen und Niederschläge, desto intensiver läuft sie ab. So ist sie in den Immerfeuchten Tropen vier- bis fünfmal so stark wie in den Mittelbreiten. Außerdem sind viele tropischen Böden wesentlich älter als die in den mittleren Breiten; dementsprechend besitzen sie eine wesentlich größere Mächtigkeit (ca. 8–10 Meter im Vergleich zu ca. 1 m).

Die verwitterten Mineralbestandteile weisen eine unterschiedliche *Korngröße* auf, sie kommen im Boden immer als Gemisch vor. Zur Einteilung und zur Benennung der *Bodenarten* werden aus diesem Gemisch in der Regel jeweils die beiden mengenmäßig größten Kornfraktionen des Feinbodens (< 2,0 mm) herangezogen.

M 6 Bodenarten (Anteile in Gewichtsprozent)

Kornfraktionen	Ton (<0,002 mm)	Schluff (0,002–0,063 mm)	Sand (0,063–2,0 mm)
Bodenart			
schluffiger Sandboden	0– 8	10–50	45–90
sandiger Schluffboden	0– 8	50–80	12–50
sandiger Lehmboden	17–25	15–18	47–68
toniger Lehmboden	25–35	35–50	15–50
lehmiger Tonboden	45–65	18–55	0–37

Nach Arno Semmel: Grundzüge der Bodengeographie. Stuttgart: Teubner 1977, S. 30/31

Durch unterschiedliche Korngrößenanteile des Bodens ergeben sich verschiedene Bodeneigenschaften. Liegt zum Beispiel ein lehmiger Tonboden vor, so ist das Wasserhaltevermögen besonders groß. Der Landwirt muss dann nach länger anhaltenden Niederschlägen mit der Bearbeitung warten, denn er würde mit seinen schweren Maschinen in den Boden einsinken.

M 7 Zuckerrüben im verschlämmten, gehackten Boden

M 8 Zusammenhang von Korngrößenanteilen und Eigenschaften des Bodens

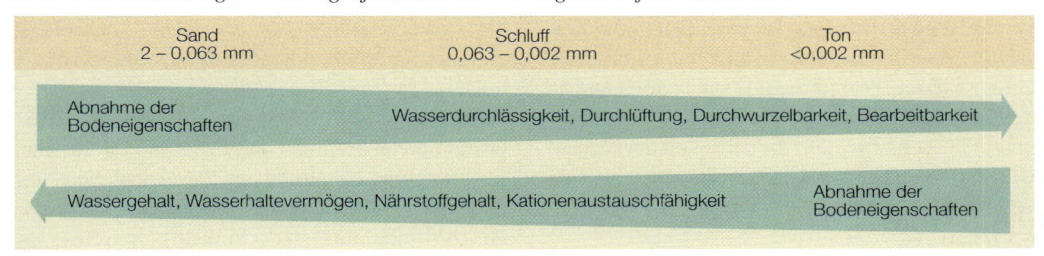

Sand	Schluff	Ton
2 – 0,063 mm	0,063 – 0,002 mm	<0,002 mm

Abnahme der Bodeneigenschaften → Wasserdurchlässigkeit, Durchlüftung, Durchwurzelbarkeit, Bearbeitbarkeit

← Wassergehalt, Wasserhaltevermögen, Nährstoffgehalt, Kationenaustauschfähigkeit — Abnahme der Bodeneigenschaften

Entscheidend für die Bodenfruchtbarkeit ist bei der mineralischen Substanz deren chemische Eigenschaft, eine bestimmte Menge an Pflanzennährstoffen zu speichern und sie bei Bedarf an die Pflanzen abzugeben.

Nur die kleinste Gruppe der mineralischen Substanz, die *Tonminerale,* besitzt diese Fähigkeit. Tonminerale sind *Schichtsilikate,* die sich strukturell durch ihre unterschiedliche Anzahl an Silikatschichten unterscheiden.

Bei den *Dreischichttonmineralen* ist die Kationenaustauschfähigkeit besonders groß, da hier die Ionen zwischen den Schichten angelagert werden. Sie kommen vor allem in den Böden der mittleren Breiten vor. Die austauschschwachen *Zweischichttonminerale* hingegen beherrschen die Böden der Immerfeuchten Tropen.

M 9 *Aufbau und Kationenaustausch bei Tonmineralen*

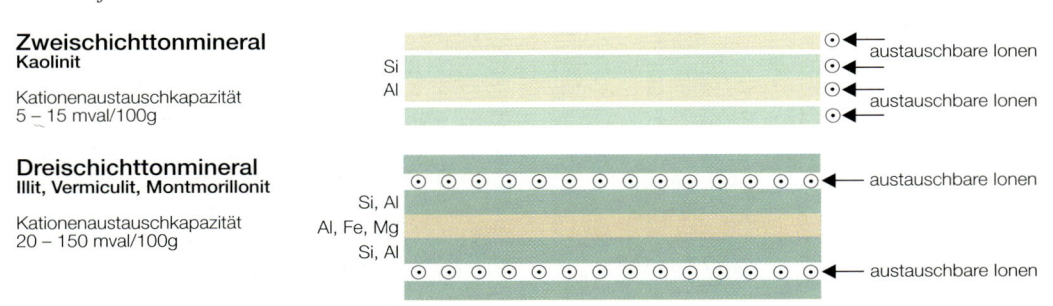

Zweischichttonmineral
Kaolinit

Kationenaustauschkapazität
5 – 15 mval/100g

Si
Al
← austauschbare Ionen
← austauschbare Ionen

Dreischichttonmineral
Illit, Vermiculit, Montmorillonit

Kationenaustauschkapazität
20 – 150 mval/100g

Si, Al
Al, Fe, Mg
Si, Al

← austauschbare Ionen
← austauschbare Ionen

Bodenluft und Bodenwasser. Für die Atmung der Bodenorganismen und der Wurzeln wird über die Bodenluft der notwendige Sauerstoff zugeführt und das ausgeschiedene Kohlendioxid an die Atmosphäre abgegeben. Stark tonhaltige Böden weisen zwar eine sehr günstige Kationenaustauschfähigkeit auf, sind jedoch andererseits schlecht durchlüftet.

Das Bodenwasser, das gegen die Schwerkraft von den Bodenbestandteilen festgehalten wird, ist das Medium, in dem die Pflanzennährstoffe transportiert werden. Fehlt es über längere Zeit, so kommt es zur Pflanzenschädigung. So müssen stark sandhaltige Böden bei länger anhaltender Trockenheit bewässert werden.

Organische Substanz (Humus). Durch die Zersetzung und Umwandlung von Pflanzenbestandteilen (Blätter, Wurzeln) und von Tieren entsteht die organische Substanz. Dieser Umwandlungsprozess geschieht durch die Tätigkeit der Regenwürmer, Wühltiere und Mikroorganismen (Bakterien, Algen, Pilze).

Die bei der *Mineralisierung* entstehenden *Huminstoffe (Huminkolloide)* weisen, wie die Tonminerale, eine Größenordnung von < 0,002 mm auf, und sie haben die Fähigkeit, Pflanzennährstoffe (Kationen und Anionen) in großen Mengen zu speichern. Ihre Austauschkapazität liegt zwischen 200 und 500 mval/100 g Trockensubstanz und damit um das Zwei- bis Dreifache über der der Tonminerale. Ebenso ist die Fähigkeit, Wasser und Gase anzulagern, im Vergleich zu den Tonmineralen um ein Vielfaches höher. Dementsprechend weisen Böden mit einem hohen Anteil an Huminstoffen, wie beispielsweise die Schwarzerdeböden (Tschernosem) in den kontinentalen Steppengebieten, eine hohe potentielle Bodenfruchtbarkeit auf.

Die Landwirte erhöhen den Anteil der Huminstoffe durch verschiedene Maßnahmen. So werden bei der *Gründüngung* beispielsweise Kleesorten als Zwischenfrüchte angebaut. Damit wird der Humusanteil erhöht und es kommt durch die Knöllchenbakterien am Wurzelwerk zu einer natürlichen Erhöhung des Stickstoffanteils.

Eine weitere wichtige Maßnahme stellt die Ausbringung von Stallmist dar. Er ist v.a. für die Entwicklung und Erhaltung des Bakterienlebens bedeutsam. Außerdem verbessert er z. B. die Durchlüftung auf stark tonhaltigen, schweren Böden. In Gebieten mit geringer Viehhaltung, aber intensivem Getreideanbau wird das angerottete Stroh der Ernte in den Boden eingearbeitet.

M 10 Luzernewurzel

M 11 Auch eine Luzernewurzel

M 12 *Die Bedeutung des pH-Wertes*

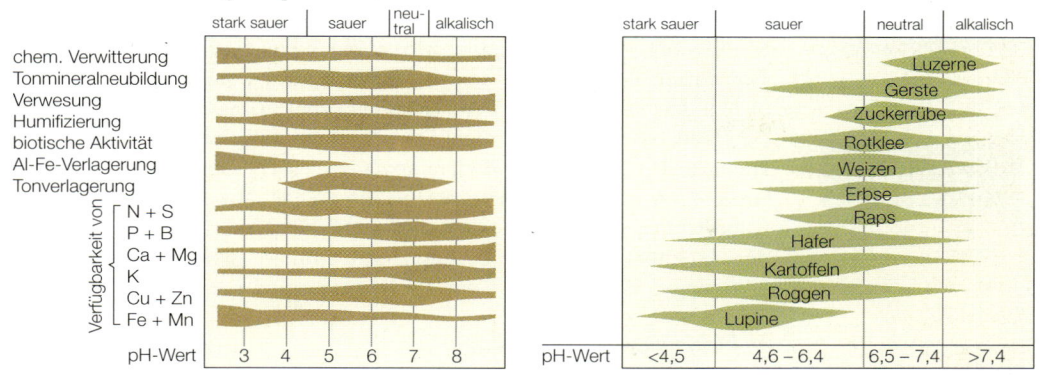

Nach Dietrich Schroeder: Bodenkunde in Stichworten. Kiel: Hirt 1972, S. 78 und Eduard Mückenhausen: Die Bodenkunde. Frankfurt am Main: DLG Verlag 1993, S. 25

PH-Wert. Die gesamten chemischen, biotischen und physikalischen Bodenbildungsprozesse, vor allem die Verfügbarkeit und Speicherfähigkeit der Pflanzennährstoffe, werden durch den pH-Wert gesteuert. Mit dem pH-Wert wird die Säurekonzentration in der Bodenlösung angegeben. Bei den Nutzpflanzen gibt es pH-Bereiche, in denen sie optimal gedeihen. Dieser Optimalbereich liegt beim Weizen etwa bei 6,8–7,0 (neutraler Bereich); beim Hafer dagegen bei 6,0 (schwach saurer Bereich).

Auch die chemische Verwitterung ist beispielsweise vom pH-Wert abhängig. Je niedriger er ist, desto höher ist die chemische Verwitterung. Auch kommt es in diesem Fall zu einer erheblichen Einschränkung der biotischen Aktivitäten. Dauert dieser Zustand über längere Zeit an, etwa durch den Eintrag saurer Niederschläge, so werden die Bodenlebewesen geschädigt; erster „Flüchtling" ist der Regenwurm.

Zwar besitzen die Böden verschiedene Puffersysteme, mit denen der Säureeintrag über eine bestimmte Zeit ausgeglichen werden kann, ständiger Säureeintrag führt jedoch zur Zerstörung dieser Puffersysteme. Im Endstadium kommt es zur vollständigen Auswaschung der Pflanzennährstoffe und zur Freisetzung von Metallionen, die potentielle Zellgifte sind. Des Weiteren gelangen diese Metallionen ins Grundwasser und belasten dies in erheblicher Weise.

M 13 *Säureeintrag in den Boden*

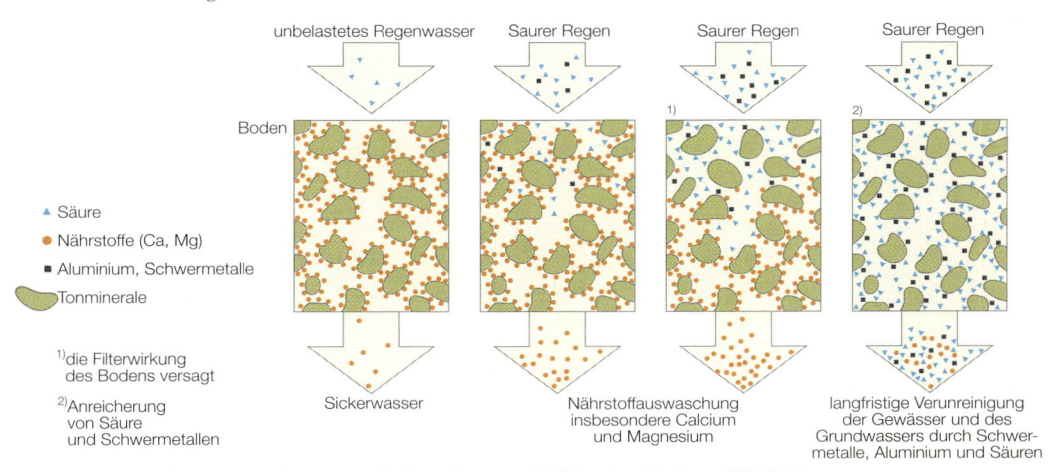

1) die Filterwirkung des Bodens versagt
2) Anreicherung von Säure und Schwermetallen

Nach Jörg Kues, Egbert Matzner, Dieter Murach: Saurer Regen und Waldsterben. Göttingen 1984, S. 77

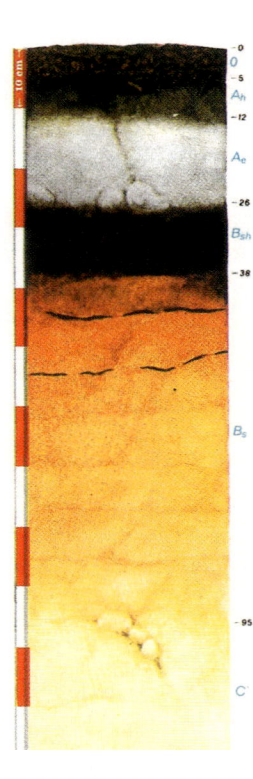

Bodentypen

Mit dem Begriff der Bodentypen fasst man diejenigen Böden zusammen, die sich im gleichen oder sehr ähnlichen Entwicklungszustand befinden und in denen dementsprechend auch ähnliche Prozesse der Veränderung der Bodenbestandteile ablaufen. Diese Gemeinsamkeiten drücken sich vor allem in der Abfolge der Bodenhorizonte aus. Hierbei spielt neben dem Ausgangsgestein, den Reliefverhältnissen und der Vegetation insbesondere das Klimageschehen eine dominierende Rolle. Dauer und Höhe von Niederschlag und Temperatur bestimmen die vorherrschende Form der Verwitterungs-, Umwandlungs- und Verlagerungsprozesse.

M 14 Einige wichtige Bodentypen

Podsol (aus dem Russischen, frei übersetzt: Ascheboden). Typischer Boden des kühlen und feuchten Klimas (borealer Nadelwald); niedrige Temperaturen und schlechte Zersetzbarkeit der Nadelblätter hemmen den Abbau der organischen Substanz; deshalb mächtige Rohhumusauflage, deren Säuren die Bodensubstanz stark angreifen; der abwärts gerichtete saure Sickerwasserstrom führt zur Verlagerung und teilweise zur Zerstörung der Tonsubstanz, ebenso wird die organische Substanz abwärts transportiert; im Unterboden erfolgt Anreicherung und teilweise Verfestigung beider Bodenbestandteile im Ortsteinhorizont. Der Podsol entsteht meist über nährstoffarmen Ausgangsgesteinen wie Sanden und Sandstein; er ist extrem nährstoffarm; (pH-Werte vom A→C-Horizont: 2,5–4,2).

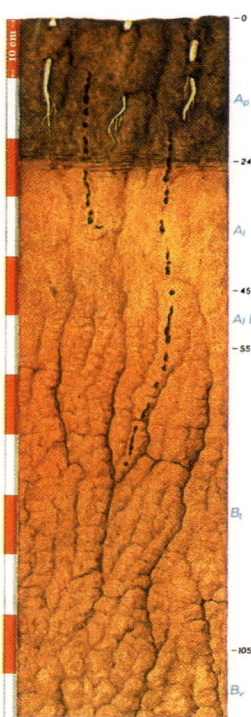

Parabraunerde: Entsteht im gemäßigt warmen, feuchten Klima (durchschnittlicher Jahresniederschlag: 500–800 mm; durchschnittliche Jahrestemperatur: ca. 7–10 °C); Laubmischwald ist die typische natürliche Vegetation; die intensive Durchmischung durch die Waldvegetation schafft ein System großer und kleiner Poren, Boden deshalb durchlässig und gut durchlüftet; Laubwald liefert reichlich Humusmaterial, deshalb mächtiger A_h-Horizont; dieser jedoch bedingt durch die landwirtschaftliche Nutzung meist nicht mehr vorhanden; durch abwärts gerichteten Bodenwasserstrom Verlagerung der Tonminerale aus dem A_l-Horizont in den Unterboden, dort Anreicherung im B_l-Horizont, Lösung und Auswaschung des Calciums (Ca), des Kaliums (K) und des Natriums (Na); hoher Anteil an Dreischichttonmineralen, insbesondere Illit, deshalb gute Austauschkapazität; Ausgangsgestein: vielfach Löss, Lehm und lehmige Sande; (pH-Werte vom A→C-Horizont: 4–7).

Beschreibung der Horizont-Kennzeichnung

A = Oberboden
B = Unterboden
C = Ausgangsgestein
O = organische Auflage
e = durch Säure gebleicht (e von eluvial = auswaschen)
h = humushaltig
l = lessive (l von lessiviert = auswaschen)
p = bearbeitet, meist mit Pflug (p von Pflug)
t = mit Tonmineralen angereichert (t von Ton)

v = verwittert (ohne nennenswerte Umlagerung)
s = durch Säuren zerstörte Tonsubstanz (Sesquioxide)
S = Stauwasserhorizont
S_w = Stauwasser leitender S-Horizont (w von Wasserleiter)
S_d = Stauwasserhorizont (d von dicht)
ACaC = Übergang zwischen A und CaC-Horizont
A_lB_t = Übergang zwischen A_l und B_t-Horizont

Schwarzerde (russisch: Tschernosem): Typischer Boden der kontinentalen Steppengebiete mit warmem Sommer und kaltem Winter; Steppenvegetation entwickelt sich im Frühjahr unter günstigen Feuchtigkeits- und Temperaturbedingungen sehr üppig, liefert viel organisches Material für die Humusbildung; im folgenden trockenen, warmen Sommer verdorren die Pflanzen, die Tätigkeit der Mikroorganismen ruht; feuchter Herbst entfacht deren Leben für kurze Zeit, im langen, kalten Winter ruht die Umsetzung der organischen Substanz; Einarbeitung der Humusstoffe in den Boden durch Bodentiere, Entstehung eines 50–80 cm mächtigen A_h-Horizontes, gesamter Horizont stark durchsetzt von Poren und Wühlgängen, gut durchlüftet; Huminkolloide bedingen extrem hohe Bodenfruchtbarkeit; Niederschlagsmangel verhindert die abwärts gerichtete Verlagerung der Tonminerale und der Huminkolloide; Schwarzerde entsteht meist aus Löss oder einem anderen kalkhaltigen Ausgangsgestein; (pH-Werte vom A→C-Horizont: 5,2–7,4).

O. Germann: Zur Bodenfruchtbarkeit. Düsseldorf 1982, S. 20, 21, 24

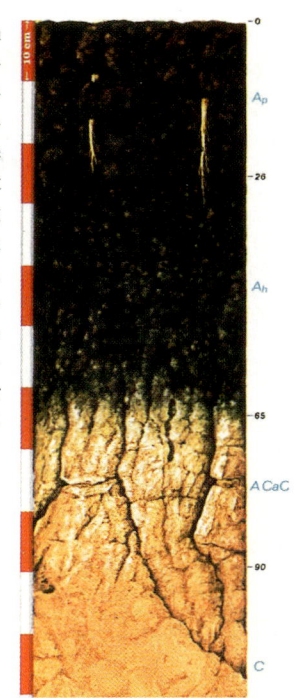

Ferrallitischer Boden (Latosol; Laterit; Roterden): Tropischer Boden in Gebieten mit ganzjährig hohen Temperaturen und Niederschlägen (> 1200 mm, immerfeuchter tropischer Regenwald, Teile der Feuchtsavannen); diese bedingen intensive chemische Verwitterung, daher tiefgründige, meist mehrere Meter mächtige Böden; Kaolinit als Tonmineral vorherrschend, dieser für sehr geringe Austauschkapazität verantwortlich; der ständig abwärts gerichtete saure Sickerwasserstrom ist für die starke Auswaschung der Kieselsäure (H_4SiO_4) und der spärlich vorhandenen Nährstoffe verantwortlich; Kalk- ($CaCO_3$), Stickstoff- (N) und Phosphorverbindungen (P) nur in ganz geringen Mengen vorhanden; die reichlich anfallende organische Substanz wird sehr schnell zersetzt, die dabei entstandenen Pflanzennährstoffe werden jedoch im natürlichen System nahezu vollständig über Wurzelpilze (Mykorrhizen) in die Pflanzen zurückgeführt; Anreicherung von Aluminium- und Eisenoxiden (Al_2O_3, Fe_2O_3), Letztere bedingen Rotfärbung; Bezeichnung: ferrallitische Böden.
Ausgangsgestein liegt in großer Tiefe, daher hat es keine Bedeutung für die Nachlieferung von Primärmineralen (= Ausgangsprodukte für Tonminerale) in die für Pflanzenstandorte wichtigen oberen Bodenhorizonte; (pH-Werte vom A→C-Horizont: 4,1–3,0).

Eduard Mückenhausen: Die Bodenkunde und ihre geologischen, geomorphologischen, mineralogischen und petrologischen Grundlagen. Frankfurt am Main: DLG-Verlag 1982, Tafel 23

Die aufgeführten Beispiele zeigen jeweils ein typisches Stadium der Bodenentwicklung, das aber durch das Einwirken der Boden bildenden Faktoren, einschließlich der menschlichen Nutzung, ständig verändert wird.

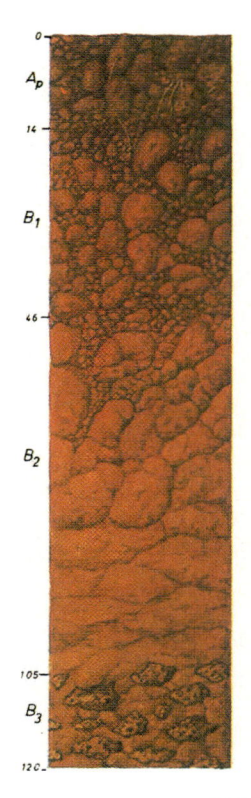

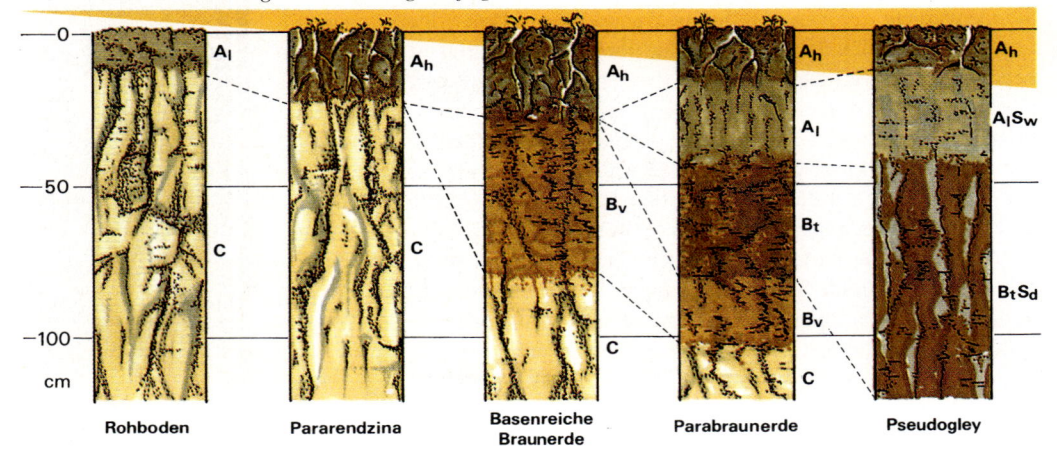

M 15 *Bodenentwicklung aus Löss im gemäßigt warmen, humiden Klima*

Rohboden — Pararendzina — Basenreiche Braunerde — Parabraunerde — Pseudogley

- Rendzina, polnisch: Bezeichnung für flachgründige, steinige Böden aus Kalk- und Gipsgestein mit typischem A_h-C-Profil;
- Pararendzina: para (griech.: neben, gleich) soll die enge Verwandschaft zur Rendzina ausdrücken;
- Basenreiche Braunerde: Gleiche Merkmale wie die Braunerde, jedoch pH-Wert ausschließlich über 7 im alkalischen Bereich, typische A_h-B_v-C-Horizontabfolge;
- Parabraunerde: para soll enge Verwandtschaft zur Braunerde aufzeigen; Tonverlagerung findet im A_h- und A_l-Horizont statt, Anreicherung im B_t-Horizont;
- Pseudogley: Gleyböden sind gekennzeichnet durch den Einfluss des Grundwassers; pseudo (vorgetäuscht) soll ausdrücken, dass dieser Boden nicht vom Grundwasser beeinflusst wird, dass jedoch zeitweilig eine Übernässung der oberen Horizonte durch die Verdichtung der Tonminerale (B_t, S_d, d steht für dicht) eintritt; typische A_h-S_w-S_d-Horizontabfolge

Bodenfruchtbarkeit

Bodenfruchtbarkeit (Ertragsfähigkeit, Produktivität des Bodens) wird im allgemeinen Sinne definiert als „die Fähigkeit des Bodens, Pflanzen als Standort zu dienen und Pflanzenerträge (als Feld- oder Baumfrüchte) zu produzieren" (Schroeder, S. 122).

In der Acker- und Pflanzenbaulehre wird unterschieden zwischen Bodenfruchtbarkeit (Anteil der Ertragsfähigkeit, der ausschließlich auf Bodenfaktoren zurückzuführen ist) und der *Standortertragsfähigkeit* (gesamte Ertragsfähigkeit einschließlich der durch Klimafaktoren, Pflanzeneigenschaften und Bearbeitungs- und Pflegemaßnahmen des Menschen bedingten Produktivität).
Bei dem Teil der Standortertragsfähigkeit, der durch die Bearbeitung beeinflusst wird, drückt man durch das Wort *Bodengare* aus, dass ein Boden im Zustand seiner höchsten Produktionsfähigkeit ist. Ein garer Boden zeichnet sich demnach durch eine stabile *Krümelstruktur* aus, die in wesentlichem Maße durch die Bodenlebewesen, vor allem den Regenwurm, aufgebaut wird. Dabei hat sich als optimal erwiesen, wenn Krümel mit einem Durchmesser von 0,3–3 mm vorherrschen.

„Ein garer Boden enthält ein System kleiner und großer Poren. Jeder Krümel bildet einen kleinen Wasserspeicher für sich, der sich bei Niederschlägen rasch auffüllt, um dann das Wasser langsam abzugeben. Außerdem ist genügend Luft zwischen den Krümeln vorhanden, sodass günstige Voraussetzungen für die Kleinlebewesen und die Wurzeln herrschen. Ein gut gekrümelter Boden hat außerdem die Fähigkeit größere Nährstoffmengen festhalten zu können."

O. Germann: *Zur Bodenfruchtbarkeit.* Düsseldorf 1982, S. 31

M 16 Dünnschliffe verschiedener Böden: links: krümeliger, rechts: verdichteter Boden

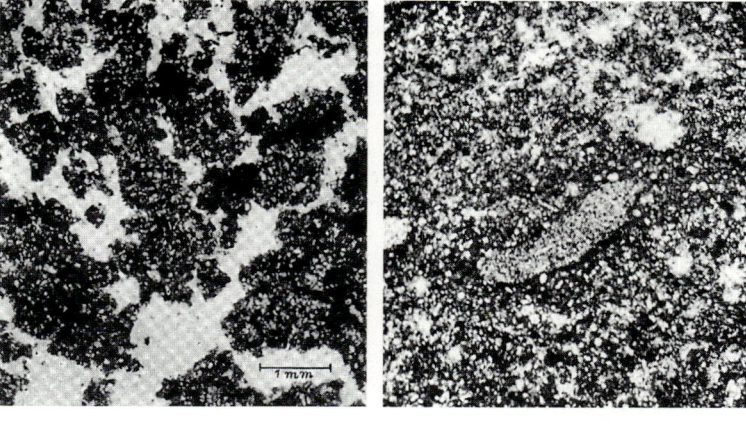

M 17 Im garen Boden mit seiner idealen Boden/Luft/Wasser-Verteilung haben die jungen Getreidepflanzen schon fast die gesamte Krume durchwurzelt. Im ungaren Boden fehlt es den Wurzeln an Luft und damit an Lebensraum.

1. Definieren Sie aufgrund der Korngröße folgende Fraktionen: Sand, Schluff und Ton.
2. Die Tonfraktion spielt bezüglich der Bodenfruchtbarkeit eine wichtige Rolle. Beschreiben Sie diese Funktion und zeigen Sie die Unterschiede innerhalb dieser kleinsten Korngrößenfraktion auf.
3. Welche qualitativen Gemeinsamkeiten und Unterschiede bestehen zwischen den Huminstoffen und den Tonmineralen?
4. Welche Bedingungen müssten sich ändern, damit aus der Parabraunerde ein Podsol entsteht?
5. Erläutern Sie anhand der Parabraunerde und des ferrallitischen Bodens (Latosol) den Einfluss des Klimas und der chemischen Verwitterung auf die Bodenbildung. Ziehen Sie dazu auch M 14 mit heran.
6. Arbeiten Sie mit M12:
a) Welchen Einfluss hat der pH-Wert auf die Verfügbarkeit von Pflanzennährstoffen?
b) Bei welchen pH-Werten läuft die Zersetzung der organischen Substanz optimal ab?
7. Beschreiben Sie die Bodenentwicklung aus Löss (M 15).
8. Arbeiten Sie mit dem Atlas (Weltbodenkarte):
a) Nennen Sie die Großlandschaften bzw. Staaten in Eurasien, in denen Schwarzerden und Podsole vorkommen.
b) Nennen Sie die Großlandschaften bzw. Staaten in Amerika, in denen Schwarzerden und kastanienbraune Böden vorkommen.

M 18 Landschaftszonenprofil 15° Ost

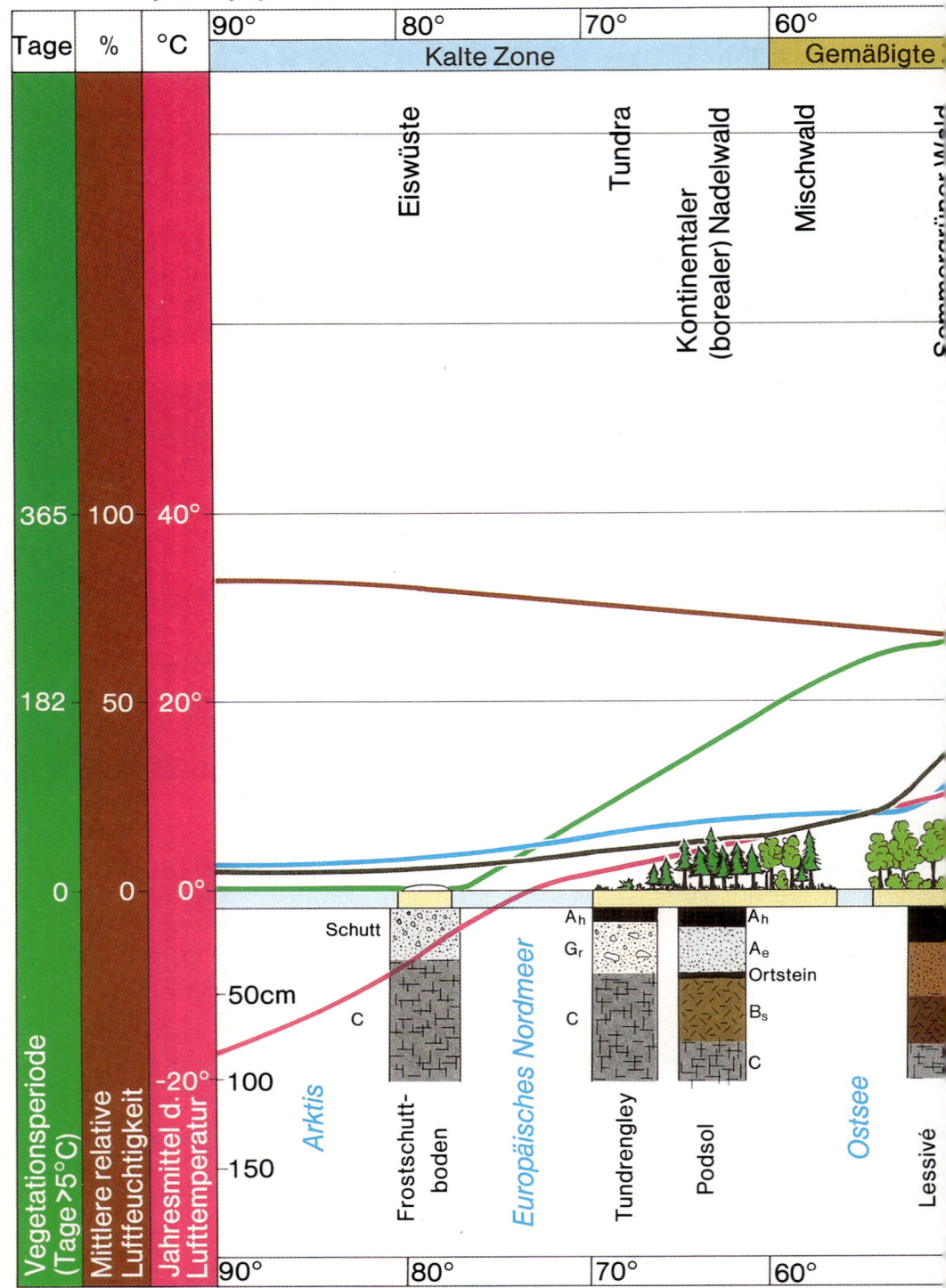

Tage	%	°C	90°	80°	70°	60°
				Kalte Zone		Gemäßigte

Eiswüste — Tundra — Kontinentaler (borealer) Nadelwald — Mischwald — Sommergrüner Wald

365 — 100 — 40°
182 — 50 — 20°
0 — 0 — 0°
-20° — 50cm, 100, 150

Vegetationsperiode (Tage >5°C) | Mittlere relative Luftfeuchtigkeit | Jahresmittel d. Lufttemperatur

Arktis — Europäisches Nordmeer — Ostsee

Schutt — A_h, G_r, C — A_h, A_e, Ortstein, B_s, C

Frostschuttboden — Tundrengley — Podsol — Lessivé

90° — 80° — 70° — 60°

Entwurf: W. Wallert

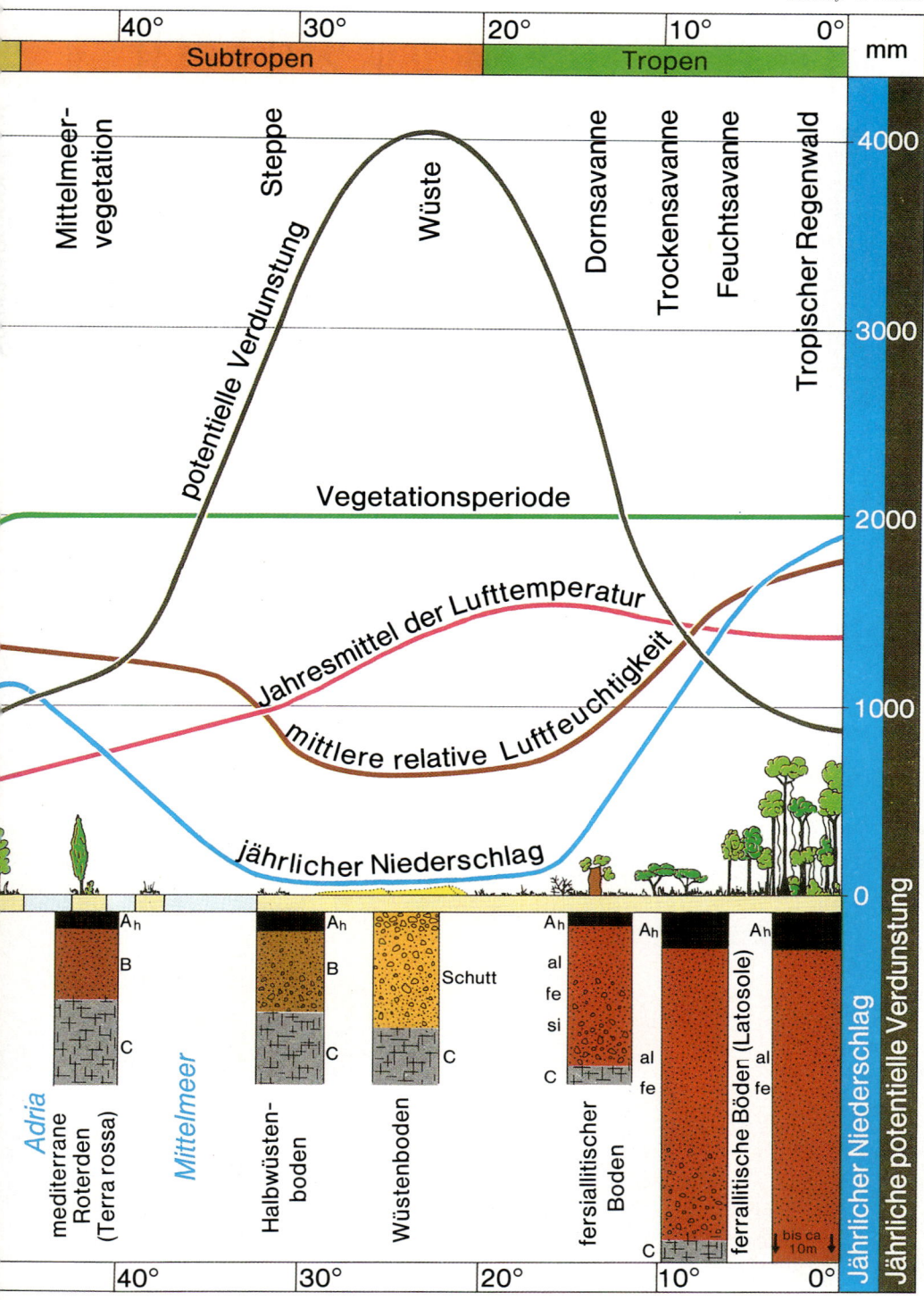

40°	30°	20°	10°	0°	mm
Subtropen		Tropen			

Vegetationszonen (von links nach rechts):
- Mittelmeervegetation
- Steppe
- Wüste
- Dornsavanne
- Trockensavanne
- Feuchtsavanne
- Tropischer Regenwald

Kurven:
- potentielle Verdunstung
- Vegetationsperiode
- Jahresmittel der Lufttemperatur
- mittlere relative Luftfeuchtigkeit
- jährlicher Niederschlag

Bodenprofile (von links nach rechts):
- *Adria* — mediterrane Roterden (Terra rossa) — A_h, B, C
- *Mittelmeer* — Halbwüstenboden — A_h, B, C
- Wüstenboden — A_h, Schutt, C
- fersiallitischer Boden — A_h, al fe si, al fe, C
- ferrallitische Böden (Latosole) — A_h, al fe (bis ca 10m)

Jährlicher Niederschlag / Jährliche potentielle Verdunstung

4000 / 3000 / 2000 / 1000 / 0 mm

39

M 1 Die atlantischen Heidegebiete Westeuropas sind die Folgevegetation von schon in prähistorischer Zeit vernichteter Eichenwälder. Ginsterarten wie der Stechginster, die dort den Unterwuchs bildeten, bauen heute diesen Vegetationstyp flächendeckend auf.

M 2 Buchenwälder sind typisch für Mitteleuropa. Je nach Bodeneigenschaften variieren sie in der Krautschicht derart, dass man heute eine Vielzahl verschiedener Buchenwald-Gesellschaften unterscheiden kann.

Vegetation

M 3 Die zonale Vegetation Südeuropas ist ein immergrüner Hartlaubwald der Steineiche. Durch Niederwaldwirtschaft sind diese Wälder großflächig in Macchie umgewandelt worden. Die Macchie wird durch die Stockausschläge abgeholzter Steineichen aufgebaut.

M 4 In der Übergangszone zum kontinentalen Osteuropa weichen geschlossene Laubwälder den Wald- und Grassteppen. Diese Vegetation ist den höheren Temperaturamplituden und der zunehmenden Aridität besser angepasst.

Die Gesamtheit der Pflanzen, die ein Land oder einen Kontinent bedecken, nennt man Vegetation. Sie wird durch unterschiedliche Pflanzengesellschaften in Wäldern, Steppen, Mooren etc. aufgebaut, die spezielle Ansprüche an die Klima- und Bodenverhältnisse der jeweiligen Landschaft haben. Somit können sie mit ihrer Flora, also den verschiedenen Pflanzenarten, die typisch vergesellschaftet sind und ähnliche Umweltansprüche haben, als Zeiger der Standortbedingungen verstanden werden. In nur wenigen Gebieten der Erde besteht heute noch die ursprüngliche, natürliche Vegetation. Sie wurde in mehr oder weniger starkem Maße vom Menschen verändert. An die Stelle des natürlichen Pflanzenkleides sind Ersatzgesellschaften getreten, die ihrerseits sehr stark nach Zweck, Dauer und Intensität der menschlichen Beeinflussung zu unterscheiden sind. Sie können noch naturnahen, naturfernen oder gar naturfremden Charakter haben. So sind die sommergrünen Laub- und Laubmischwälder unserer Breiten durch die landwirtschaftliche Nutzung stark zurückgedrängt oder mit nicht standortadäquaten Nadelbäumen wie z. B. der Fichte aufgeforstet worden. Erst in neuerer Zeit bemüht man sich im Waldbau der Bundesrepublik verstärkt, wieder Arten anzupflanzen, die zur „Potentiellen Natürlichen Vegetation" (PNV) gehören. Hierunter wird die Vegetation verstanden, die sich ohne Beeinflussung des Menschen selbstständig einstellen würde. Die klimatischen Verhältnisse in den verschiedenen Zonen der Erde sind eine entscheidende Voraussetzung für die Ausbildung unterschiedlicher, mehr oder weniger breitenparalleler Vegetationsgürtel, die in einigen Teilgebieten der Erde großräumig vorherrschen.

Besonders auffällig ist das in Afrika ausgeprägt, aber auch für Asien und Europa trifft das zu *(zonale Vegetation)*. Nur dort, wo Hochgebirgsbarrieren die atmosphärische Zirkulation stören, verändert sich das Verbreitungsbild der Vegetation. Der Westen des amerikanischen Kontinents, mit seinen von Norden nach Süden streichenden Kordillerenketten, ist ein gutes Beispiel dafür *(azonale Vegetation)*. Hierbei wirken sich die Bodeneigenschaften z. T. viel erheblicher als die Klimafaktoren aus. Durch die wechselseitige Zuordnung bestimmter Klima-, Boden- und Vegetationstypen werden verschiedene Ökosysteme unterscheidbar, wie z. B. der Tropische Regenwald, die Savannen und Steppen, die sommergrünen Laubwälder oder die Tundren.

In den Gebirgen der Erde lässt sich außerdem ein Wandel der Vegetation mit zunehmender Höhe insbesondere durch die abnehmende Temperatur feststellen. Die Grenzbereiche pflanzlichen Wachstums (Baumgrenze; Vegetationsgrenze) werden hier wie in den hohen Breiten ebenso durch die Temperatur bestimmt.

M 5 Höhenstufen der Vegetation

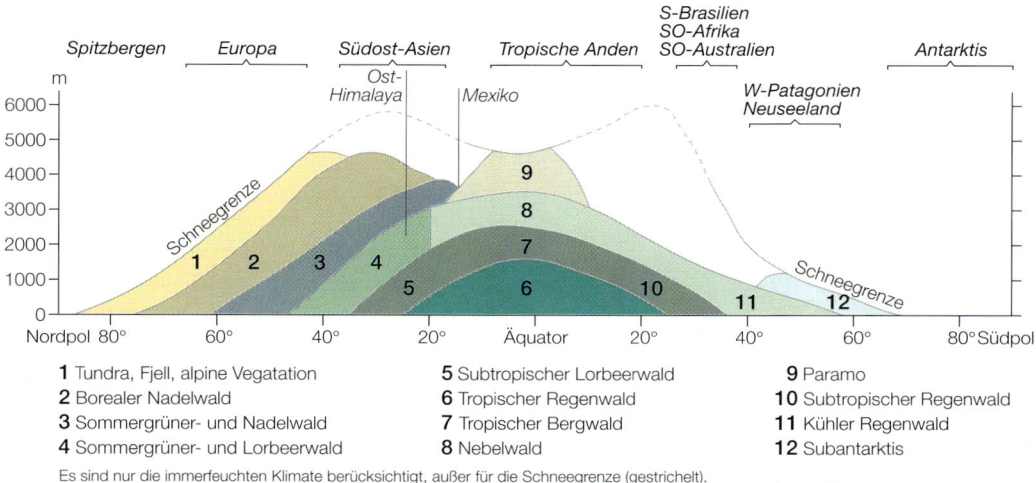

1 Tundra, Fjell, alpine Vegetation
2 Borealer Nadelwald
3 Sommergrüner- und Nadelwald
4 Sommergrüner- und Lorbeerwald
5 Subtropischer Lorbeerwald
6 Tropischer Regenwald
7 Tropischer Bergwald
8 Nebelwald
9 Paramo
10 Subtropischer Regenwald
11 Kühler Regenwald
12 Subantarktis

Es sind nur die immerfeuchten Klimate berücksichtigt, außer für die Schneegrenze (gestrichelt).
Verwandte Vegetationen der tropischen Höhen und der höheren Breiten sind durch gleiche Signaturen gekennzeichnet.

Die Vegetationsgliederung der Erde zeigt aber auch, dass in den Vegetationsgürteln der höheren Breiten ozeanische und kontinentale Einflüsse die Kombination der Pflanzengesellschaften verändern. Das Gebiet zwischen Nordfrankreich und Südskandinavien, auf einer Linie von Irland bis zum Ural weist ein stärkeres Klimagefälle von Westen nach Osten als von Norden nach Süden auf. Durch Einflüsse des Golfstromes kommt in Irland und Nordschottland ein Klima zustande, das einzigartig in Europa ist. Die Winter sind mit +2,7 °C/+1,6 °C Durchschnittstemperatur so mild, dass Pflanzen des Mittelmeerraumes gedeihen können. Die Sommer dagegen sind mit 10 °C Durchschnittstemperatur jedoch so kühl, dass das Getreide nicht ausreift. Nur hier in Westeuropa ist das Klima so extrem ozeanisch. Weiter nach Osten werden die Auswirkungen des Golfstromes zunehmend schwächer, sodass die Temperaturamplitude zwischen dem Sommermaximum und dem Winterminimum immer größer wird.

So kann man in Europa z. B. anhand bestimmter Leitpflanzen, die den speziellen Klimabedingungen jeweils angepasst sind, Areale typischer Pflanzengesellschaften abgrenzen, die als Indikatoren stabiler ökologischer Verhältnisse verstanden werden können. Die Arealgröße kann je nach Pflanzenart und ihren Ansprüchen an das Klima stark variieren. So ist die Haselnuss ein Strauch, der in ganz Mitteleuropa verbreitet ist, die Glockenheide schwerpunktmäßig jedoch nur an der europäischen Atlantik- und der Nordseeküste.

Seit über 150 Jahren versucht man experimentell gewisse Klimalinien zu finden, die mit Arealgrenzen in ihrem Verlauf übereinstimmen. Allerdings dürfen hierbei die klimatischen Einflüsse nur in Zusammenhang mit der Konkurrenz um alle anderen Standortfaktoren, die für pflanzliches Wachstum wichtig sind, gewertet werden. Osteuropäische, dem kontinentalen Klimatyp angepasste Arten, erreichen ihre westliche Verbreitungsgrenze meist dort, wo sie mit den im feuchteren und milderen Klima rascher wachsenden Arten nicht mehr konkurrieren können. Sie können dann nur noch an solchen Standorten auftreten, die den Klimabedingungen ihres Hauptverbreitungsgebietes ähnlich sind.

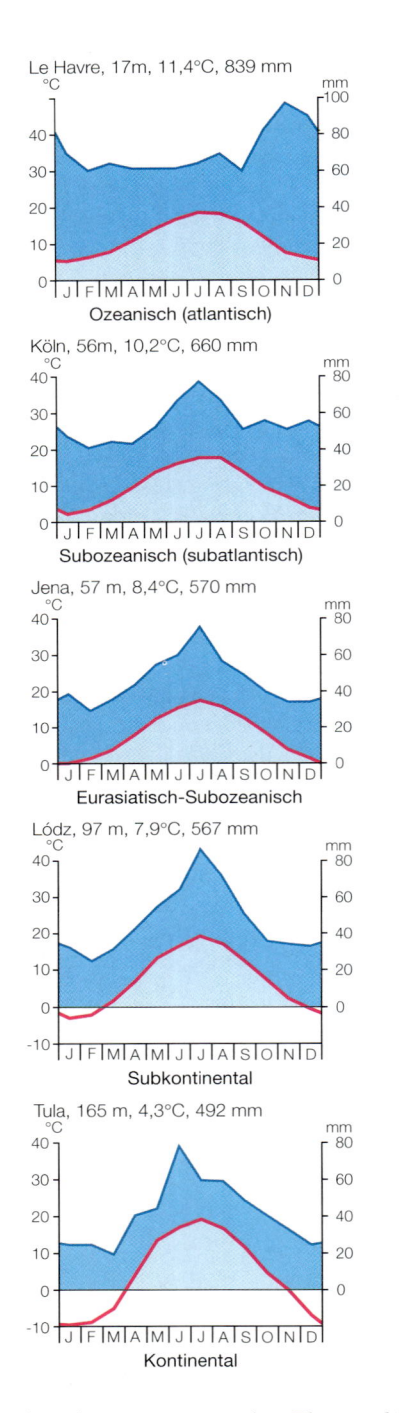

M 6 Klimadiagramme typischer Florengebiete Europas von West nach Ost zwischen 49° und 56° nördlicher Breite

So kommt die Fichte, die in Nordeuropa natürlich im Flachland wächst, in den Alpen nur in kalten Schluchten oder in den Höhenlagen vor. Hierbei handelt es sich um eine ökologische Gesetzmäßigkeit: Pflanzenarten eines bestimmten Verbreitungsgebietes können nur in Bereichen außerhalb dieses Areals auftreten, die ähnliche Standortbedingungen aufweisen, wie sie im Hauptverbreitungsgebiet herrschen.

Arealkarten dienen letztlich der Anfertigung von Vegetationskarten. Sie sind heute Grundlage von Nutzungsentscheidungen in Forst- und Landwirtschaft. Von besonderem Interesse für die Nutzungsplanung sind auch die Vegetationsgrenzen überhaupt, ob durch Temperatur oder Niederschlag bedingt. Eingriffe in die Pflanzendecke im Bereich dieser Grenzen können zu deren Verlagerung und damit zu schweren Schädigungen im Landschaftshaushalt führen.

M 7 - M 10 Leitpflanzen typischer Areale von Pflanzengesellschaften in Europa

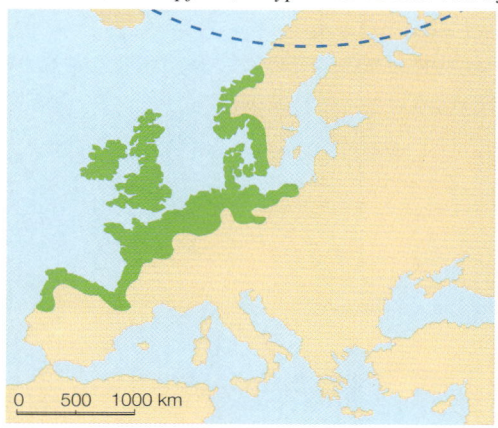

M 7 Westeuropäische Glockenheide

Nach Ludwig Hempel: Einführung in die Physiogeographie. Pflanzengeographie. Wiesbaden: Steiner 1974

M 8 Die Glockenheide ist ein Zwergstrauch, auf nassen, sauren, nährstoffarmen Böden in Feuchtheiden und Zwischenmooren; immergrün

M 9 Die Haselnuss ist ein Strauchgehölz lichter, krautreicher Laubwälder und Waldränder; anspruchslos; eurasiatisch-subozeanisch

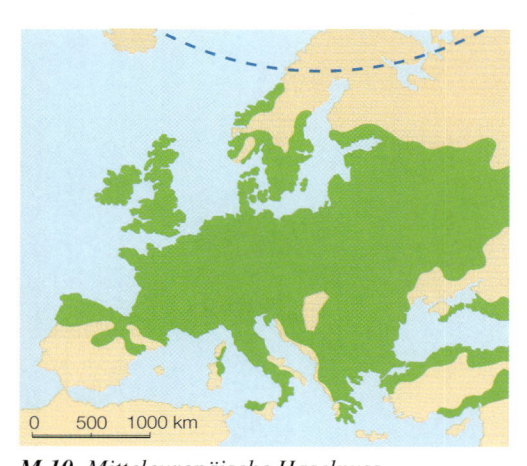

M 10 Mitteleuropäische Haselnuss

Nach Ludwig Hempel: Einführung in die Physiogeographie. Pflanzengeographie. Wiesbaden: Steiner 1974

43

Der Landschaftsgliederung entsprechen je nach Klima- und Bodentyp spezifische, natürliche Ökosysteme, in denen ein Gleichgewicht zwischen belebter und unbelebter Natur herrscht. Darin spielt die Vegetation eine entscheidende Rolle. Veränderungen der Vegetation haben Konsequenzen für das Klima, den Wasser- und Mineralstoffhaushalt, wie auch Eingriffe in anderen Systeme sich auf die Vegetation auswirken.

Die Landschaftsökologie beschreibt diese komplexen Zusammenhänge mit dem Ziel der Erfassung spezifischer Landschaftshaushalte. Dadurch soll einerseits das Zusammenwirken aller Faktoren für die Ausprägung der unterschiedlichen Landschaftstypen verständlich werden, andererseits können damit Eingriffe in die Landschaft durch den Menschen in ihren Auswirkungen besser beurteilt werden. Das hat besondere Bedeutung z. B. für die Raumordnung und Raumplanung mit Konsequenzen für die Bauleitplanung, die Land- und Forstwirtschaft sowie für den Fremdenverkehr.

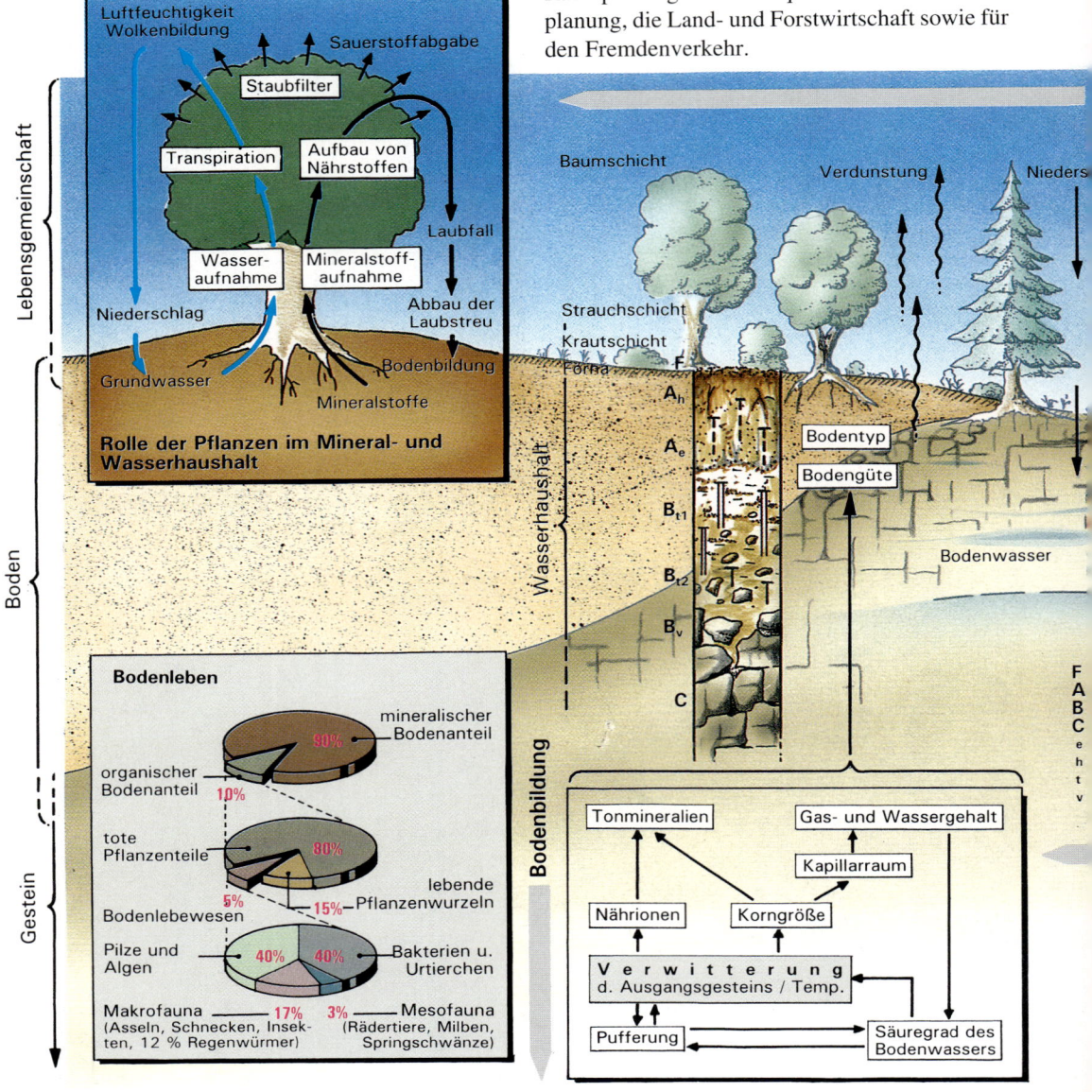

M 11 *Landschaftshaushalt*

1. Welche Klimaeigenschaften kennzeichnen typische Florengebiete Europas (Klimadiagramme M 6)? In welchen Standortansprüchen unterscheiden sich Haselnuss und Glockenheide entscheidend? Nehmen Sie Bezug auf die schwerpunktmäßige Verbreitung beider Arten in Europa (M 7).

2. Welche Bedeutung hat die Erfassung von Verbreitungsarealen typischer Leitpflanzen für ökologische Zusammenhänge?

3. Globale Veränderungen von Klimafaktoren bedingen natürliche Veränderungen der Böden und der Vegetation. Werten Sie dazu das Schema aus.

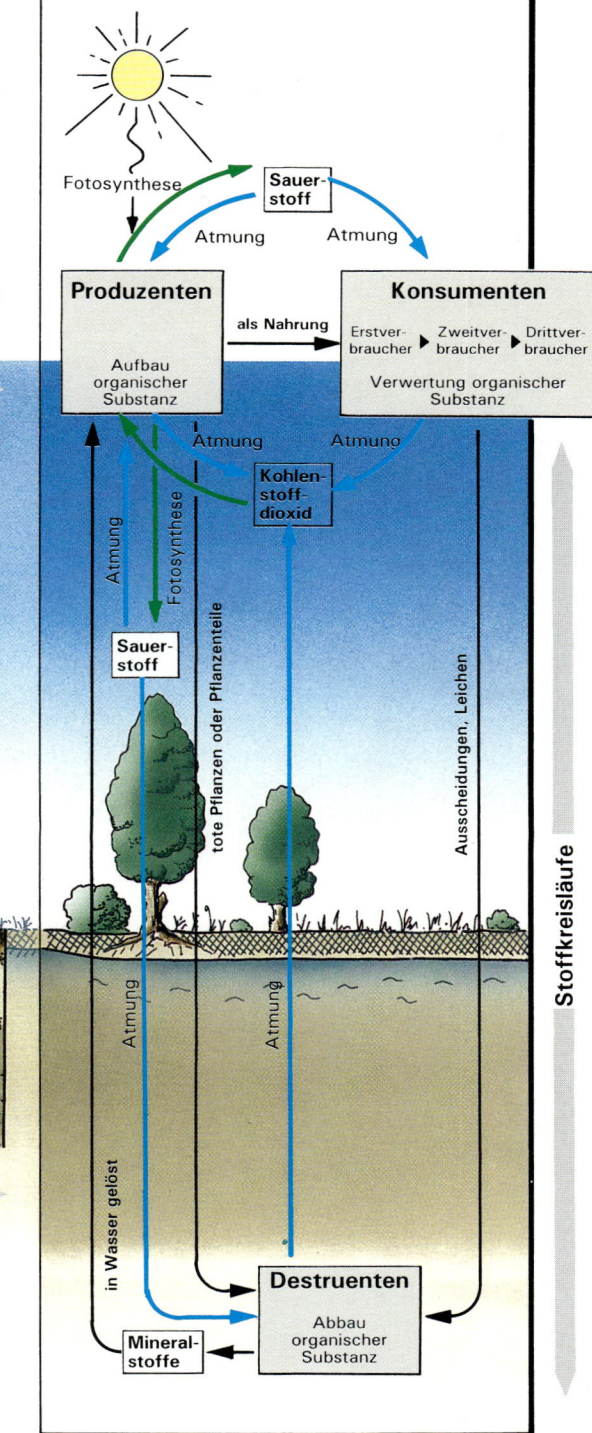

4. Erläutern Sie anhand des Schemas unterschiedliche Teilhaushalte in der Landschaft und erklären Sie deren Funktion.

5. Welche Folgen wären zu erwarten, wenn auf der Anhöhe im Schema die Bäume gerodet oder im Tal der Grundwasserspiegel abgesenkt würde?

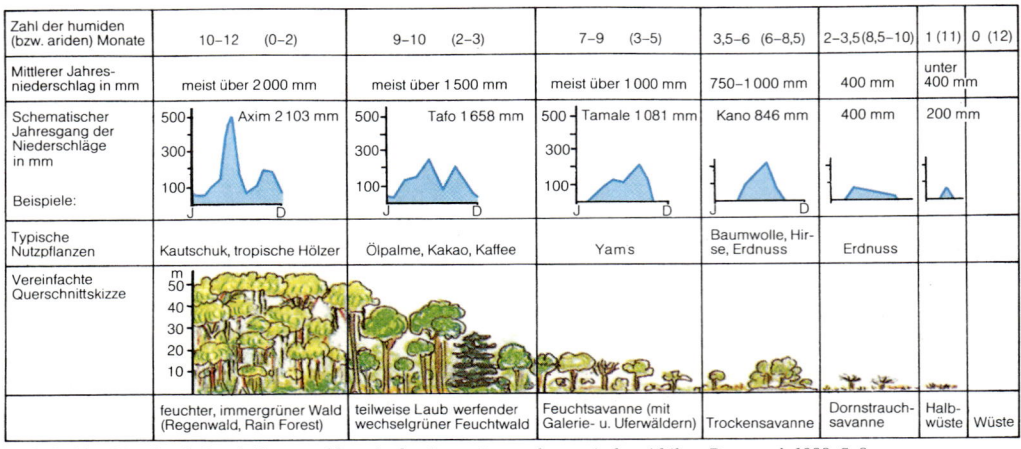

Zahl der humiden (bzw. ariden) Monate	10–12 (0–2)	9–10 (2–3)	7–9 (3–5)	3,5–6 (6–8,5)	2–3,5 (8,5–10)	1 (11)	0 (12)
Mittlerer Jahresniederschlag in mm	meist über 2 000 mm	meist über 1 500 mm	meist über 1 000 mm	750–1 000 mm	400 mm	unter 400 mm	
Schematischer Jahresgang der Niederschläge in mm. Beispiele:	Axim 2 103 mm	Tafo 1 658 mm	Tamale 1 081 mm	Kano 846 mm	400 mm	200 mm	
Typische Nutzpflanzen	Kautschuk, tropische Hölzer	Ölpalme, Kakao, Kaffee	Yams	Baumwolle, Hirse, Erdnuss	Erdnuss		
Vereinfachte Querschnittsskizze	feuchter, immergrüner Wald (Regenwald, Rain Forest)	teilweise Laub werfender wechselgrüner Feuchtwald	Feuchtsavanne (mit Galerie- u. Uferwäldern)	Trockensavanne	Dornstrauchsavanne	Halbwüste	Wüste

Nach Walther Manshard: Entwicklungsprobleme in den Agrarräumen des tropischen Afrikas. Darmstadt 1988, S. 8

M 1 *Schematische Übersicht über die westafrikanischen klimatischen Vegetationsformen*

Landschaftszonen

Tropen

Nach der klimatischen Definition sind die Tropen Gebiete, in denen der kälteste Monat im Mittel wärmer als 18 °C ist, ausgenommen sind Hochland- und Gebirgsregionen („kalte Tropen"). Nach dieser Abgrenzung reichen die Tropen über die Wendekreise nördlich und südlich hinaus. Charakteristisch ist für diesen größten Landschaftsgürtel der Erde das *Tageszeitenklima:* Die täglichen Temperaturschwankungen sind größer als die sehr kleine jährliche Amplitude von zumeist weniger als 3 °C.

Niederschlagshöhe und -verteilung sind stark unterschiedlich. Die Jahressummen erreichen Werte von über 3000 mm oder auch von weniger als 200 mm, wobei Höhe und Gleichmäßigkeit der Niederschläge vom Äquator nach Norden und Süden zu abnehmen. Man unterteilt deshalb die Tropen in verschiedene Subzonen:
– die Immerfeuchten (Inneren) Tropen,
– die angrenzenden Wechselfeuchten Tropen mit einer ausgeprägten Trockenzeit,
– die sich nördlich und südlich anschließenden Halbwüsten und Wüsten der Randtropen, die in die Trockengebiete der Subtropen übergehen.

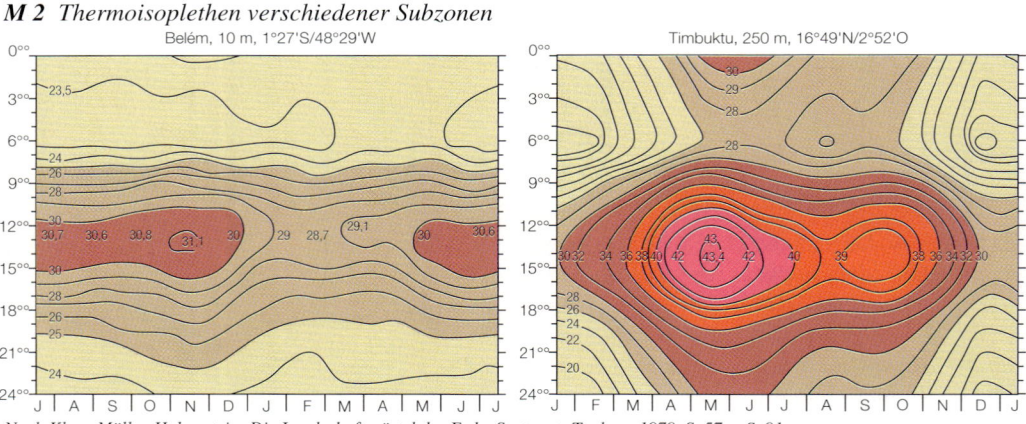

M 2 *Thermoisoplethen verschiedener Subzonen*

Nach Klaus Müller-Hohenstein: Die Landschaftsgürtel der Erde. Stuttgart: Teubner 1979, S. 57 u. S. 91

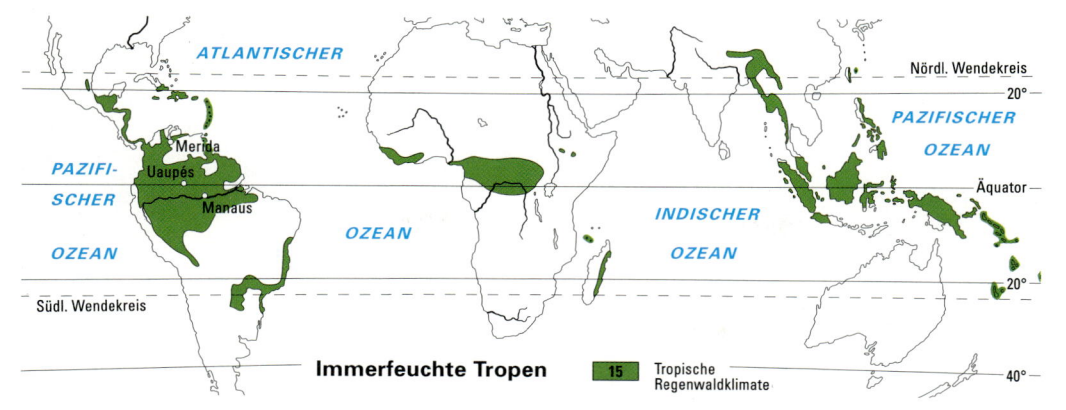

M 3 *Die Immerfeuchten Tropen (12,9 Mio. km² = 8,5 % der gesamten Landfläche)*

Die Immerfeuchten Tropen

M 4 *Klimadiagramme Immerfeuchter Tropen*

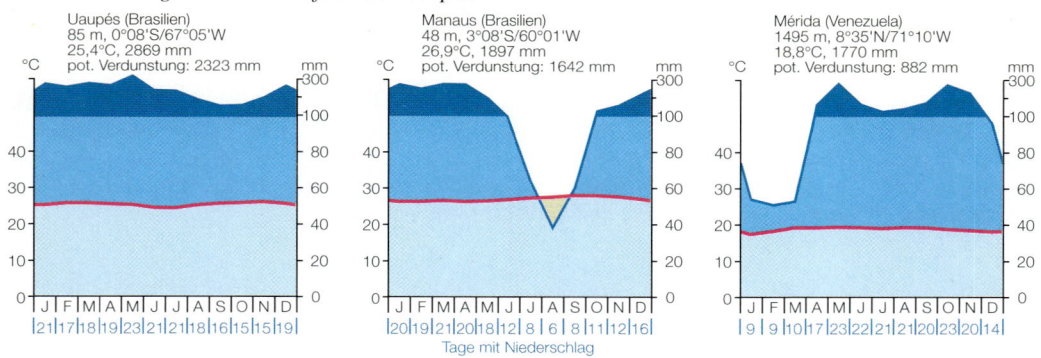

Uaupés (Brasilien)
85 m, 0°08'S/67°05'W
25,4°C, 2869 mm
pot. Verdunstung: 2323 mm

Manaus (Brasilien)
48 m, 3°08'S/60°01'W
26,9°C, 1897 mm
pot. Verdunstung: 1642 mm

Mérida (Venezuela)
1495 m, 8°35'N/71°10'W
18,8°C, 1770 mm
pot. Verdunstung: 882 mm

Tage mit Niederschlag

Klima. Nirgendwo sonst ist der jährliche Temperaturgang so gleichmäßig. Die täglichen Schwankungen (von 5–11 °C) sind wesentlich größer als die jahreszeitliche Amplitude. Bei den Niederschlägen zeigt sich der Einfluss der ITC: Die Zenitalregen weisen zwei Maxima auf, jeweils kurz nach dem Zenitstand der Sonne. Nach Norden und Süden zu verringert sich der zeitliche Abstand der Maxima, die trockenere Phase geht in eine zwei- bis dreimonatige Trockenzeit über.

Für die starke Verdunstung von jährlich über 1000 mm wird die Energie des größten Teils der Sonneneinstrahlung benötigt. Der Wasserdampfgehalt der Luft ist deshalb sehr hoch. Weniger als die Hälfte der Niederschläge erreicht den Boden. Dennoch ist das Flussnetz sehr dicht. Der jährliche Abflussgang hängt von der Nord-Süd-Erstreckung des Einzugsgebiets und von den Nebenflüssen ab, die zum Teil Wasser von außerhalb der Regenwaldgebiete bekommen.

Böden. Aufgrund der hohen Niederschläge und den ganzjährig hohen Temperaturen ist die chemische Verwitterung intensiv. Die Böden sind extrem tiefgründig und liegen mächtigen Gesteinszersatzzonen auf, festes Gestein folgt erst in 20 bis 100 m Tiefe. Die überwiegenden tropischen Roterden und Laterite haben allerdings nur eine geringe Speicherkapazität und mineralische Nährelemente werden rasch ausgeschwemmt. Die Bodenfruchtbarkeit ist deshalb eingeschränkt.

Vegetation. Trotz der nährstoffarmen Böden ist die Vegetation unvergleichlich dicht: Über 30 t pro Hektar beträgt die jährliche Produktion von Biomasse im tropischen Regenwald, fast dreimal so viel wie in den Waldgebieten der Gemäßigten Zone. Die Erklärung dafür liegt im geschlossenen Nährstoffkreislauf.

M 5 Tropischer Regenwald in Borneo. Die Vegetation der verschiedenen Stockwerke des Regenwaldes lässt nach unten zu immer weniger Licht durch, höchstens 1 % der Strahlung kommt auf dem Waldboden an. Von oben nach unten nehmen die Tagesschwankungen der Temperatur und die Verdunstung ab, die relative Luftfeuchte und der CO_2-Gehalt zu.

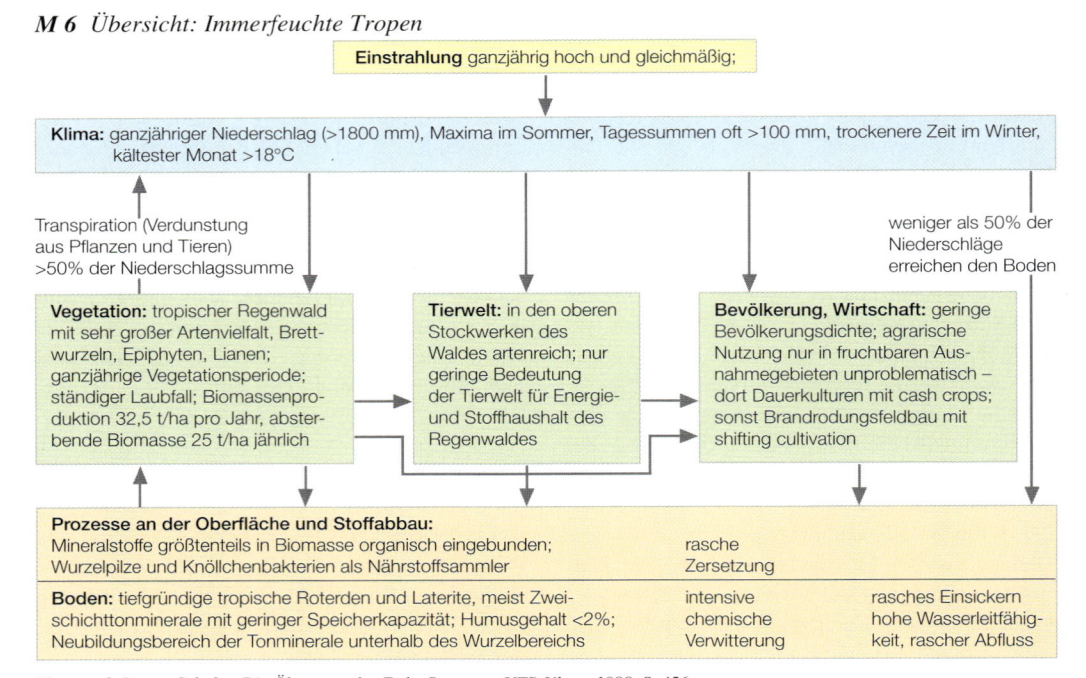

M 6 Übersicht: Immerfeuchte Tropen

Einstrahlung ganzjährig hoch und gleichmäßig;

Klima: ganzjähriger Niederschlag (>1800 mm), Maxima im Sommer, Tagessummen oft >100 mm, trockenere Zeit im Winter, kältester Monat >18°C

Transpiration (Verdunstung aus Pflanzen und Tieren) >50% der Niederschlagssumme

weniger als 50% der Niederschläge erreichen den Boden

Vegetation: tropischer Regenwald mit sehr großer Artenvielfalt, Brettwurzeln, Epiphyten, Lianen; ganzjährige Vegetationsperiode; ständiger Laubfall; Biomassenproduktion 32,5 t/ha pro Jahr, absterbende Biomasse 25 t/ha jährlich

Tierwelt: in den oberen Stockwerken des Waldes artenreich; nur geringe Bedeutung der Tierwelt für Energie- und Stoffhaushalt des Regenwaldes

Bevölkerung, Wirtschaft: geringe Bevölkerungsdichte; agrarische Nutzung nur in fruchtbaren Ausnahmegebieten unproblematisch – dort Dauerkulturen mit cash crops; sonst Brandrodungsfeldbau mit shifting cultivation

Prozesse an der Oberfläche und Stoffabbau:
Mineralstoffe größtenteils in Biomasse organisch eingebunden; Wurzelpilze und Knöllchenbakterien als Nährstoffsammler

rasche Zersetzung

Boden: tiefgründige tropische Roterden und Laterite, meist Zweischichttonminerale mit geringer Speicherkapazität; Humusgehalt <2%; Neubildungsbereich der Tonminerale unterhalb des Wurzelbereichs

intensive chemische Verwitterung

rasches Einsickern hohe Wasserleitfähigkeit, rascher Abfluss

U. a. nach Jürgen Schultz: Die Ökozonen der Erde. Stuttgart: UTB Ulmer 1988, S. 456

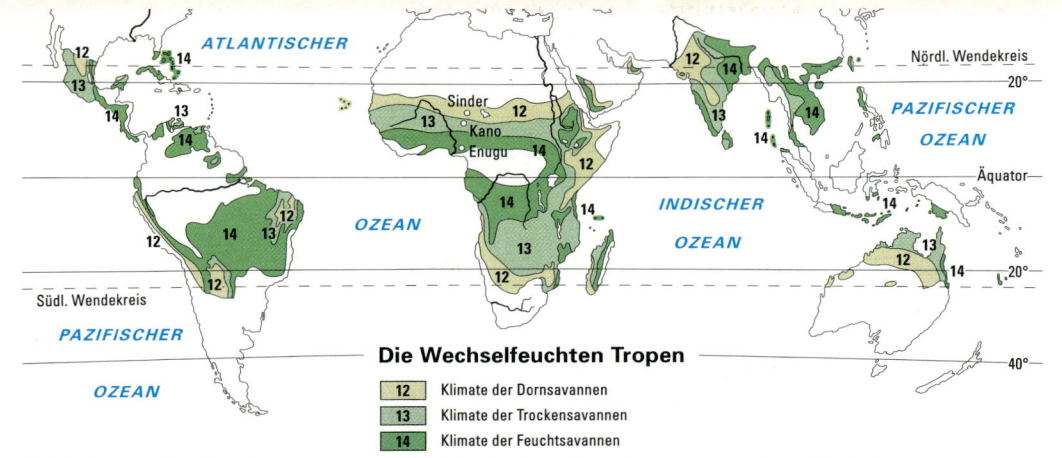

M 7 Die Wechselfeuchten Tropen (33,3 Mio. km² = 22 % der gesamten Landfläche)

Die Wechselfeuchten Tropen

12 Klimate der Dornsavannen
13 Klimate der Trockensavannen
14 Klimate der Feuchtsavannen

M 8 Klimadiagramme Wechselfeuchter Tropen

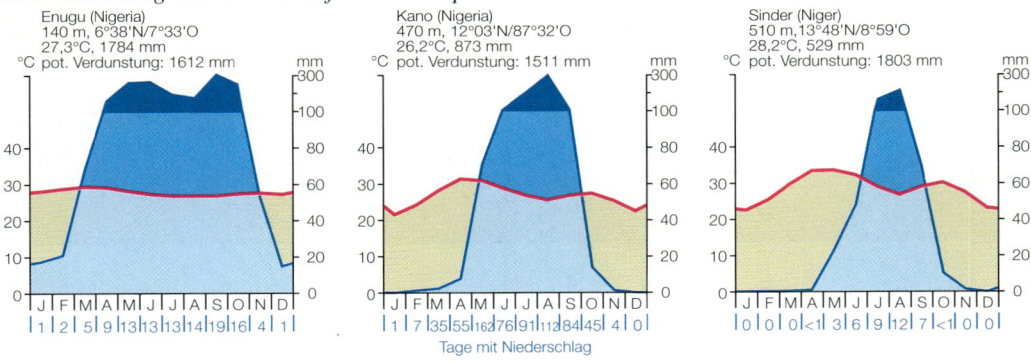

Enugu (Nigeria) 140 m, 6°38'N/7°33'O, 27,3°C, 1784 mm, pot. Verdunstung: 1612 mm
Kano (Nigeria) 470 m, 12°03'N/87°32'O, 26,2°C, 873 mm, pot. Verdunstung: 1511 mm
Sinder (Niger) 510 m, 13°48'N/8°59'O, 28,2°C, 529 mm, pot. Verdunstung: 1803 mm

Tage mit Niederschlag

Klima. Die Einstrahlung ist hoch, höher auch als in den Immerfeuchten Tropen. Allerdings können von den Pflanzen wegen der kürzeren Vegetationsperiode nur die Hälfte bis zwei Drittel der Gesamtsumme genutzt werden.

Die Savannenzone ist durch einen scharfen Gegensatz zwischen Trocken- und Regenzeiten gekennzeichnet. Mit wachsender Entfernung vom Äquator verkürzt sich dabei die Regenzeit und die Variabilität der Niederschläge nimmt zu. Sie ist ein Kennzeichen der Trocken- und Dornsavannen.

Die Temperaturen sind im Jahresgang weniger ausgeglichen als in den Immerfeuchten Tropen und haben Maxima kurz vor Beginn der Regenzeit und Minima an ihrem Ende.

Die Wasserführung der Flüsse ist an die Regenzeit gebunden und besonders hoch zu deren Beginn, wenn der Boden kaum durch Vegetation geschützt ist. Bei Starkregen kann der Boden nur einen Teil der Niederschläge aufnehmen. Der Anteil des Oberflächenabflusses nimmt mit Rückgang der Vegetationsdichte zu. In der Dornsavanne gibt es kaum Grundwasserabfluss. In der ariden Periode fallen viele Flussbette trocken.

Böden. Je nach Höhe der Niederschläge ist die chemische Verwitterung stark, wenn auch kleinräumig differenziert: In Senken sammelt sich zunächst auch noch bei Beginn der Trockenzeit Wasser, während an trockenen Hanglagen keine chemische Verwitterung mehr möglich ist. Auch die nach Art und Tiefe unterschiedlichen Stauhorizonte im Boden führen zu einer Vielfalt der Erscheinungsformen in der Savanne.

Die Latosole der Feuchtsavanne sind wegen starker Versauerung und der vorherrschenden Kaolinite weniger fruchtbar. In der Trocken- und Dornsavanne finden sich jedoch nährstoffreiche braunrote und braune tropische Böden, deren Fruchtbarkeit vor allem von fehlender Feuchtigkeit begrenzt wird.

M 9 Trockensavanne

Die Vegetation zeigt, den klimatischen Unterschieden entsprechend, den „Kampf" zwischen Gräsern und Holzpflanzen (Bäume, Büsche, Sträucher), wobei Holzpflanzen mehr Wasser benötigen. Gräser kommen mit geringeren Jahresniederschlägen aus, diese müssen aber während der Vegetation im Sommer fallen.
– Feuchtsavanne: 2½–5 Monate Trockenzeit, übermannshohe Gräser, Baumgruppen und Feuchtwälder (hochwüchsige Bäume, die in der Trockenzeit Laub abwerfen); entlang der Flüsse Galeriewälder,
– Trockensavanne: 5–7½ Monate Trockenzeit, Grasland mit einzelnen lichten Trockenwäldern (in der Trockenzeit Laub abwerfende niedrige Bäume und Sträucher mit tiefen Wurzeln),
– Dornsavanne: 7½–10 Monate Trockenzeit, ungleichmäßig verteilte niedrige Gräser, Dornsträucher und Akazien.

Agrarische Tragfähigkeit. Die relativ hohen Niederschläge der Feuchtsavanne und die im Vergleich zu den Immerfeuchten Tropen günstigeren Bodenverhältnisse ermöglichen Regenfeldbau, vor allem *Subsistenzwirtschaft* (Selbstversorgungswirtschaft auf agrarischer Basis). Bevölkerungswachstum, Aufstockung der Herden und Niederschlagsvariabilität gefährden die Nutzung in der trockenen Savanne.

1. Beschreiben Sie Lage und Ausdehnung der tropischen Subzonen.
2. Nennen Sie tropische Gebiete, die nördlich bzw. südlich der Wendekreise liegen.
3. Fassen Sie die klimatischen Eigenschaften der Wechselfeuchten Tropen zusammen und vergleichen Sie sie mit denen der Immerfeuchten Tropen und der Trockenen Randtropen.
4. Erstellen Sie für die Wechselfeuchten Tropen eine Übersicht wie M 4.
5. Man spricht von einer „ökologischen Klemme der Tropen" und bezieht sie auf die Begrenztheit der agrarischen Tragfähigkeit. Erläutern Sie dies an den Subzonen der Tropen.

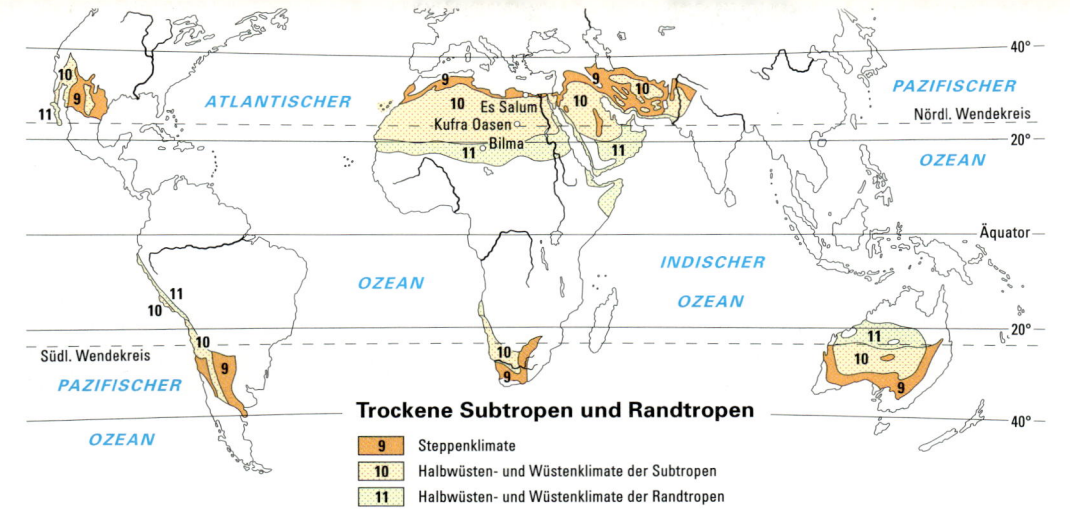

M 10 Trockene Subtropen und Randtropen (21,2 Mio. km² = 15,2 % der gesamten Landfläche)

Randtropen und Trockengebiete der Subtropen

M 11 Klimadiagramme Trockener Randtropen und Trockengebiete der Subtropen

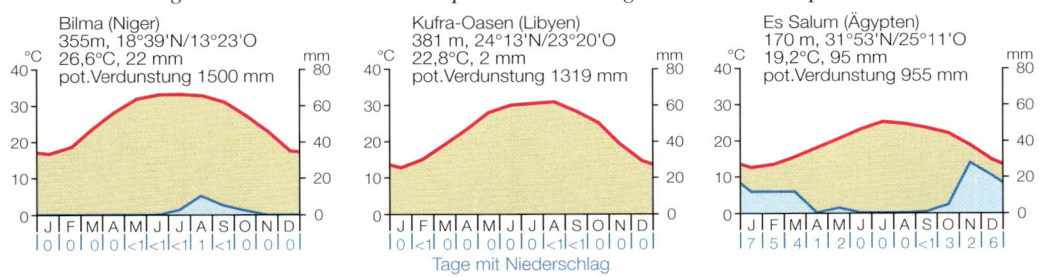

Bilma (Niger)
355 m, 18°39'N/13°23'O
26,6°C, 22 mm
pot. Verdunstung 1500 mm

Kufra-Oasen (Libyen)
381 m, 24°13'N/23°20'O
22,8°C, 2 mm
pot. Verdunstung 1319 mm

Es Salum (Ägypten)
170 m, 31°53'N/25°11'O
19,2°C, 95 mm
pot. Verdunstung 955 mm

Tage mit Niederschlag

M 12 Übersicht: Trockene Randtropen und Trockengebiete der Subtropen

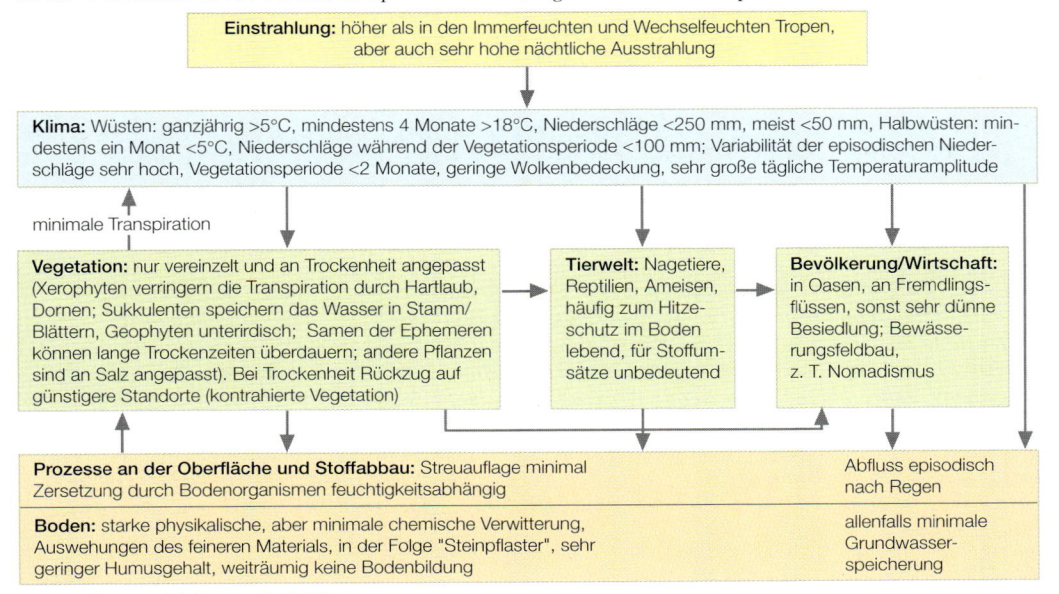

Einstrahlung: höher als in den Immerfeuchten und Wechselfeuchten Tropen, aber auch sehr hohe nächtliche Ausstrahlung

Klima: Wüsten: ganzjährig >5°C, mindestens 4 Monate >18°C, Niederschläge <250 mm, meist <50 mm, Halbwüsten: mindestens ein Monat <5°C, Niederschläge während der Vegetationsperiode <100 mm; Variabilität der episodischen Niederschläge sehr hoch, Vegetationsperiode <2 Monate, geringe Wolkenbedeckung, sehr große tägliche Temperaturamplitude

minimale Transpiration

Vegetation: nur vereinzelt und an Trockenheit angepasst (Xerophyten verringern die Transpiration durch Hartlaub, Dornen; Sukkulenten speichern das Wasser in Stamm/Blättern, Geophyten unterirdisch; Samen der Ephemeren können lange Trockenzeiten überdauern; andere Pflanzen sind an Salz angepasst). Bei Trockenheit Rückzug auf günstigere Standorte (kontrahierte Vegetation)

Tierwelt: Nagetiere, Reptilien, Ameisen, häufig zum Hitzeschutz im Boden lebend, für Stoffumsätze unbedeutend

Bevölkerung/Wirtschaft: in Oasen, an Fremdlingsflüssen, sonst sehr dünne Besiedlung; Bewässerungsfeldbau, z. T. Nomadismus

Prozesse an der Oberfläche und Stoffabbau: Streuauflage minimal Zersetzung durch Bodenorganismen feuchtigkeitsabhängig

Boden: starke physikalische, aber minimale chemische Verwitterung, Auswehungen des feineren Materials, in der Folge "Steinpflaster", sehr geringer Humusgehalt, weiträumig keine Bodenbildung

Abfluss episodisch nach Regen

allenfalls minimale Grundwasserspeicherung

U. a. nach Jürgen Schultz: a.a.O., S. 279

Tropischer Regenwald:
Gefährdung komplexer Ökosysteme

M 1 Das Foto, an Bord der Raumfähre Discovery während der Trockenzeit im September aufgenommen, zeigt den nördlichen Teil Südamerikas, etwa 1000 km². (Der in das Bild hineinragende Gegenstand ist der unterste Teil der Raumfähre.) Eine dicke Wolkenschicht versperrt den Blick auf das Amazonastiefland und die tropischen Wälder. Es sind allerdings keine Regenwolken. „Die 2,6 Millionen Quadratkilometer messende Wolkendecke", heißt es im Flugbericht der US-Weltraumfahrtorganisation NASA zu der Aufnahme mit der Nummer 89-HC-139, „ist die größte und dichteste Qualmwolke, die Astronauten je gesehen haben."
Eine Folge der Brandrodungen des Tropischen Regenwaldes: Der Rauch, der ein Gebiet von der Größe Westeuropas einhüllt, stammt von rund 150 000 verschiedenen Feuerherden, an denen die Bäume brennen.

Nach Süddeutsche Zeitung MAGAZIN, 3. 1. 92

Naturreichtum und Ertragsarmut?

1924 untersuchte der Geograph Walter Penck die Ernteergebnisse auf West-Java, um daraus Erkenntnisse über die Fruchtbarkeit und damit die Tragfähigkeit der feuchtwarmen Tropen zu gewinnen. Er sagte diesen Gebieten große Entwicklungsmöglichkeiten voraus: Eine Einwohnerdichte von 100–200/km^2 sei wahrscheinlich möglich, aber auch Werte bis 400 seien denkbar.

Aber 50 Jahre später gingen Wissenschaftler von einer Tragfähigkeit von 25 bis maximal 50 Menschen je km^2 in den gleichen Gebieten aus! Und der Geograph W. Weischet erklärte 1977: „Moderne Forschungsergebnisse aus verschiedenen Erdwissenschaften liefern in ihrer ökologischen Verknüpfung inzwischen den Beweis, dass die tropischen Lebensräume hinsichtlich ihres agrarwirtschaftlichen Potentials von Natur aus wesentlich ungünstiger gestellt sind als diejenigen der Außertropen und Subtropen."

Wolfgang Weischet: Die ökologische Benachteiligung der Tropen. Stuttgart: Teubner 1977, S. 9

Doch es gibt auch andere Bewertungen.

Nach einer FAO-Studie von 1981 sollen „die immerfeuchten tropischen Tiefländer, wie das Amazonasbecken z. B., mit einer Länge der Wachstumsperiode zwischen 330 und 365 Tagen im Jahr eine potentielle Tragfähigkeit von 1,02 bis 1,39 Personen pro Hektar, also 102 bis 139 pro km^2, gehabt haben, selbst wenn bei geringem Aufwand nur Handarbeit, kein Dünger, keine Pestizide, keine Bodenschutzmaßnahmen und nur die üblichen Anbauprodukte angesetzt werden."

Nach FAO Studie 81, zitiert in W. Weischet: Neue Ergebnisse zum Problem Dauerfeldbau im Bereich der feuchten Tropen. In: Tagungsbericht und Wissenschaftl. Abhandlungen. Deutscher Geographentag München. Wiesbaden: Steiner 1988, S. 66/67

M 2 *Ertragsabfälle in den Feuchten Tropen bei zunehmender Dauer der Ackernutzung*

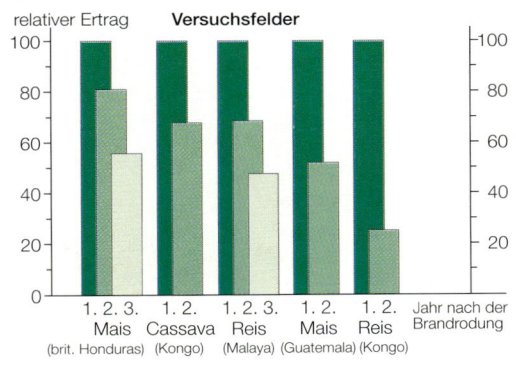

Nach Bernd Andreae: Landwirtschaftliche Betriebsformen in den Tropen. Hamburg, Berlin: Paul Parey 1972, S. 87

M 3 *Biomasseproduktion verschiedener klimatischer Vegetationsformationen*

Werte in t/ha Ø	Borealer Nadelwald (mittl. Taiga)	Buchenwald	Subtrop. Feuchtwald	Trop. Regenwald	Feuchtsavanne	Trockensavanne
Biomasse des Bestandes	260	370	410	über 500	66,6	26,8
Produktion/Jahr	7	13	24,5	32,5	(12)[1]	7,3
Absterbende Biomasse/Jahr	5	9	21	25	(11,5)	7,2
Netto-Zuwachs der Biomasse/Jahr	2	4	3,5	7,5		0,1

[1] Werte in Klammern und fehlender Wert deuten auf große regionale Schwankungen hin.
Wolfgang Weischet: Die ökologische Benachteiligung der Tropen. Stuttgart: Teubner 1977, S. 43

Wie sind diese Widersprüche in den Texten und Grafiken zu erklären? Einige wichtige Antworten können gegeben werden, wenn auch eine endgültige Klärung noch aussteht.

Das Problem der Böden

Eindeutiger Gunstfaktor der feuchtwarmen Tropen ist das Energieangebot der ganzjährig hohen Temperaturen und der daraus folgenden ganzjährigen Vegetationsperiode. Auch das Feuchtigkeitsangebot reicht stets aus, die trockenen Phasen dauern nirgendwo länger als zwei bis zweieinhalb Monate.

Probleme liegen demnach in den Böden. Sie sind überwiegend *ferrallitisch* (von lat. ferrum = Eisen und Aluminium). Die tropischen *Roterden* und *Laterite* (rötliche Böden mit starker Eisen- und Aluminiumoxid-Anreicherung und krustenartiger Verhärtung) enthalten nahezu keine verwitterbaren Silikate. Ihre weit überwiegenden Zweischichttonminerale *(Kaolinite)* haben eine geringe Austauschkapazität. Sie können Nährstoffe weniger gut festhalten, die deshalb rasch ausgeschwemmt werden, gleichgültig, ob natürlichen Ursprungs oder durch Dünger zugeführt. In den Flüssen sind diese Nährstoffe, z. B. nach Brandrodung, kurze Zeit später nachweisbar. Der C-Horizont *(Ausgangsgestein)* dieser sehr alten Böden liegt wegen der starken chemischen Verwitterung tief (meist 5 bis 20 m, vereinzelt bis 50 m), und so erreichen die Wurzeln der Pflanzen die dort enthaltenen Primärminerale nicht. Das Wurzelsystem ist extrem dicht, dreimal dichter als in unseren Wäldern, aber nur oberflächlich ausgebildet. Es nutzt den Boden fast ausschließlich, um sich daran festzuhalten. Außerdem ist die *Bodenacidität* hoch (pH-Wert 3,5-5), was die Aufnahme der Nährelemente durch die Wurzeln hemmt.

Wovon lebt dann der Tropische Regenwald, wenn er seine Nährstoffe überwiegend nicht aus dem Boden nehmen kann und doch so viel Biomasse produziert? Und wie ist zu erklären, dass die Flüsse im ungerodeten Urwaldgebiet praktisch keine Nährstoffe enthalten, der Tropische Regenwald demnach kaum Nährstoffe verliert? Die Lösung heißt *„kurzgeschlossener Nährstoffkreislauf"*.

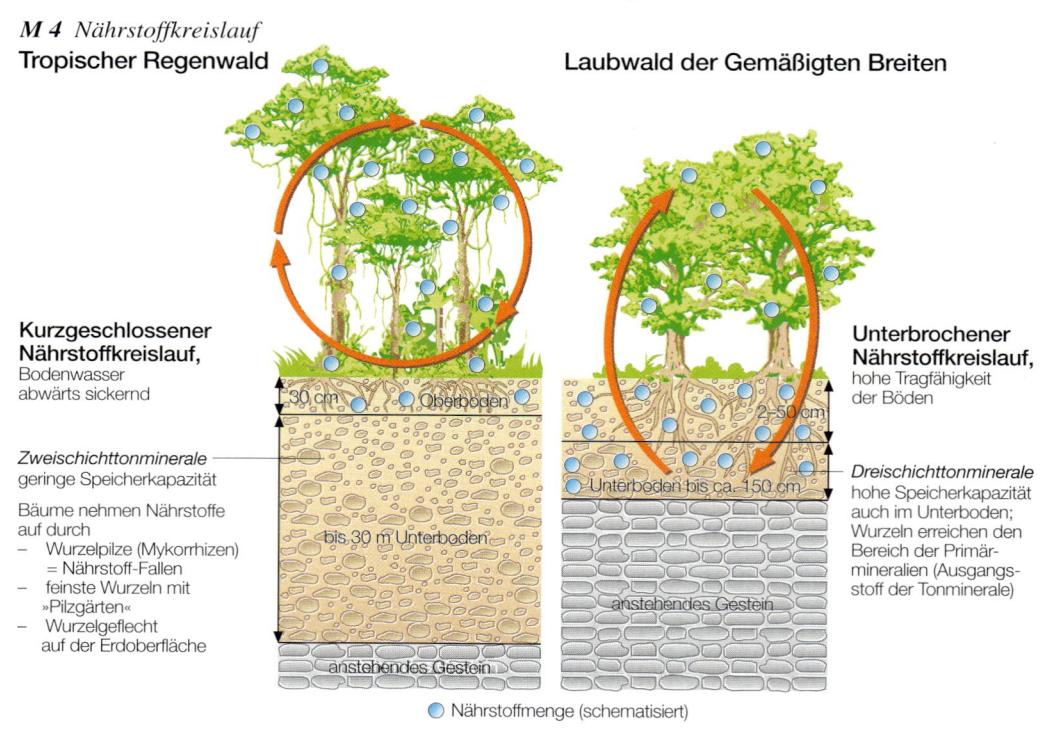

M 4 *Nährstoffkreislauf*
Tropischer Regenwald — **Laubwald der Gemäßigten Breiten**

Kurzgeschlossener Nährstoffkreislauf, Bodenwasser abwärts sickernd

Zweischichttonminerale geringe Speicherkapazität

Bäume nehmen Nährstoffe auf durch
- Wurzelpilze (Mykorrhizen) = Nährstoff-Fallen
- feinste Wurzeln mit »Pilzgärten«
- Wurzelgeflecht auf der Erdoberfläche

Unterbrochener Nährstoffkreislauf, hohe Tragfähigkeit der Böden

Dreischichttonminerale hohe Speicherkapazität auch im Unterboden; Wurzeln erreichen den Bereich der Primärmineralien (Ausgangsstoff der Tonminerale)

○ Nährstoffmenge (schematisiert)

„Zwar haben alle natürlichen Ökosysteme Mechanismen, ihre Nährstoffbestände zu erhalten, doch scheinen jene der tropischen Regenwälder besonders effizient. Die besondere „Fähigkeit" des Regenwaldsystems, Auswaschungsverluste gering zu halten, gründet sich auf die außerordentlich dichte Durchwurzelung des Oberbodens ... und der Verbindung mit einem noch dichteren Mykorrhiza-Geflecht. Hierdurch werden nicht nur die über Niederschläge und Kronenauswaschung/Stammablauf zugeführten Nährelemente weitestgehend aufgefangen, sondern auch die in den organischen Abfällen eingebundenen Nährstoffe aufgeschlossen und dann den Baumwurzeln unmittelbar zugeleitet." Obwohl die Böden durchweg tiefgründig entwickelt sind und daher reichlich Wurzelraum bieten, konzentriert sich die Durchwurzelung auf die oberen 20–30 cm.

Jürgen Schultz: Die Ökozonen der Erde. Stuttgart: Ulmer 1988, S.440

Der Tropische Regenwald wächst demnach „auf, nicht aus dem Boden" (Harald Sioli)!

1. Vergleichen Sie den Nährstoffhaushalt im Tropischen Regenwald mit dem des Laubwalds der Gemäßigten Breiten.
2. Beschreiben Sie die Eigenschaften der Böden der Gebiete des Tropischen Regenwaldes und nennen Sie deren nachteilige Auswirkungen.
3. Nennen Sie die Gunstfaktoren des Klimas der feuchtwarmen Tropen und ihre naturgeographischen Ursachen.
4. Begründen Sie die sinkenden Erträge bei Kulturpflanzen in den Immerfeuchten Tropen.
5. Erklären Sie die Widersprüche in den Texten und Grafiken bezüglich der Fruchtbarkeit der inneren Tropen.

Shifting cultivation

M 5 Shifting cultivation

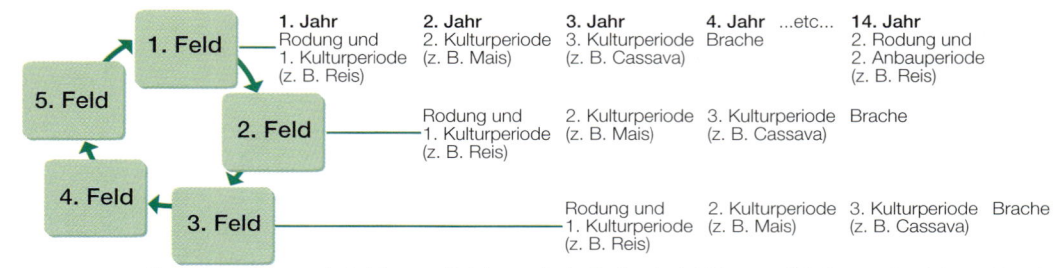

M 6 *Vereinfachte modellhafte Darstellung des Systems der shifting cultivation*

M 7 *Brandrodung zur Vorbereitung eines Feldes*

Traditionell werden weite Gebiete der immerfeuchten Tropen mit *Wanderfeldbau (shifting cultivation)* von Millionen Menschen genutzt. Darunter versteht man verschiedene Formen der Landnutzung, bei denen meist durch Brandrodung die natürliche Vegetation beseitigt oder reduziert wird und die dabei gewonnenen Flächen für einen kurzen Zeitraum, etwa ein bis drei Jahre, für den Feldbau genutzt werden. Anschließend fallen sie für längere Zeit (meist sechs bis 15 Jahre) brach, sodass Sekundärvegetation nachwachsen kann. Inzwischen geht der Anbau auf anderen, ebenfalls durch Brandrodung gewonnenen Feldern weiter. Nach einer zweiten oder dritten Nutzungsphase werden die Rodungsflächen oft ganz aufgegeben, da sich eine neuerliche Nutzung nicht mehr lohnt. Bei dieser „echten" shifting cultivation werden auch die Siedlungen verlegt.

M 8 *Modellhafte Darstellung der Entwicklung des Ertragsniveaus der shifting cultivation in Abhängigkeit vom Anbauintervall*

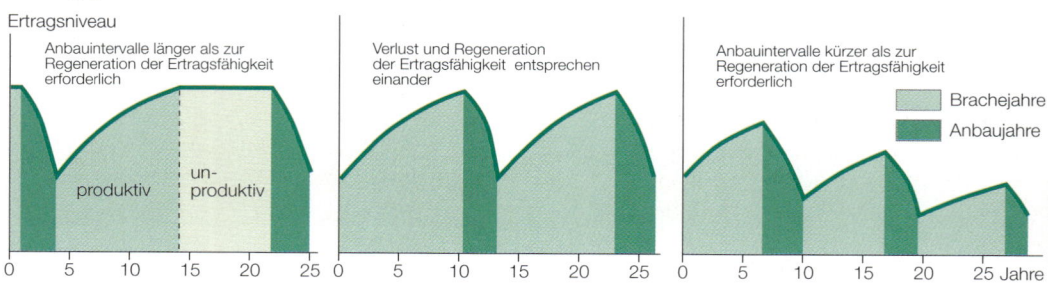

Nach Bernd Andreae: Agrargeographie. Berlin, New York: de Gruyter 1977, S. 130

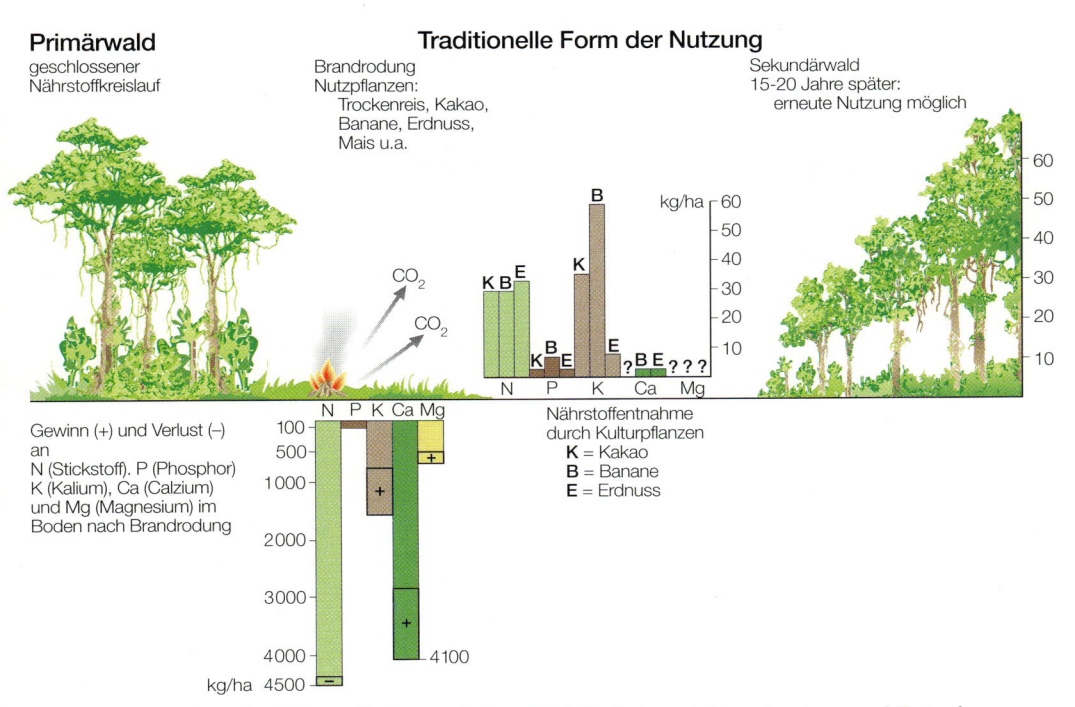

Primärwald
geschlossener
Nährstoffkreislauf

Traditionelle Form der Nutzung

Brandrodung
Nutzpflanzen:
 Trockenreis, Kakao,
 Banane, Erdnuss,
 Mais u.a.

Sekundärwald
15-20 Jahre später:
erneute Nutzung möglich

Gewinn (+) und Verlust (−)
an
N (Stickstoff), P (Phosphor)
K (Kalium), Ca (Calzium)
und Mg (Magnesium) im
Boden nach Brandrodung

Nährstoffentnahme
durch Kulturpflanzen
K = Kakao
B = Banane
E = Erdnuss

M 9 Mengenwerte der Nährstoffe im tropischen Waldboden nach Brandrodung und Entnahme durch Kulturpflanzen

Nach Wolfgang Weischet: Die ökologische Benachteiligung der Tropen. Stuttgart: Teubner 1977, S. 48

Ist dieses arbeitsaufwendige und extrem flächenintensive System nun ein Exempel veralteter und ökologisch sinnloser Landnutzung? Werden die durch Brandrodung gewonnenen Nährelemente verschwendet? Oder ist die shifting cultivation nicht doch ein den natürlichen Bedingungen der Immerfeuchten Tropen optimal angepasstes System?
Ein neues Argument brachten jüngste Forschungsergebnisse, die zeigen, dass die Brandrodung durch die Aschedüngung nicht nur Nährstoffe zuführt, sondern dass sie auch die Bodenacidität für zwei bis drei Jahre verringert (Erhöhung des pH-Wertes im ersten Jahr auf 5–5,5) und damit die Nährelemente, vor allem Phosphor, den Pflanzen besser verfügbar macht. Gerade hierin könnte die Bedeutung der Brandrodung liegen, weniger in der Zufuhr von Nährstoffen.
Lässt man den Rodungsflächen nur genügend Zeit, so entwickelt sich nach und nach ein Sekundärwald, der immer mehr Arten des einstigen Primärwaldes enthält. Schätzungen gehen davon aus, dass nach einem Jahrhundert oder mehr wieder ein neuer „Primärwald" entstanden ist. Shifting cultivation also doch ein ökologisch sinnvolles System?

Und wie ist shifting cultivation von der ökonomischen Seite aus zu betrachten?
„Bei einem Wanderfeldbausystem mit zweijähriger Nutzung und 24-jähriger Brache braucht jeder Betrieb eine 13fach größere Fläche als beim Dauerfeldbau; nur jeweils 8 % davon befinden sich jeweils in Kultur. Gebiete mit shifting cultivation können daher nur sehr kleine Bevölkerungen pro Fläche tragen (etwa 2–5 Einwohner pro km^2)."

Jürgen Schultz: a.a.O., S. 451

Bei wachsender Bevölkerung kommt das System an seine Grenzen. Was ist zu tun?

Dauerfeldbau

Kann man das „ökologische Handicap" der Tropen umgehen? Lassen sich tropische Regenwaldgebiete trotz der Ertragsabfälle im Dauerfeldbau nutzen?

Mit Sicherheit gelingt dies auf den fruchtbaren Ausnahmegebieten der Immerfeuchten Tropen, wo bereits seit langem teilweise sehr produktiver Dauerfeldbau getrieben wird. Dazu zählen z. B. auf Java und Teilen der Philippinen Gebiete, wo Aschen tätiger Vulkane für die Nachlieferung von Primärmineralen sorgen oder wo die Böden auf rezenten Vulkanismus zurückgehen.

Ausnahmegebiete sind auch die periodisch überschwemmten Tiefländer, z. B. im Amazonasgebiet, wo sich Ton- und Schluffbestandteile absetzen und die Ausgangsmaterialien für Dreischichttonminerale liefern.

M 10 *Schematischer Schnitt durch den Varzea-Bereich*

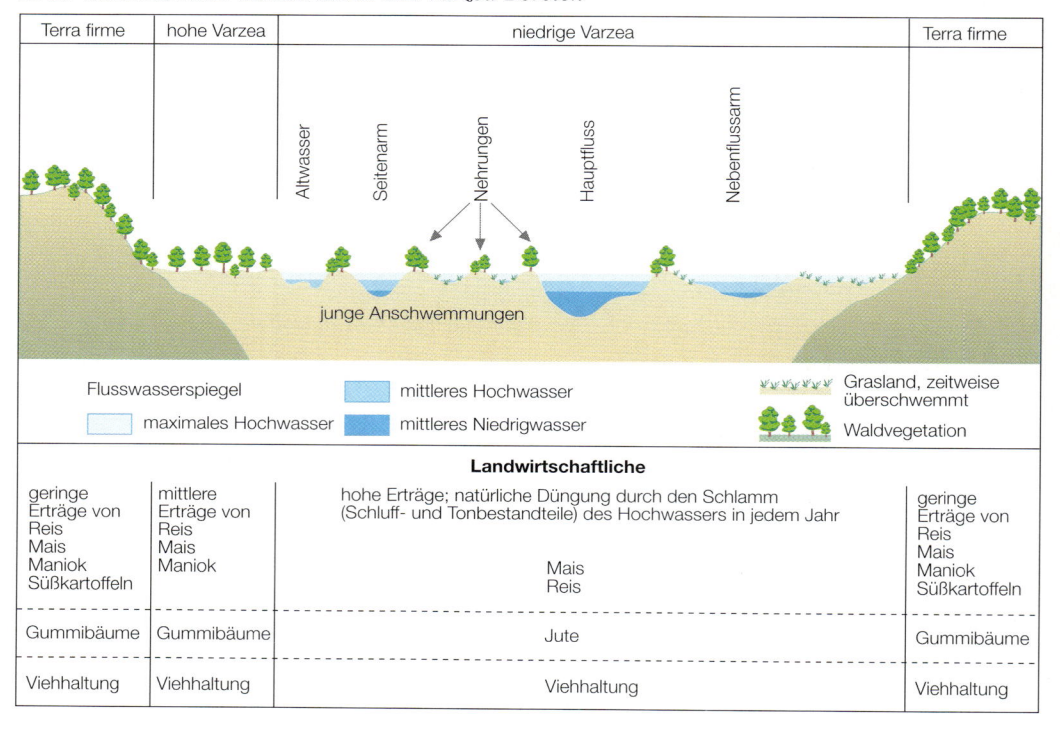

Terra firme	hohe Varzea	niedrige Varzea	Terra firme
geringe Erträge von Reis Mais Maniok Süßkartoffeln	mittlere Erträge von Reis Mais Maniok	hohe Erträge; natürliche Düngung durch den Schlamm (Schluff- und Tonbestandteile) des Hochwassers in jedem Jahr Mais Reis	geringe Erträge von Reis Mais Maniok Süßkartoffeln
Gummibäume	Gummibäume	Jute	Gummibäume
Viehhaltung	Viehhaltung	Viehhaltung	Viehhaltung

Landwirtschaftliche

Nach Jürg Müller: Brasilien. Stuttgart: Klett 1984, S. 98

Aber wie steht es mit jenen großen Gebieten der Immerfeuchten Tropen, wo das Pflanzenwachstum fast völlig auf dem kurzgeschlossenen Nährstoffkreislauf beruht?

Einigen Aufschluss geben Feldversuche im peruanischen Amazonastiefland. In der Nähe von Yurimaguas wurden 1972–74 drei Versuchsfelder von je 1,5 ha durch Brandrodung von 17-jährigem Sekundärwald gewonnen. Auf ihnen wurde Trockenreis kontinuierlich und in Rotation mit Mais, Sojabohnen und Erdnüssen angebaut. Nach gezielter Düngung mit sehr hohen Kalkgaben (3,5 t/ha) und Mineraldünger (in etwa den Mengen in den Außertropen entsprechend) wurden zunächst gute Erträge erzielt. 1975 gingen diese aber stark zurück, auch mit negativen Veränderungen in den Böden (Anstieg der Bodenacidität und Aluminiumtoxizität), wobei deutliche Zusammenhänge mit den Niederschlagshöhen zu erkennen sind.

M 11 Niederschläge und ha-Erträge auf Versuchsfeld 3 (Reis-Mais-Soja-Rotation)

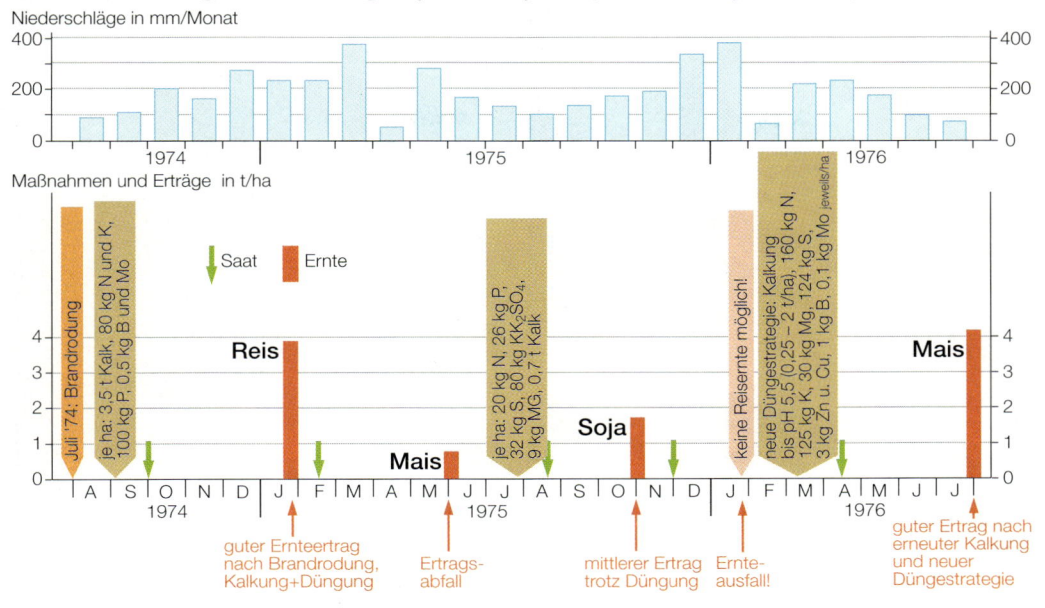

Niederschläge in mm/Monat

Maßnahmen und Erträge in t/ha

Juli '74: Brandrodung
je ha: 3,5 t Kalk, 80 kg N und K, 100 kg P, 0,5 kg B und Mo
Saat   Ernte
Reis — guter Ernteertrag nach Brandrodung, Kalkung+Düngung
Mais — Ertragsabfall
je ha: 20 kg N, 26 kg P, 32 kg S, 80 kg K₂SO₄, 9 kg MG, 0,7 t Kalk
Soja — mittlerer Ertrag trotz Düngung
keine Reisernte möglich! Ernteausfall!
neue Düngestrategie: Kalkung bis pH 5,5 (0,25 – 2 t/ha), 160 kg N, 125 kg S, 30 kg Mg, 124 kg S, 3 kg Zn u. Cu, 1 kg B, 0,1 kg Mo jeweils/ha
Mais — guter Ertrag nach erneuter Kalkung und neuer Düngestrategie

Nach Wolfgang Weischet und Cesar N. Caviedes: The Persisting Ecological Constraints of Tropical Agriculture. London, New York: Longman Scientific & Technical 1993, S. 204

Nach Auswertung der Ergebnisse, die das Zusammenspiel von Boden, Düngung, Niederschlägen und Ertrag aufzeigen, wurde eine neue Düngerstrategie mit nochmaligen hohen Kalkgaben erarbeitet.

M 12 Ertragsabfolgen von 26 Ernten mit der Versuchsreihe Trockenreis-Erdnuss-Soja auf Parzellen mit und ohne Düngung

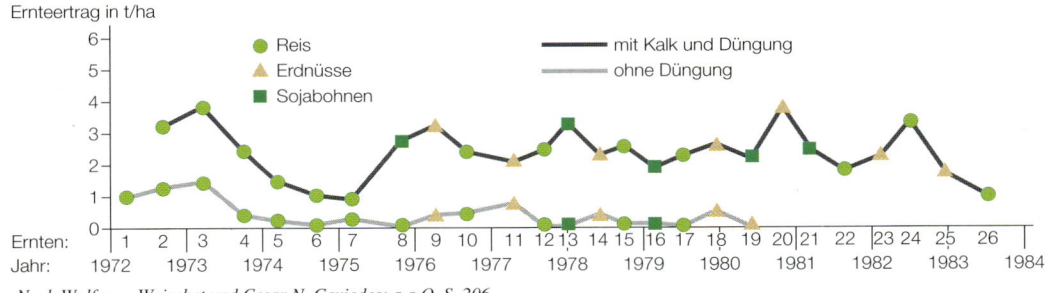

Ernteertrag in t/ha
● Reis
▲ Erdnüsse
■ Sojabohnen
— mit Kalk und Düngung
— ohne Düngung

Nach Wolfgang Weischet und Cesar N. Caviedes: a.a.O. S. 206

Die Ergebnisse waren insgesamt befriedigend und beweisen, dass bei laufender Bodenuntersuchung und konstanter und gezielter Düngung mit Mineraldünger sowie wiederholten hohen Kalkgaben Dauerfeldbau möglich ist.
Aber auch hier blieb der Zusammenhang von Ertragshöhe und klimatischen Verhältnissen deutlich: Zu den geringen Erntemengen 1983/84 kam es nach weit überdurchschnittlichen Niederschlägen mit Starkregen 1983.
Für die Kleinbauern kommt die in Yurimaguas entwickelte Methode nicht in Frage – allein die Transportkosten für Kalk überfordern ihre wirtschaftlichen Möglichkeiten! Damit kann diese Form der Nutzung für den größten Teil der Bevölkerung nicht angewandt werden.

M 13 Fruchtbare Ausnahmegebiete auf Bali

M 14 Aufgelassene shifting cultivation in Brasilien

Ausblick

Noch bleiben viele Fragen offen, noch sind nicht alle Möglichkeiten untersucht: „Vor dem Einsatz des künstlichen Düngers hatten wir bei uns (in Deutschland) Ertragsunterschiede um das Drei- bis Fünffache zwischen fruchtbaren Lössböden und verarmten Böden der Mittelgebirge. Ähnliche und noch größere Unterschiede bestehen in den Tropen. Moderne Bearbeitungsmethoden und Düngung haben bei uns die Erträge angenähert, in den Tropen sind wir von einem solchen Zustand noch weit entfernt. Das liegt vor allem daran, dass wir die ökologischen Zusammenhänge, die wir im eigenen Land erst langsam verstehen, in den Tropen noch wenig kennen."

Hanna Bremer: Das Naturpotential in den feuchten Tropen. In: Geographische Rundschau 1989, H. 7/8, S. 383

Bisher gibt es ausführliche Versuche auf größeren Feldern nur im Hinblick auf Verbesserungsmöglichkeiten durch regelmäßige Düngergaben. Dagegen fehlen noch hinreichende Erkenntnisse über die Wirkung verschiedener Bodenbearbeitungsmethoden, die ebenfalls durch langfristige Versuche erprobt werden müssten. Noch weiß man wenig über die Chancen neuer Züchtungen, noch bestehen nur vereinzelt Erfahrungen über *Agroforesting* in den tropischen Regenwaldgebieten, also einem gemischten Landbau unter und zwischen Bäumen mit ihrem intakten Mykorrhizen-Geflecht. Noch wurden keine ausreichenden Versuche mit „produktiver" Brache gemacht, also mit dem Anpflanzen bestimmter Arten zur Bodenverbesserung und nicht zur Nutzung durch den Menschen.

Endgültige Antworten auf die agrarische Nutzbarkeit der feuchtwarmen Tropen stehen also noch aus. Bis dahin erscheint das System der shifting cultivation als ökologisch sinnvoll, solange es nach den Regeln angewandt wird, die die Menschen im Regenwald vor dem starken Bevölkerungswachstum erlernt hatten. Und andere wirtschaftliche Möglichkeiten gibt es für die meisten von ihnen ohnehin nicht.

Werden die „Regeln" aber nicht beachtet und die notwendigen Brachezeiten unterschritten, so vermindern sich die Ernteergebnisse mehr und mehr, und eine geschädigte Fläche bleibt zurück. Der Verlust vieler Stammestraditionen, die Veränderungen der sozialen Struktur unter Einfluss der immer weiter in den Urwald eindringenden Zivilisation haben viele der alten Landnutzungsregeln aufgelöst. Ohnehin ist die landwirtschaftliche Nutzung der Regenwaldgebiete mit hohen ökologischen Risiken belastet:

– Wasserhaushalt und Windverhältnisse ändern sich: Während sich selbst bei schweren Gewittern Luftbewegungen im intakten Regenwald nicht bis auf die Bodenoberfläche auswirken, nimmt die Luftfeuchte über Rodungsflächen ab und die Luftbewegung zu. Austrocknungen sind die Folge.
– Fehlt die Vegetationsdecke, so schlagen viel höhere Wassermengen auf den ungeschützten Boden durch.
– Durch Erosion kommt es zu Bodenabtrag und Aufschotterung der Flüsse.
– Das Durchsickern der festen Bodensubstanz führt zu hohem Nährstoffverlust in der oberen Bodenschicht.
– Die nicht mehr vom Blätterdach geschützte Bodenoberfläche wird erwärmt. Durch Verschlämmung verdichtet sich der Boden, Verhärtungen und Krusten bilden sich.

Je großflächiger die Rodung, desto nachhaltiger der Eingriff. Schon wenige Jahre nach der Rodung des Regenwaldes verseppen die Landstriche der Rindergroßfarmen Brasiliens.

6. Berechnen Sie für das Beispiel M 6 den Feldflächenbedarf eines Bauern während eines Arbeitszyklus.
7. Erläutern Sie den Zusammenhang zwischen Ertragshöhe und Intervalldauer der shifting cultivation.
8. Nennen Sie fruchtbare Ausnahmegebiete der Immerfeuchten Tropen und erläutern Sie die Grundlagen ihrer Fruchtbarkeit.
9. Werten Sie M 11 aus, nennen Sie die Zusammenhänge zwischen klimatischen Verhältnissen und dem Ertrag auf den Versuchsfeldern.
10. Diskutieren Sie die ökologische und ökonomische Bewertung der shifting cultivation und schätzen Sie die heutigen Möglichkeiten des Dauerfeldbaus ab.

Zerstörung des Tropischen Regenwaldes durch Holznutzung

M 1 Tropischer Regenwald

	Anteil an den Waldressourcen	Fläche um 1900	Fläche heute	Fläche Prognose 2000 Abnahme um	Jährlicher Verlust in % der bestehenden Ressourcen	in Mio. ha
Lateinamerika	51 %	980 Mio. ha	586 Mio. ha			
Mittelamerika	5 %		60 Mio. ha	40 %	1,7 %	1,0 Mio. ha
Südamerika	46 %		526 Mio. ha		1,7 %	8,9 Mio. ha
Afrika	17 %	400 Mio. ha	210 Mio. ha			
Westafrika und westliches Zentralafrika	9 %		100 Mio. ha	20 %	0,9 %	0,9 Mio. ha
Ostafrika und östliches Zentralafrika	8 %		110 Mio. ha		0,7 %	0,8 Mio. ha
Asien	32 %	490 Mio. ha	361 Mio. ha			
Südwestasien	3 %		31 Mio. ha	50 %	3,5 %	1,1 Mio. ha
Ost- und Südostasien	29 %		330 Mio. ha		0,9 %	3,0 Mio. ha

Bruno Messerli: Umweltprobleme und Entwicklungszusammenarbeit. Bern: Geographisches Institut der Universität 1987, S. 18

Gut 25 Prozent der eisfreien Festlandsfläche sind von Wäldern bedeckt, insgesamt 34 Mio. km². Ein Drittel davon sind Tropische Regenwälder. Deren Fläche wird ständig geringer: 1980 schätzte man die Rodungen auf 43 000 ha täglich, heute rechnet man mit 50 000 ha – im Jahr sind dies rund 18 Mio. Hektar. Der größte Teil dieser Rodungen geht auf jene zurück, die den Urwald der Feuchten Tropen niederbrennen, um daraus Anbau- und Weideflächen zu gewinnen. Weitere drei bis fünf Mio. ha werden im Zuge staatlicher Umsiedlungsprogramme (z. B. in Indonesien) oder bei der Erschließung von Bodenschätzen und beim Straßenbau zerstört. Zu diesen mehr als 20 Mio. ha kommen noch 50 Mio. ha Sekundärwald, die jährlich im Zuge der Rotation der shifting cultivation gerodet werden. Die Waldfläche der Republik Côte d'Ivoire ging von 1960 bis 1985 auf ein Drittel zurück, Kamerun und die Zentralafrikanische Republik verlieren jährlich 2 % ihres Waldbestandes. Auf Madagaskar sind bereits 90 Prozent der Wälder abgeholzt!

All diese Zahlenangaben sind grobe Schätzungen. Sie wurden immer wieder nach oben korrigiert. Beispielsweise sollen Überfliegungen 1988 ergeben haben, dass die natürlichen Wälder im Inneren Borneos und Sumatras nicht, wie bisher angenommen, noch 40 Prozent der Oberfläche bedecken, sondern nur noch 9 Prozent.

Regional begrenzte Waldzerstörungen sind nicht neu. Überall dort, wo die Bevölkerung stark wuchs, waren Abholzungen üblich, um die Ernährungsgrundlage zu sichern. Auch Waldzerstörungen zur Holznutzung als Bau- oder Schiffsholz waren nicht selten. Neu aber ist die Bevölkerungsexplosion in der Dritten Welt seit der Mitte unseres Jahrhunderts, und neu ist das Ausmaß der Waldzerstörung dort. Es umfasst fast alle Waldgebiete der Dritten Welt und lässt auch die Bergwälder weithin nicht aus.

Holznutzung in der Republik Côte d'Ivoire (Elfenbeinküste)

M 2 Karte Côte d'Ivoire (Elfenbeinküste)

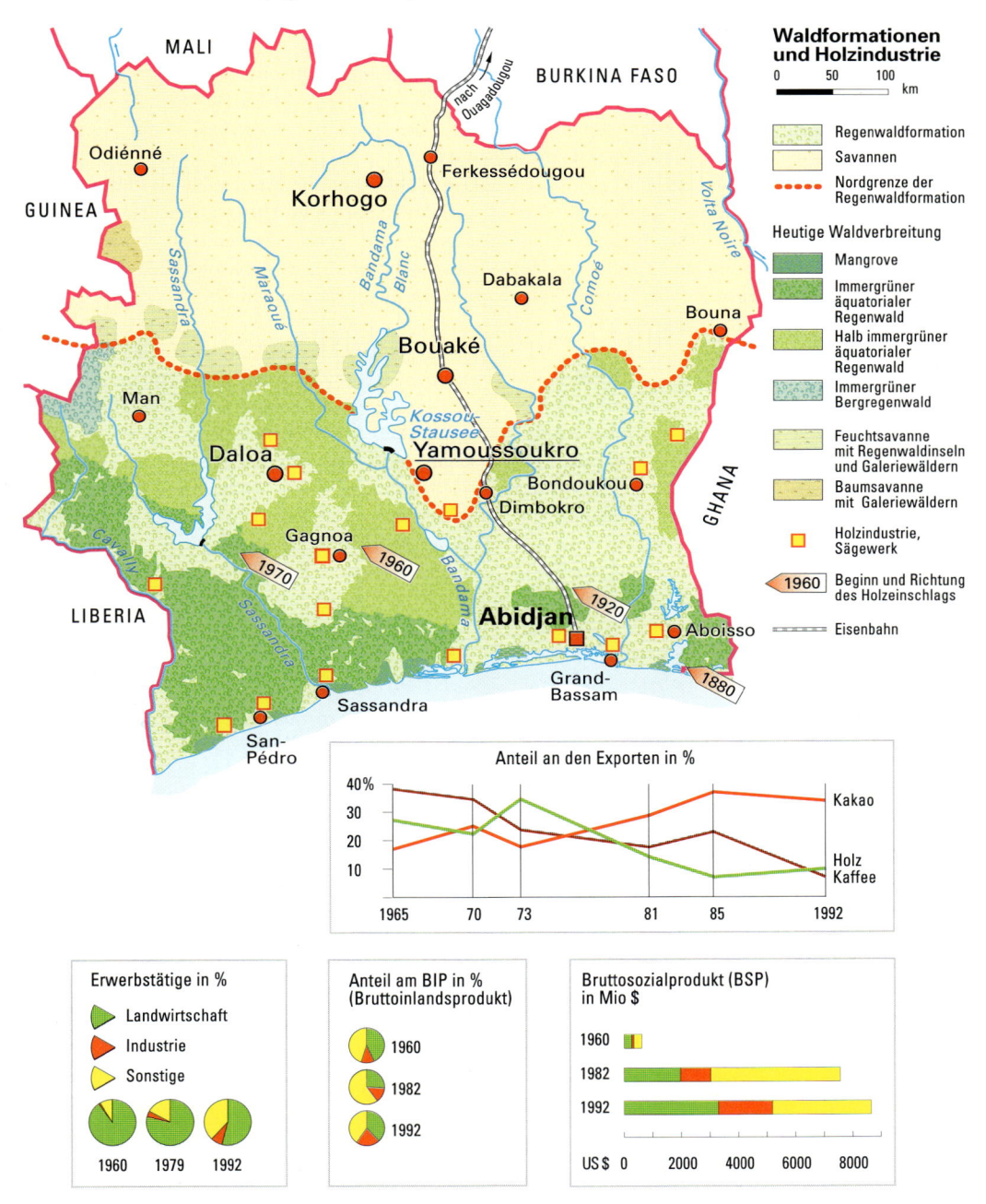

Waldformationen und Holzindustrie

- Regenwaldformation
- Savannen
- Nordgrenze der Regenwaldformation

Heutige Waldverbreitung
- Mangrove
- Immergrüner äquatorialer Regenwald
- Halb immergrüner äquatorialer Regenwald
- Immergrüner Bergregenwald
- Feuchtsavanne mit Regenwaldinseln und Galeriewäldern
- Baumsavanne mit Galeriewäldern
- Holzindustrie, Sägewerk
- Beginn und Richtung des Holzeinschlags
- Eisenbahn

Anteil an den Exporten in %: Kakao, Holz, Kaffee (1965, 70, 73, 81, 85, 1992)

Erwerbstätige in %: Landwirtschaft, Industrie, Sonstige (1960, 1979, 1992)

Anteil am BIP in % (Bruttoinlandsprodukt): 1960, 1982, 1992

Bruttosozialprodukt (BSP) in Mio $: 1960, 1982, 1992

Daten nach Pretzsch 1987 und 1992, Bernd Wiese: Elfenbeinküste. Wissenschaftl. Länderkunden Bd. 29, Darmstadt: Wiss. Buchgesellschaft 1988, Georges H. Lutz: Republik Elfenbeinküste, Beihefte Geographische Zeitschrift 1971, Fischer Weltalmanach 1994

Die 322 463 km² große Republik Côte d'Ivoire weist zwei von der natürlichen Vegetation geprägte Großlandschaften auf:
- Die 180 000 km² große Savanne im nördlichen Landesteil, ein Gebiet weiter, durch Hügelketten und Tafelberge unterbrochener 200 bis 400 m hoch gelegener Flächen, wobei zwischen 8 und 9° N die Feuchtsavanne mit Regenwaldinseln überwiegt, der sich weiter nördlich Feuchtsavanne mit einzelnen Gehölzen und Grasfluren anschließt.
- Den Bereich des äquatorialen Regenwaldes im südlichen Teil des Landes mit einzelnen Mangroveninseln im schmalen Küstenstreifen. Noch um 1900 umfassten diese Regenwälder die Fläche von über 140 000 km².

1893 war die Côte d'Ivoire französische Kolonie geworden. Seit 1960 ist sie ein unabhängiger Staat, in dem Angehörige vieler Stämme zusammenleben. Man zählt 60 verschiedene ethnische Gruppen und ebenso viele Sprachen. Der Einfluss Frankreichs blieb auch nach der Unabhängigkeit stark. Das Land gehört weiter zur Franc-Zone und ist als ehemalige Kolonie seit 1957 mit der EWG bzw. EU assoziiert. Das Land verfügt nur über unbedeutende Vorräte an Bodenschätzen; seit wenigen Jahren wird Erdöl in geringen Mengen gefördert (Anteil am Export 1991: 12 %).

Die einheimische Bevölkerung ernährt sich traditionsgemäß vor allem von Knollenfrüchten (Yams, Maniok, Taro, Batate) und Kochbananen. In den Städten stieg in den letzten Jahrzehnten der Verbrauch von Mais und (teilweise importiertem) Reis.

Grundlage des Aufschwungs des Landes von 1960 bis 1980 war die Landwirtschaft. Auch nahezu der gesamte Export basiert auf Agrarprodukten.

Die Waldgebiete liefern den bei weitem größten Teil der Exportgüter. Hier werden die wertvollen Tropenhölzer geschlagen und auf den abgeholzten Flächen befinden sich die Kakao-, Kaffee- und Bananenpflanzungen.

Nach der Unabhängigkeit versprach man sich von der Nutzung der tropischen Hölzer eine entscheidende Verbesserung der wirtschaftlichen Lage. Außerdem sollten Rodungen und Einschlag und das daraus erhoffte Wirtschaftswachstum den bisher schwach besiedelten Südwesten des Landes fördern und für eine gleichmäßigere Bevölkerungsverteilung sorgen. Der Holzexporthafen San Pedro sollte wirtschaftlicher Mittelpunkt dieses Landesteils werden.

M 3 Daten zur Bevölkerung und Verstädterung der Republik Côte d'Ivoire

Gesamtbevölkerung Mio.		davon städt. Bevölkerung %	
1960:	3,7	1960:	7
1965:	4,3	1965:	23
1975:	6,7	1975:	32
1981:	8,1	1980:	38
1985:	8,2	1985:	47
1991:	12,4	1991:	49
1992:	12,8	1992:	49
Bevölkerungswachstum:		1970–79:	Ø 5,5 %
		1980–92:	Ø 3,8 %

Städte 1991
Abidjan (Regierungssitz): 1,9 Mio., mit Vororten 2,6 Mio.
Bouake: 0,33 Mio.
Yamoussoukro (Hauptstadt): 0,13 Mio. Wachstum von Abidjan und Bouake: 8–10 %/J

M 4 Stammholzproduktion in der Republik Côte d'Ivoire 1960–89

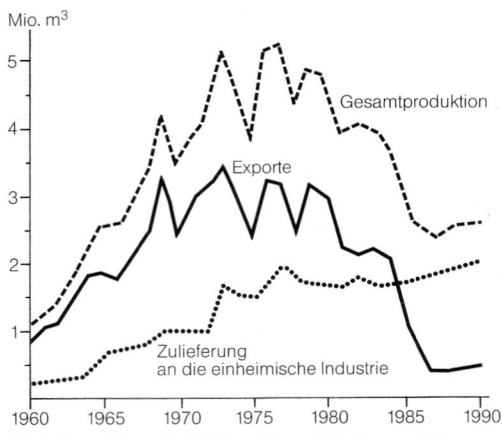

Nach Jürgen Pretzsch: *Die Entwicklungsbeiträge von Holzexploitation und Holzindustrie in den Ländern der feuchten Tropen, dargestellt am Beispiel der Elfenbeinküste.* Schriftenreihe des Instituts f. Landespflege der Universität Freiburg. 1987, H. 11, S. 36, ergänzt nach Angaben der FAO

M 5 *Holznutzung im Tropischen Regenwald*

Die Grafik M 4 weist indirekt darauf hin, dass auch die Industrieländer ihren Teil zur Abholzung der Regenwälder beitragen. Ihr Bedarf wirkt sich stark aus. Denn ihr Qualitätsanspruch ist bei wertvollem Rundholz (vor allem Mahagoni und Sipo) so hoch, dass längst nicht alle ausgesuchten Stämme verwendet werden. So erreichen beispielsweise die überwiegend für den Export tätigen Großbetriebe nur einen Ausnutzungsgrad von knapp 30 % des selektierten Stammholzes, der Rest war Abfall.

Die Erwartungen und Maßnahmen von Regierung und Wirtschaft in den siebziger Jahren:
1. Der Export großer Mengen Stammholz wird Kapital für den Aufbau einer eigenen Holzindustrie bringen.
2. Die Forst- und Holzwirtschaft wird so entscheidende Beiträge zur Volkswirtschaft leisten.
3. Die Holznutzung wird kaum zur Waldzerstörung beitragen.
4. Gesetzliche Maßnahmen werden den Ausgleich zwischen den Interessen der Waldbewohner, des Staates und einheimischer und ausländischer Unternehmer herstellen. Große Teile der Einnahmen werden der Aufforstung zugute kommen.

Die Ergebnisse:
1. Seit einem Jahrzehnt sind die Vorräte an hochwertigen Hölzern erschöpft. Die zunächst erzielten hohen Gewinne wurden nicht für die Regeneration der Regenwälder eingesetzt; es entstand nur eine unbedeutende Holzindustrie, von der viele Betriebe inzwischen in Konkurs gingen.
2. Der Anteil der Holznutzung an der gesamtwirtschaftlichen Leistung ging von 5 % auf 3,1 % zurück, der der Holzindustrie von 2 % auf 1,4 %. Die Holzexporte stagnieren auf niedrigem Niveau.
3. Die Holznutzung hat erheblich zur Zerstörung des Regenwaldes beigetragen: Schwere Maschinen schädigten das Ökosystem, der Einschlag dezimierte den Artenreichtum, die Beschleunigung der Einschlag-/Regenerationszyklen wirkte sich wie bei der shifting cultivation verhängnisvoll aus.
4. Die Forstgesetze schützten die Waldbevölkerung kaum, da der Staat den Wald vorrangig als Rohstoffpotential und agrarische Reservefläche betrachtete. Es gab nur geringe Erfolge bei der Aufforstung (1 000–3 000 ha/J., Finanzierung durch die Weltbank). Eigenes Kapital wurde kaum eingesetzt.

M 6 *Entwicklung der Flächennutzung in den Tropenwaldgebieten der Côte d'Ivoire*

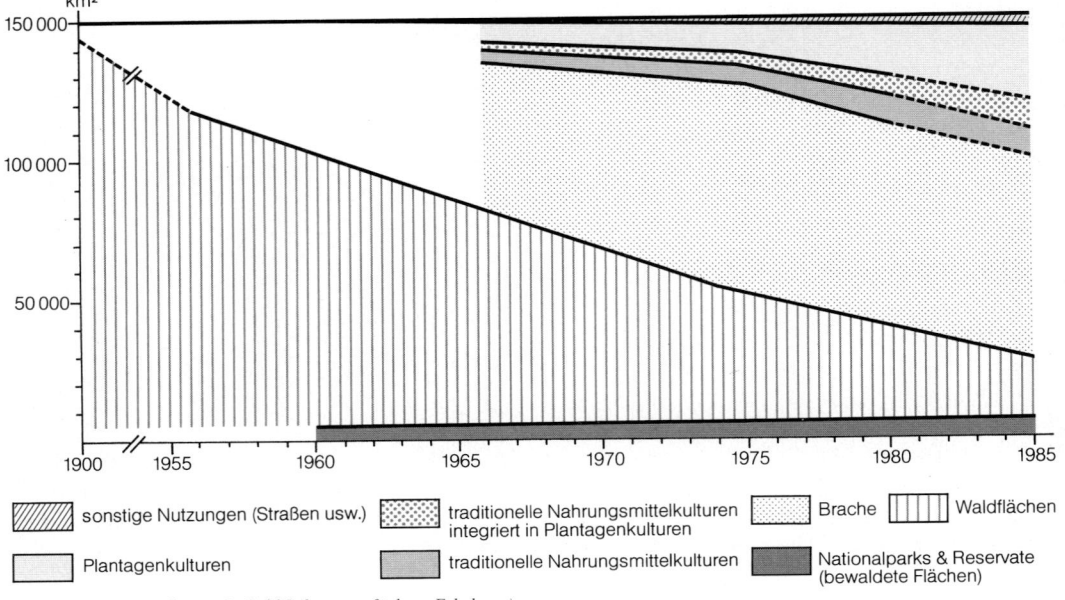

Legende:
- sonstige Nutzungen (Straßen usw.)
- Plantagenkulturen
- traditionelle Nahrungsmittelkulturen integriert in Plantagenkulturen
- traditionelle Nahrungsmittelkulturen
- Brache
- Waldflächen
- Nationalparks & Reservate (bewaldete Flächen)

Nach Jürgen Pretzsch: a.a.O., S. 225 (letzte verfügbare Erhebung)

M 7 *Holzeinschlag 1991 in Mio. m^3*

Waldeinschlag in Industrieländern (Rundholz)

USA	415,1	Deutschland	80,4
UdSSR	283,9	Frankreich	34,3
Kanada	148,6	Japan	29,3

Größter Brennholz- und Holzkohleeinschlag

Indien	250,0	USA	85,9
Brasilien	186,5	UdSSR	80,7
VR China	185,5	Äthiopien	40,8

Nach Angaben der FAO

„Für die Waldbewohner verbesserten sich zwar die Lebensbedingungen durch zusätzliche Einnahmen aus vorübergehenden Einstellungen als Arbeitskräfte für den Holzeinschlag und -transport. Von Nutzen für die Waldbewohner war auch die verbesserte Infrastruktur. Hinzu kam, dass die Dorfgemeinschaften auch ein kleines Entgelt für die Holznutzung auf deren Grund und Boden erhielten.
Der tatsächliche Nutzen für die Waldbevölkerung war aber äußerst gering, zumal die aus der Elfenbeinküste stammenden Arbeitskräfte nur zu 33,6 % an den Lohnaufwendungen beteiligt waren (...)
In der Elfenbeinküste unterlag die Tropenholznutzung dem Prinzip einer kurzfristigen Gewinnerwirtschaftung. Insbesondere bereicherten sich außerhalb der Waldzone lebende nationale Eliten und ausländische Investoren, hingegen zog die Waldbevölkerung zunehmend weniger Nutzen aus der Waldumwelt. Als Konsequenz wandelte sich das Verhältnis Mensch/Umwelt grundlegend: Der Wald verlor zunehmend seine Bedeutung als universaler Lebensraum. Volkswirtschaftlich erfüllte die Holzexploitation in keiner Weise die durch Modellplanungen vorgegebenen Erwartungen."

Jürgen Pretzsch: Die Entwicklungsbeiträge der Stammholzproduktion im tropischen Afrika: Kritische Analyse und Überblick. In: entwicklung + ländlicher raum 1/92, S. 22/23

1. Schildern Sie die Bedeutung von Land- und Forstwirtschaft für die Republik Côte d'Ivoire. Beziehen Sie die Flächennutzung mit ein.
2. Nennen Sie Vor- und Nachteile der Holznutzung. Bewerten Sie deren Beitrag zur Wirtschaftsentwicklung des Landes.

Ökologische Auswirkungen

„Nairobi, 30. 12. 93 (dpa) – Die Konvention über den weltweiten Schutz der Artenvielfalt ist in Kraft getreten. Das Übereinkommen, dem sich bislang 167 Staaten angeschlossen haben, soll das Aussterben von Pflanzenarten auf der Erde stoppen. Die Unterzeichnerstaaten verpflichten sich darin, vom Aussterben bedrohte Arten zu schützen und ihre Naturschutzgebiete zu erweitern. Die wirtschaftliche Entwicklung sollte dem Artenschutz und dem Erhalt der natürlichen Ökosysteme Rechnung tragen.
Die Lebensmittelversorgung der gesamten Erdbevölkerung hänge vom Erhalt der Artenvielfalt ab, betonte die UNO-Behörde. Die genetische Einheitlichkeit von Saatgut habe dazu geführt, dass Pflanzenkrankheiten sich über mehrere Länder ausgebreitet haben."

Schwäbische Zeitung, 31. 12. 93

M 8 Brettwurzel eines Urwaldriesen. Beim Fällen solcher Bäume werden Pflanzen vieler Arten vernichtet.

Bei der modernen Nutzung der Regenwälder verdichten schwere Maschinen den Boden und hinterlassen unvermeidliche Schleifspuren. Deren Schäden sind beträchtlich, vor allem wenn man bedenkt, dass pro Hektar meist nur zwei bis vier Bäume eines bestimmten Stammdurchmessers gefällt werden können und Schneisen zu ihnen geschlagen werden müssen.
Kein Ökosystem weist eine ähnlich große Vielfalt der Pflanzen- und Tierwelt auf wie der Tropische Regenwald: So können auf einem Hektar Tropenwald mehr Baumarten vorkommen als in ganz Europa. Die allermeisten der heute noch unbekannten Tierarten, mehrere Millionen, leben im Tropischen Regenwald.
Sein Ökosystem ist äußerst dynamisch, weist die größte Biomasse und einen intensiven Energie- und Nährstoffumsatz auf und reagiert rasch auf Veränderungen. Es enthält tausende Tier- und Pflanzenarten, von deren Verflechtungen wir noch wenig wissen und über deren Belastung durch Eingriffe die Meinungen auseinander gehen.

„Der eine sieht in dem dynamisch-komplexen Ökosystem Tropenwald ein höchst sensibles, fein vernetztes und fragiles Wirkungsgefüge von Faktoren, Wechselwirkungen und Rückkopplungsschleifen. Es ist ein weitgehend unbekanntes und unverstandenes System, in dem jeder Teil unersetzbar von jedem anderen unabdingbar abhängt. Jeder Eingriff führt zum Verlust von Funktionen und zu Verzerrungen des Wirkungsnetzes. Das Ökosystem verträgt fast keine Nutzung (...) Die Auswirkungen sind unvorhersehbar. Kollaps ist als Langzeitfolge auch nach geringen Eingriffen nicht auszuschließen (Schmetterlingseffekt).
Die andere Meinung sieht in dem Ökosystem Tropenwald gleichfalls ein komplex vernetztes System (...) Die hohe Artenzahl, die sich im Verlauf von Verjüngung, Aufbau, Alterung und Zerfall dynamisch wandelnden Mischungsverhältnisse und die Mannigfaltigkeit von Organisation und Prozessen machen das Ökosystem nicht fragil und sensibel, sondern im Gegenteil robust, vital und flexibel."

E. F. Bruenig: Der Tropische Regenwald im Spannungsfeld „Mensch Biosphäre". In: Geographische Rundschau 1991, H. 4, S. 226

Auswirkungen auf Atmosphäre und Klima

„Der Tropische Regenwald wurde von Experten neben den Ozeanen als wichtigster Motor und Regler des Weltklimas bezeichnet. Seine Zerstörung wird das Klima großräumig beeinflussen. Man schätzt, dass seine Vernichtung – wegen der durch sie bedingten Zunahme des CO_2-Gehaltes der Atmosphäre – auch erheblich (zwischen 7 und 32 %) zum „Treibhauseffekt" beiträgt. Es gibt auch Experten, die befürchten, dass die mit der Abholzung der Wälder einhergehende Zunahme der CO_2-Konzentration und die daraus womöglich resultierende Erwärmung der Erde sich vor allem in der Veränderung des Wasserhaushalts niederschlagen wird (Verschiebung der Klimagürtel zwischen 35° und 50° N, also bis in unsere Breiten, gekoppelt mit abnehmendem Niederschlag, höherer Verdunstung und sinkendem Grundwasserspiegel) und dass die eigentlichen Gefahren der Waldzerstörung in diesen Veränderungen mit all ihren Konsequenzen lägen."

Nach Flohn. In: Joseph Herkendell, Eckehard Koch: Bodenzerstörung in den Tropen. München: Beck 1991, S. 112

Andere Wissenschaftler sehen die Auswirkungen der Abholzung der Regenwälder auf das globale Klima als relativ gering an.

„Die Möglichkeit einer nicht unwesentlichen Beeinflussung des Weltklimageschehens infolge der Eingriffe des Menschen (ist) in den tropischen Regenwäldern daher nicht auszuschließen, auch wenn der anteilige Beitrag des Tropenwaldes zum globalen Wasserhaushalt und der Brandrodung zum Spurengasgehalt der Atmosphäre vergleichsweise gering und für das globale Gesamtrisiko eines weltweiten Klimakollapses unbedeutend sind.

Größere Bedeutung hat der Regenwald für das lokale und regionale Klima. Entwaldung und jede Form der Vereinfachung der Struktur des Waldes führen zu einer Erhöhung von *Albedo* (reflektierte Lichtmenge), *Bowen*-Verhältniszahl (fühlbare Wärme zu latenter Wärme) und Wasserabfluss (...) Hinzu kommen die indirekten Auswirkungen der veränderten Abgaben von Kohlendioxid, Spurengasen und Aerosolen auf das Strahlungs- und Temperaturklima."

E.F. Bruenig: a.a.O., 1991, H. 4, S. 225

M 9 *Wasseraustausch im tropisch-äquatorialen Regenwald mit einem schwach saisonalen Klima und in einem Laub-Nadelbaum-Urwald im kühl-gemäßigten Klima*

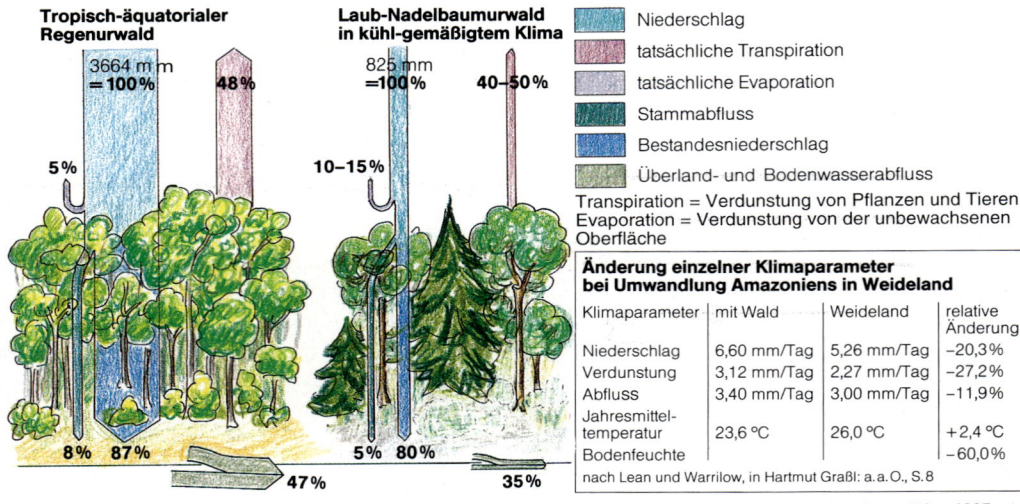

Tropisch-äquatorialer Regenurwald: 3664 mm = 100%; 48%; 5%; 8% 87%; 47%

Laub-Nadelbaumurwald in kühl-gemäßigtem Klima: 825 mm = 100%; 40–50%; 10–15%; 5% 80%; 35%

- Niederschlag
- tatsächliche Transpiration
- tatsächliche Evaporation
- Stammabfluss
- Bestandesniederschlag
- Überland- und Bodenwasserabfluss

Transpiration = Verdunstung von Pflanzen und Tieren
Evaporation = Verdunstung von der unbewachsenen Oberfläche

Änderung einzelner Klimaparameter bei Umwandlung Amazoniens in Weideland

Klimaparameter	mit Wald	Weideland	relative Änderung
Niederschlag	6,60 mm/Tag	5,26 mm/Tag	−20,3%
Verdunstung	3,12 mm/Tag	2,27 mm/Tag	−27,2%
Abfluss	3,40 mm/Tag	3,00 mm/Tag	−11,9%
Jahresmitteltemperatur	23,6 °C	26,0 °C	+2,4 °C
Bodenfeuchte			−60,0%

nach Lean und Warrilow, in Hartmut Graßl: a.a.O., S.8

Nach E. F. Bruenig: Die Entwaldung der Tropen und die Auswirkung auf das Klima. In: Forstwissenschaftliches Centralblatt 1987, S.264. In: Josef Herkdendell, Eckehard Koch: a.a.O., S. 74

M 10 Die bei der großflächigen Brandrodung freigesetzten Spurengase und ihre Auswirkung auf die Zusammensetzung der Atmosphäre

Gas	chem. Formel	Verweilzeit	Emissionsrate Mio. t/J	Anteil global	Umweltbedeutung
Kohlendioxid	CO_2	~100 Jahre [2]	1700 ±800 (Kohlenstoff)	10–30 %	– wichtigstes Treibhausgas, Anteil am anthropogenen Treibhauseffekt ca. 49 %
Methan [1]	CH_4	~10 Jahre [3]	12–50 (Kohlenstoff)	3–13 %	– Treibhausgas. Obwohl Methan in der Atmosphäre nur verschwindend gering vorhanden ist, beläuft sich wegen der im Vergleich zu einem CO_2-Molekül 30-fachen Treibhauswirkung der Anteil am anthropogenen Treibhauseffekt auf 9 %
Distickstoffoxid [1]	N_2O	~150 Jahre	unbekannt		– Treibhausgas, mit 5 % am anthropogenen Treibhauseffekt beteiligt
Kohlenmonoxid [1]	CO	Monate	120–400 (Kohlenstoff)	11–36 %	– als Treibhausgas unbedeutend – verstärkt die Ozonbildung
Stickoxid	NO_x (x = 1,2)	Tage	3.0–9.1	7–20 %	– erhöht den Ozongehalt in der Troposphäre (nach Dissoziation durch UV-Strahlung) – trägt zum sauren Regen bei
Rauch und andere Teilchen [1]	–	Tage bis Wochen	ca. 15	ca. 0,5 % (4 % für Ruß)	– reduziert die Globalstrahlung (Summe aus direkter Sonnenstrahlung und diffuser Himmelsstrahlung) wobei die Reduktion mit der Zeit abnimmt
Schwefeldioxid [1]	SO_2	Tage			– maßgeblich am sauren Regen beteiligt

[1] überwiegend bei Brandrodung [2] nur für den anthropogenen Zusatz, sonst nur fünf bis sieben Jahre [3] Verweildauer für den anthropogenen Zusatz länger

Hartmut Graßl: Die Bedeutung der tropischen Regenwälder für das Klima. In: Allgemeine Forstzeitschrift, 1990, H. 1–2, S. 7, ergänzt

Unstrittige klimarelevante Auswirkungen der Abholzung tropischer Wälder:
– Abnahme der Oberflächenverdunstung über gerodeten Flächen, Veränderung der Bodenfeuchte; in der Folge sinken Niederschlagsmenge und Anstieg der mittleren Temperatur in den Rodungsgebieten um 2–3 °C.
– Ein Fünftel des weltweiten CO_2-Anstiegs geht auf die Brandrodung zurück, die damit ungefähr ein Zehntel des global wirkenden zusätzlichen Treibhauseffekts verursacht.

„Noch vorhandene tropische Regenwälder sind durch die Abholzung in Nachbargebieten gefährdet, weil das regionale Klima in Richtung trockeneres und wärmeres Klima driftet. Aber auch die globalen Klimaveränderungen, wesentlich getragen von der Emission in industrialisierten Ländern, können auf die tropischen Wälder in bisher nicht sicher abzuschätzender Weise zurückwirken."

Helmut Graßl: a.a.O., S. 8

3. Nennen Sie die Hauptverursacher der Zerstörung der tropischen Regenwälder und ihre Motive.

4. Begründen Sie die Nutzung des Regenwaldes aus der Sicht der Entwicklungsländer, schildern Sie deren Erwartungen und nennen Sie Gründe für die enttäuschten Hoffnungen.

5. Schildern Sie die Auswirkungen der Rodungen auf den Wasserhaushalt der Regenwaldgebiete (vgl. M 9).

6. Stellen Sie die unterschiedlichen Argumente über das Ausmaß der Gefährdung des Ökosystems Regenwald durch Rodung dar.

7. Worin bestehen die klimawirksamen Risiken der Nutzung der Regenwälder?

8. Was können wir zum Schutz der tropischen Wälder tun? Diskutieren Sie die Beteiligung der Industriestaaten an der Zerstörung des Regenwaldes und notwendige Verhaltensänderungen.

Erschließungsprojekte in Amazonien

Als sich die brasilianische Regierung im Jahre 1966 entschloss, den bislang kaum genutzten und vielfach als siedlungsfeindlich angesehenen feucht-heißen kontinentalen Binnenraum in den Siedlungs- und Wirtschaftsraum Brasiliens zu integrieren, begann für das Amazonasgebiet, die größte tropische Regenwaldregion der Erde, eine neue Phase der Erschließung.

Bedenkt man, dass bis zu diesem Zeitpunkt nahezu keines der in der Karte aufgeführten Agrarkolonisations-, Verkehrs-, Bergbau-, Energie- und Industrieprojekte vorhanden war, so wird deutlich, mit welcher Dynamik die „Operation Amazonien" erfolgte. Die zur Entwicklung Amazoniens eingerichtete Planungsregion „Amazônia Legal" schließt auch Teile der südlich und östlich an das Amazonasbecken angrenzenden Naturräume mit ihren Feuchtsavannen ein. Zusammen umfasst sie eine Fläche von annähernd 5 Mio. km², das sind ca. 60 % der Staatsfläche Brasiliens.

Die Erschließung der Regenwaldregion Amazoniens bringt zwangsläufig gravierende Eingriffe in das Sozialgefüge der dort lebenden Bevölkerung und in den Landschaftshaushalt mit sich.

M 1 Erschließungsprojekte in Amazonien

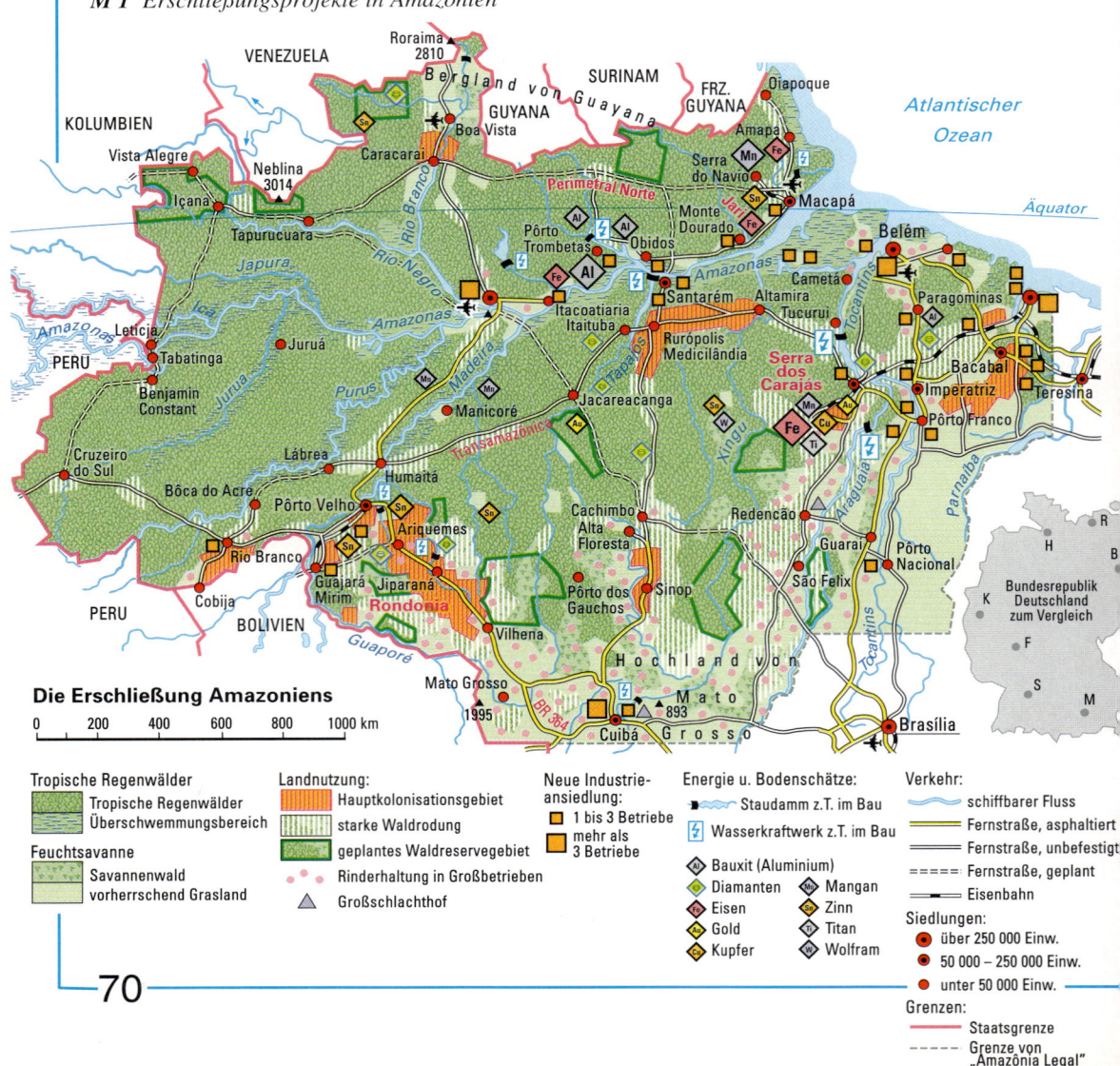

„Die Brandrodung hat sich in den letzten Jahren ständig gesteigert und wird bei den zu befürchtenden Zunahmeraten negative ökologische und ökonomische Konsequenzen bewirken. Das Problem dabei ist, dass fatalerweise die Vernichtung der tropischen Regenwälder der systematischen Auswertung wissenschaftlicher Erkenntnisse vorausläuft und flächenhafte Waldrodungen in Teilregionen erfolgen, die für keine Art landwirtschaftlicher Nutzung die natürlichen Voraussetzungen bieten."

Gerd Kohlhepp: Amazonien. Köln: Aulis 1986, S. 62

Zur Sicherung der Energieversorgung der riesigen Bergbau- und Industrievorhaben soll vor allem das immense Wasserkraftpotential des Landes genutzt werden. Das flachwellige Relief Amazoniens erfordert dazu den Bau sehr langer Dämme und äußerst großflächiger Stauseen.

Eines der gegenwärtig umstrittensten Projekte dieser Art ist wohl das Wasserkraftwerk Tucurui in der Planungsregion Serra dos Carajás, etwa 300 km südwestlich von Belém im Staat Pará. Mit seinem Bau wurde 1975 begonnen, 1984 wurden die ersten Turbinen in Betrieb genommen.

***M 2** Daten zum Wasserkraftwerk Tucurui*

– Projektierte Endleistung:	7300 MW (damit wird Tucurui nach Fertigstellung das viertgrößte Wasserkraftwerk der Welt sein)
– Staudamm:	Höhe 78 m, Länge 7000 m
– Stausee:	Länge 170 km, durchschnittliche Breite 14 km, Fläche 2430 km^2, Gesamtvolumen 45,8 Mrd. m^3, (davon nutzbar 25,4 Mrd. m^3)
– Verhältnis von installierter Leistung zu überfluteter Fläche: (zum Vergleich: Itaipu:	3,3 MW/km^2 9 MW/km^2)

Die durch die Überflutung notwendige Umsiedlung von ca. 17 300 Menschen (so die offiziellen Angaben; aufgrund nicht registrierter Abwanderungen in den ersten Jahren des Staudammbaus muss man mit fast der doppelten Anzahl rechnen) haben zu zahlreichen Protesten und heftigen Auseinandersetzungen zwischen dem Kraftwerksunternehmen und der betroffenen Bevölkerung geführt, zumal die Entschädigungsfrage in vielen Fällen nicht oder völlig unzureichend gelöst wurde.

„Zeitdruck und mangelhafte Vorarbeiten führten ferner zu beträchtlichen ökologischen Problemen im Bereich des Tucurui-Stausees. So war es zum Beispiel nicht gelungen, den 1200 km^2 großen Waldbestand im Überflutungsgebiet des Sees abzuholzen. Die eigens zu diesem Zweck gegründete Rodungsfirma (APEM) hatte es gerade geschafft, 10 Prozent der rund 13 bis 14 Millionen m^3 Baummasse (andere Quellen geben 20 Millionen m^3 an) zu roden, bevor sie in Konkurs ging. Später bemühten sich Taucher mit speziellen Unterwassersägen, Bäume bis in Tiefen von 30 m zu fällen. Dennoch sind wirtschaftlich verwertbare Hölzer im Wert von mehreren Millionen US-Dollar verloren gegangen. Darüber hinaus entstanden durch die Fäulniszersetzung organischen Materials im Stausee toxische Gase wie Ammoniak und Methan, wodurch es zu einer teilweise dramatischen Verschlechterung der Wasserqualität, verbunden mit einer Verminderung des Sauerstoffgehalts im Wasser, kam. Welche Auswirkungen die zur schnelleren Entwaldung versprühten und nun ins Wasser gelangten chemischen Entlaubungsmittel (zum Beispiel Herbizide) haben werden, ist derzeit noch nicht absehbar."

Ulrich Börner: Tucurui – ein „Energieriese" im tropischen Regenwald Brasiliens. In: Zeitschrift für den Erdkundeunterricht, 4/1992, S. 130

1. Beschreiben Sie anhand der Karte die Erschließungsprojekte im Tropischen Regenwald und erörtern Sie mögliche ökologische Folgen.
2. Stellen Sie in einem Schaubild die durch die Entwaldung ausgelösten Schäden im Tropischen Regenwald dar.

Sahel: Problemraum in den Wechselfeuchten Tropen

M 1 Ein Sonrhay-Ort, Stich um 1850 vom Afrikaforscher Heinrich Barth

M 2 Derselbe Ort heute

Das arabische Wort Sahel heißt Ufer. Für die von Norden nach Süden durch die Sahara ziehenden Karawanen war die Sahelzone mit ihrer vergleichsweise üppigen Vegetation die Uferzone jenseits des Wüstenmeeres.

Vom 16. bis 18. Jahrhundert galt der Sahel als ein blühendes Gebiet: Hungersnöte waren unbekannt, die Herden fanden auch in den trockeneren Jahren genügend Nahrung. Der Tschad war ein Gebiet mit relativ dichter Vegetation, das ab Mai ausreichend Niederschläge erhielt, die weit nach Norden reichten, bis ca. 23° N. Der in den Tschad-See mündende Bahr el Ghasal, heute ein Wadi, soll sogar schiffbar gewesen sein!

In der zweiten Hälfte unseres Jahrhunderts aber zählt der Sahel zu jenen Zonen der Erde, wo Dürrekatastrophen und Hungersnöte immer wieder die Bevölkerung heimsuchen.

Dabei gehören *Dürren* (Zeiten anhaltender mehrjähriger Wasserknappheit wegen unterdurchschnittlicher Niederschläge) zur Natur des Sahel. Mehrjährige Dürren können sich zu *Dürrekatastrophen* ausweiten, vor allem in Gebieten mit relativ hoher Bevölkerungsdichte, wo dann Wassermangel und Hungersnöte die Bevölkerung treffen. Auch nach Dürrekatastrophen war das Ökosystem im Sahel nicht nachhaltig gestört, die Vegetation erholte sich und bot die traditionelle Ernährungsgrundlage. Dies hing auch mit den traditionellen Nutzungssystemen zusammen, die an die wechselhaften Klimaphasen gut angepasst waren. Denn bei der Feldwechselwirtschaft wurde nur höchstens ein Fünftel des Bodens bewirtschaftet, immer wieder unterbrochen durch mehrjährige Brachephasen.

Seit Beginn unseres Jahrhunderts deuten die Berichte von Reisenden an, dass sich die Natur des Gebietes nachhaltig änderte, und seit einigen Jahrzehnten wissen wir, dass das Ökosystem entscheidend geschädigt wurde: Heute ist der Sahel ein Beispiel für den weltweiten Prozess der *Desertifikation*.

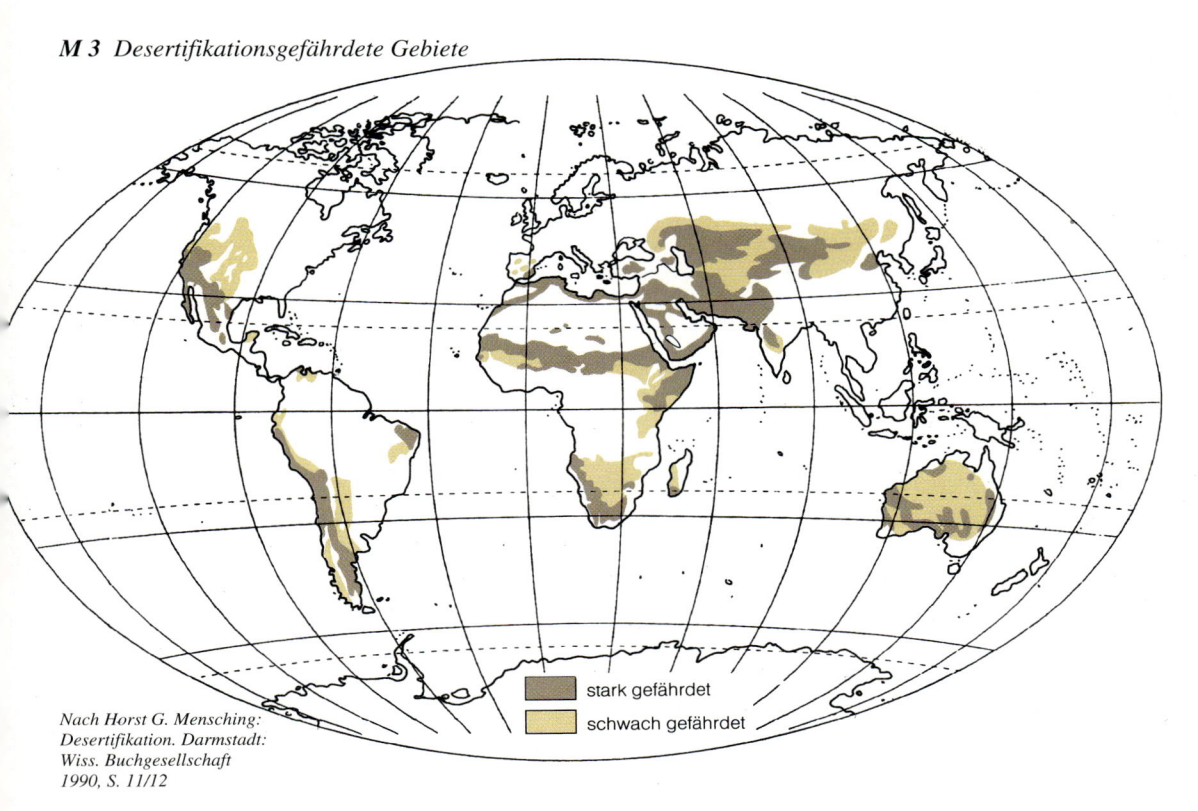

M 3 Desertifikationsgefährdete Gebiete

stark gefährdet
schwach gefährdet

Nach Horst G. Mensching:
Desertifikation. Darmstadt:
Wiss. Buchgesellschaft
1990, S. 11/12

M 4 Der Sahel und seine Grenzen

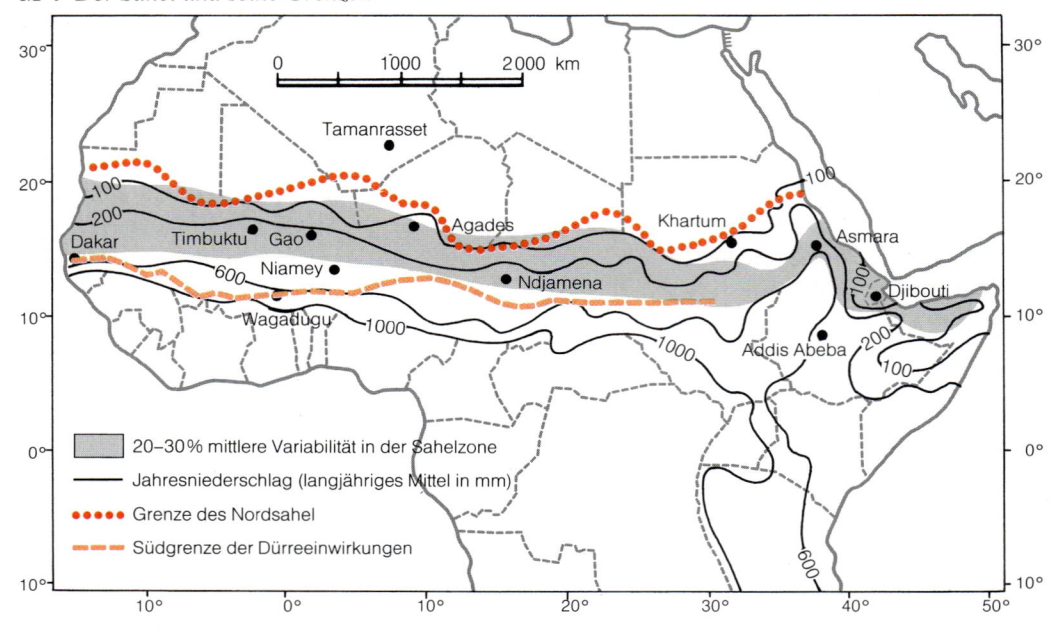

Bei H. Schiffers verläuft die Grenze des Nordsahels nördlich der heutigen 150-mm-Isohyete.
Nach Horst G. Mensching: Breitet sich die Wüste aus? In: Geoökodynamik, Bd. 1 Darmstadt: Geoöko-Verlag 1980, S. 24 ergänzt nach H. Schiffers

Lage und Abgrenzung des Sahel. Eine genaue Abgrenzung ist schwierig. Bis heute gibt es keine Methode, die allen Gesichtspunkten gerecht würde. Meist dienen klimatische Daten als Abgrenzungskriterien der Sahelzone, vor allem die Jahresmittel der Niederschläge: Als Nordgrenze gilt die 150-mm-Isohyete (Linie gleichen Niederschlags), als Südgrenze die 400-mm-Isohyete. Aber die starken Niederschlagsschwankungen, ein Kennzeichen der Zone, machen die Abgrenzung unsicher. Auch die Vegetation wird als Kriterium herangezogen, wobei die Nordgrenze am Übergang der Dornbuschsavanne zur Halbwüste, die Südgrenze am Übergang zur Trockensavanne angesetzt wird. Insgesamt erstreckt sich die Zone der Dürreeinwirkungen über ca. 1 000 km von Nord nach Süd und über 5 500 – 6 000 km von West nach Ost. Aber der Sahel ist keineswegs eine einheitliche, großräumige Zone, sondern ein vielfach differenzierter Naturraum.

Das Klima im Sahel

Die *Variabilität der Niederschläge* (die Schwankungsbreite der Niederschlagsmenge von Jahr zu Jahr) ist groß. Sie beträgt in weiten Gebieten des Sahel um 30 Prozent, vereinzelt können die Abweichungen nach oben und unten bis zu 50 Prozent des Jahresmittels betragen. Oft ist ein Zusammenhang zwischen Jahresmittel der Niederschläge und Maß der Variabilität zu erkennen.

Seitdem das Klimageschehen im Sahel beobachtet wird, werden auch Phasen mehrjähriger Dürre festgestellt. Eine eindeutige Periodizität ist noch nicht nachweisbar, wenn auch 2–3, 10–11 und 26–28-jährige Perioden häufig sind. Eine Tendenz zu geringer werdenden Jahresniederschlägen ist allerdings deutlich: Im Westsahel liegen die Werte seit Ende der 60er-Jahre unter dem langjährigen Jahresmittel. Voraussagen sind aber immer noch spekulativ.

M 5 *Variabilität der Niederschläge in der Sahelzone der Republik Sudan*

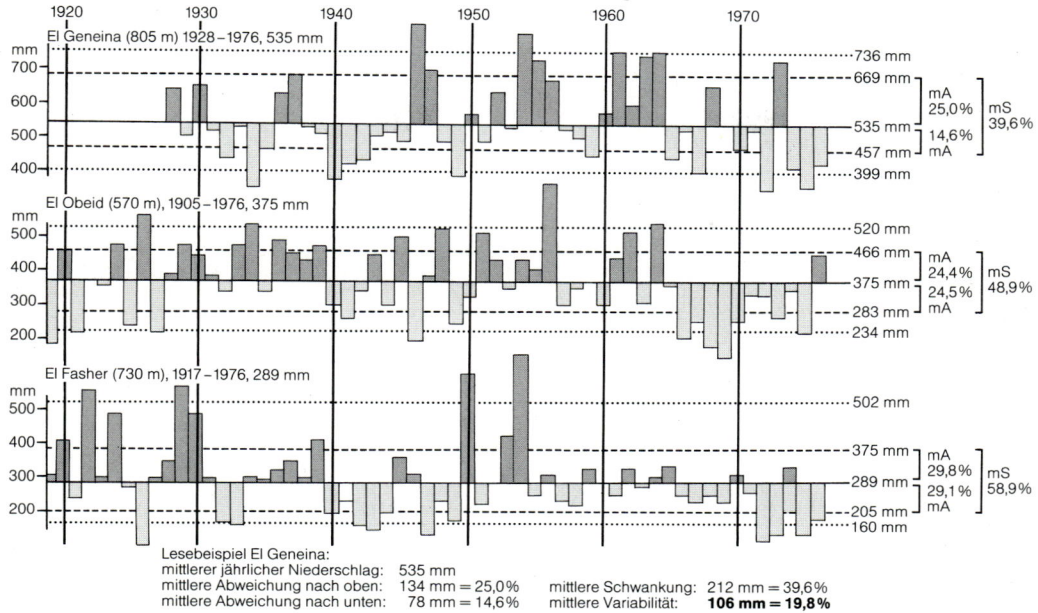

Lesebeispiel El Geneina:
mittlerer jährlicher Niederschlag: 535 mm
mittlere Abweichung nach oben: 134 mm = 25,0 %   mittlere Schwankung: 212 mm = 39,6 %
mittlere Abweichung nach unten: 78 mm = 14,6 %   mittlere Variabilität: **106 mm = 19,8 %**

Nach Fouad N. Ibrahim: Desertifikation in Nord-Darfur. Hamburger Geographische Studien, H. 35. Hamburg: Selbstverlag des Geographischen Instituts 1980, S. 16

Die jahreszeitliche Luftdruckverteilung ist ausschlaggebend für das Klima im Sahel. Im Winter liegt die ITC südlich des Äquators. Das Azorenhoch reicht weit nach Osten über die Sahara hinweg und bildet so mit dem innerasiatischen Hoch einen zusammenhängenden Hochdruckgürtel. Die absteigenden trockenen Luftmassen des nördlichen Astes des Passatkreislaufs erreichen das Gebiet der Sahara, von wo sie als warme und trockene Winde aus Nordost, dem Harmattan des westlichen Afrika (= NO-Passat), dem meteorologischen Äquator zuströmen. Im Sommer dagegen liegt die ITC nördlich des Äquators im Gebiet der größten Erwärmung, wo ein großes Hitzetief über der Sahara besteht.

M 6 *Mittlere Luftdruckverteilung und Winde über Afrika im Januar und Juli*

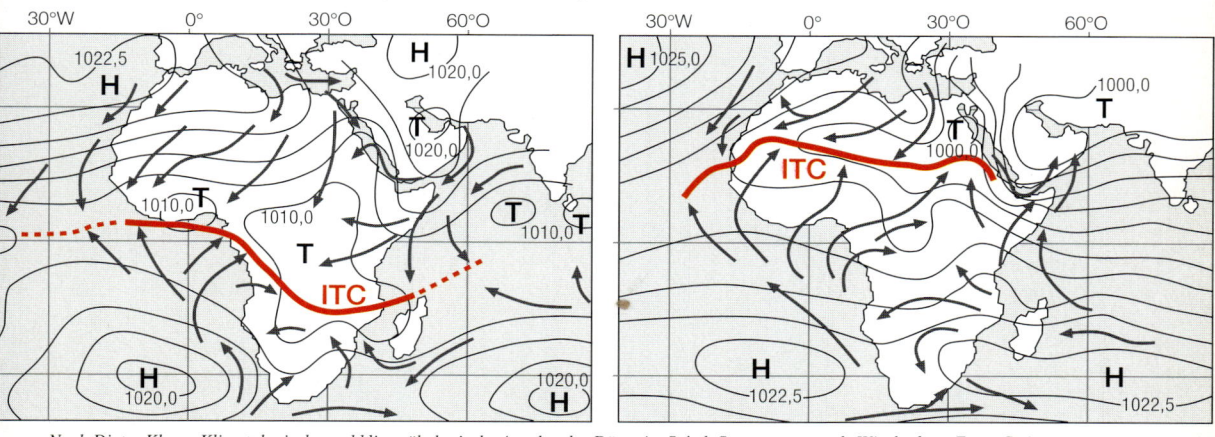

Nach Dieter Klaus: Klimatologische und klima-ökologische Aspekte der Dürre im Sahel. Stuttgart, vormals Wiesbaden: Franz Steiner Verlag Wiesbaden GmbH 1981, S. 10

Deshalb kommt es infolge des Luftdruckgefälles zwischen den subtropischen und tropischen Hochdruckgebieten südlich des Äquators und dem Hitzetief über der Sahara zu einer Strömung von Süd nach Nord, die nach dem Überschreiten des Äquators nach Nordosten umgelenkt wird. Dabei wird feuchte Luft aus äquatorialen Meeresgebieten mitgeführt.

Allerdings bleibt damit ungeklärt, weshalb die feuchten Luftmassen im Südsommer bis ca. 25° S reichen, während sie im Nordsommer nur bis ca 17° N vorstoßen. Ein Grund dafür sind vermutlich die unterschiedlich großen Landmassen auf der Nord- und Südhalbkugel.

Warum aber erfolgt die Verlagerung der ITC so unregelmäßig? In manchen Jahren dringt sie nämlich auf der Nordhalbkugel weit nach Norden vor; dies sind dann die relativ feuchten Jahre im Sahel. Heute kennen wir noch keine allseits akzeptierte Erklärung für das Phänomen. Möglicherweise besteht ein Zusammenhang mit der Sonnenfleckentätigkeit.

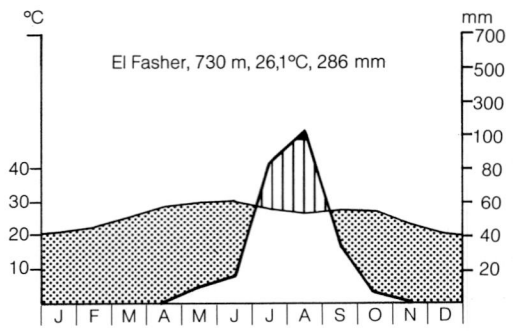

M 7 Klimadiagramm von El Fasher (Republik Sudan)

M 8 Prozentuale Verteilung der Niederschläge in feuchteren und trockeneren Zonen Nord-Darfurs (Republik Sudan)

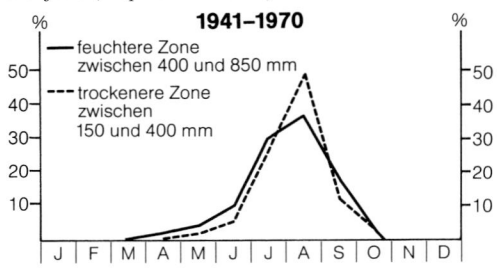

Nach Fouad N. Ibrahim: a. a. O., S. 32

M 9 Die Verteilung der täglichen Niederschläge in Kassala (Republik Sudan)

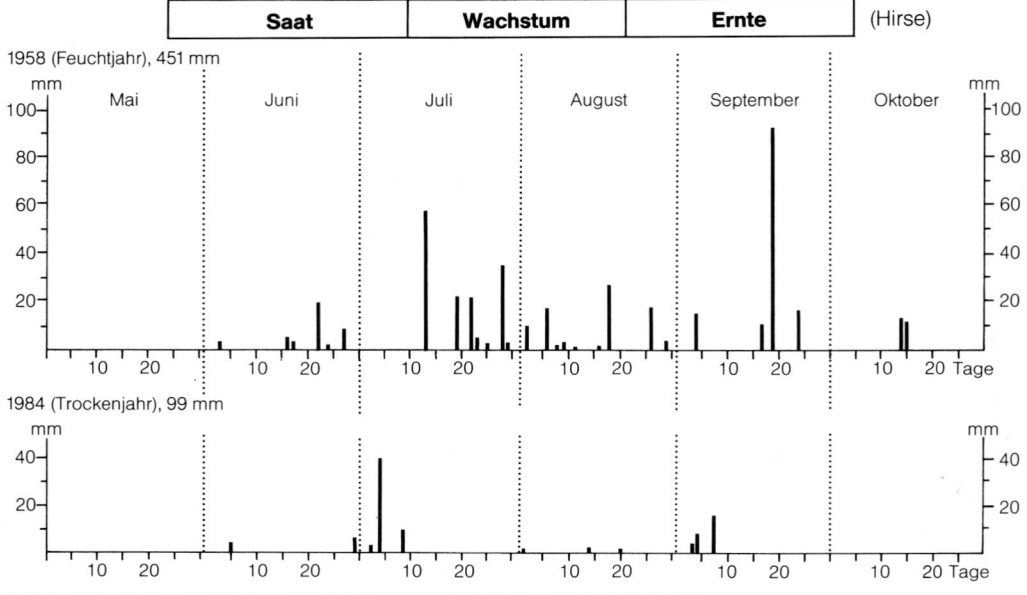

Nach Horst G. Mensching: Die Sahelzone (Problemräume der Welt). Köln: Aulis 1991, S. 19

M 10 Erschwernisse bei der Landbearbeitung: Trockenrisse

Die natürliche Vegetation der Zone war an die ungleiche Niederschlagsverteilung innerhalb der feuchten Periode angepasst. Auch längere Dürreperioden schwächten sie nicht entscheidend. Dagegen sind die Niederschlagsverhältnisse für Nutzpflanzen, vor allem die einjährigen, wie Hirse, problematisch. Zudem werden die Niederschläge – oft als Starkregen – von der verhärteten Bodenoberfläche nur teilweise aufgenommen, was zu Abspülungen und Erosionsschäden (Zerstörung der Waditerrassen) führt.

1. Beschreiben und begründen Sie Klima und Niederschlagsverteilung im Sahel. Vergleichen Sie mit den Innertropen.

2. Erklären Sie die Auswirkungen der hohen mittleren Variabilität der Niederschläge auf die Sahelzone und die Länder, die an ihr Anteil haben.

3. Welche Zusammenhänge bestehen zwischen der Höhe der durchschnittlichen jährlichen Niederschläge und der mittleren Abweichung von diesem Wert (vgl. dazu M 5)?

4. Setzen Sie Niederschlagshöhe und Niederschlagsdauer in der trockeneren und feuchteren Zone des Sahel in Bezug zueinander.

5. Werten Sie Abbildung M 9 aus und erläutern Sie die Bedeutung der Niederschlagsverteilung innerhalb eines Jahres für das Wachstum der Nutzpflanzen.

Die Landnutzung im Sahel

„Drought is part and parcel of the climatic pattern. Desertification is the work of man." 1993, nach der Konferenz für Umwelt und Entwicklung (UNCED) in Rio de Janeiro, wo die Desertifikation mit im Vordergrund der Gespräche stand, betonte der Geograph Fouad Ibrahim, dass die Desertifikation die Folge jahrhundertelanger Einwirkung des Menschen auf seine Umwelt sei. Zwar förderten Dürrephasen die Desertifikationsprozesse. Im Mittelpunkt der Ursachenforschung müsse aber die Nutzung und Fehlnutzung durch den Menschen stehen.

Der traditionelle Nomadismus und Halbnomadismus. *Vollnomaden* waren auf die nördlichen Zonen des Sahel beschränkt. Sie kauften Datteln und Hirse in Oasen, ihre Lebensgrundlage aber waren die Herden, mit denen sie während der sommerlichen Regenzeit noch weiter nach Norden in die ariden Gebiete hinein zogen. Für den Großteil der Sahelzone waren *Halbnomaden* typisch: Zu Beginn der Niederschläge im Juni oder Juli folgten die Männer mit ihren Herden dem Zenitalregen in die 50 bis 150 km weiter nördlich gelegenen semiariden und ariden Savannengebiete, um nach der beginnenden Austrocknung des Bodens, wiederum den Regenfällen folgend, nach Süden zu ziehen. Dort, in den feuchteren Gebieten und in den Flussniederungen hatten die Frauen Hirse angebaut (Regenfeldbau). Die abgeernteten Felder dienten dann als Stoppelweide. In der Trockenzeit wurden weiter im Süden oder höher gelegene feuchtere Weidegebiete aufgesucht.

Das System war flexibel und anpassungsfähig. Je nach der Niederschlagshäufigkeit des jeweiligen Jahres wurden 10 bis 25 % des Bodens bewirtschaftet, wobei die Felder regelmäßig gewechselt wurden und in Brachephasen regenerieren konnten. So wurde das Ökosystem nicht überlastet. Allerdings war der Platzbedarf nicht nur für die Feldrotation groß. Auch für ein Rind benötigte man eine Weidefläche von 2–10 ha, wobei traditionell auch Bäume und Büsche beweidet wurden.

Der Ackerbau. „Für die Ernährung der Sahelbevölkerung ist traditionell der Hirseanbau (einschließlich Sorghum) von größter Wichtigkeit. Er wird überwiegend auf Sandböden betrieben, die leicht mit der Hacke zu bearbeiten sind. Traditionellen Pflugbau gibt es nicht. Sandböden haben wegen ihres großen Porenvolumens eine schnellere und tiefer reichende Infiltration des Regens als tonreiche Böden, wodurch die Oberflächenverdunstung verringert wird. Im Sahel ist daher die Hirseanbaugrenze, die eigentlich der agronomischen Trockengrenze entsprechen sollte, weit nordwärts in die alten Dünengürtel vorgerückt, besonders im Sudan."

Horst G. Mensching: a. a. O., S. 18

Bevölkerungswachstum und Auswirkungen auf den Naturhaushalt

M 11 Bevölkerung und Flächenanteile[1])

	Einwohner in 1000			Einwohner jährliche Zunahme %		Flächenanteile % 1990	
	1950	1970	1992	1950–70	1970–90	Ackerland	Weiden
Mauretanien	550	1 160	2 180	5,7	2,9	2	38
Senegal	2 100	3 930	7 845	4,4	3,8	12	16
Burkina Faso	3 100	5 390	9 537	3,6	2,9	10	37
Mali	3 400	5 020	8 962	2,3	3,1	2	24
Niger	2 370	4 020	8 171	3,5	3,3	3	8
Tschad	2 250	3 800	5 962	3,5	2,7	3	35
Sudan	8 500	15 500	26 587	3,5	2,7	5	44

[1]) Man beachte, daß die Sahelstaaten unterschiedlich große Anteile an der ökologisch günstigeren Sudanzone (Feuchtsavanne) haben.

M 12 Die Ausbreitung des Regenfeldbaus über die klimatisch-agronomische Risikogrenze hinaus in der Republik Sudan

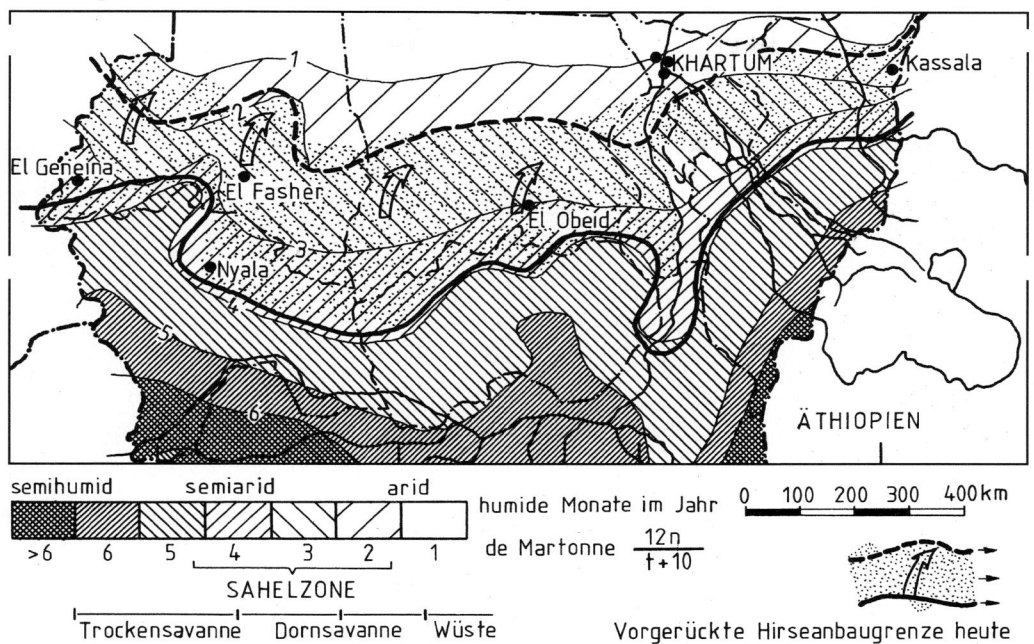

Horst G. Mensching: Die Sahelzone. Köln: Aulis 1991, S. 20

Entscheidende Veränderungen traten nach 1950 ein. Weil die Bevölkerung stark angewachsen war, wurden die Hirseanbauflächen gerade im Norden, in den sehr trockenen Gebieten mit höherer Variabilität der Niederschläge ausgeweitet, wurden zusätzliche tiefere Brunnen gegraben – zunächst ohne negative Auswirkungen, da die sechziger Jahre überdurchschnittlich feucht waren.

Die Ackerflächen waren nun größer, aber die Herden, Ernährungsgrundlage vieler Stämme, konnten nicht verkleinert werden. In der Folge weideten gleich viele, teilweise sogar mehr Tiere auf kleineren Flächen. *Überweidung* war die Folge: Anspruchsvollere mehrjährige Gräser wurden seltener, die Bodenbedeckung ging zurück. Trockengehölze verdrängten zunächst andere Pflanzengesellschaften, bis auch sie gefährdet waren, da sie lange zum Aufwuchs brauchen. Allmählich entstand ein baumloses Grasland. Dessen Oberfläche verhärtete, der reflektierte Teil der einfallenden Lichtstrahlung veränderte sich. Rückwirkungen auf die Niederschläge folgten.

Überweidung ergab sich nicht nur in den Stammesgebieten der Halbnomaden, sondern auch um die Dörfer der sesshaften Bauern mit ihrer Kleintierhaltung, vor allem den Ziegen und Schafen. Im Umkreis der Brunnen ist die Vegetation häufig völlig vernichtet.

M 13 Bevölkerung und Viehbestand in der Republik Sudan 1917–1991

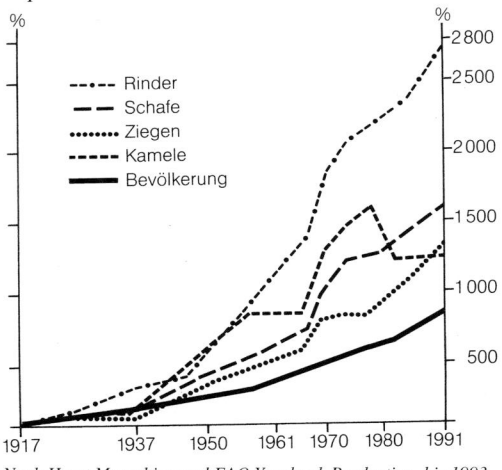

Nach Horst Mensching und FAO Yearbook Production, bis 1993

M 14 Hirseanbau auf Altdünen in der Republik Sudan

Auch die Art der Feldbestellung in den dichter bevölkerten Teilen erwies sich als verhängnisvoll. Die Hirsepflanzen wurden in einem Abstand von 124 bis 240 cm gesetzt und während der Wachstumsperiode wurde der dazwischenliegende Boden regelmäßig von Unkraut gesäubert. Diese Zwischenräume waren schutzlos der Sonne und dem Wind ausgesetzt, der Verdunstungsschutz fehlte, und die ohnehin nährstoffarmen Feinsande wurden ausgeblasen, unfruchtbare Sandböden aus fast reinem Quarzsand blieben zurück. Altdünen wurden mobilisiert.

Auf den noch nutzbaren Flächen wurden die notwendigen Brachezeiten in der Dürrephase nicht mehr eingehalten, und 80 % der sich ständig verschlechternden Ackerfläche wurden dauernd genutzt.

Seit 1970 verschlechterte sich die Ernährungsgrundlage gerade der Armen, Vorratshaltung war nicht mehr möglich, die traditionelle Mobilität der Nomaden und Halbnomaden, wesentliche Grundlage ihrer Existenz, wurde eingeschränkt.

M 15 Hirseanbaufläche und Ernteerträge im Sudan 1961–1990

Nach A. H. Bakhit: Desertification. Reconciling Intellectual Conzeptualization und Intervention Effort. In: GeoJournal 31.1 (1993), S. 37

M 20 Sandüberwehte Felder in Darfur (Republik Sudan)

Besonders verhängnisvoll sind die Schäden auf den jüngeren Qoz-Dünen (Qoz = Dünensand) in einem Gebiet, das erst seit wenigen Jahrzehnten für den Hirseanbau genutzt wird. Wird hier die natürliche Vegetation durch Anbau oder Überweidung geschädigt, so werden die Sande rasch mobilisiert, Verwehungen und neue Wanderdünen sind die Folge.

„... Die schon vor den Dürren der frühen siebziger Jahre mit Ackerbau nach Norden in die Dünenzone vorgedrungene Bevölkerung ist nicht mehr in der Lage nach Süden zurückzukehren, da hier kaum noch freie Anbauflächen vorhanden sind. Somit unterliegt der sudanische Qoz einem hohen Anbaudruck selbst in den Zeiten der Dürren, wie sie hier praktisch von 1970 bis 1983/84 herrschten.
Ein bedrückendes Beispiel hierfür bietet die Qoz-Landschaft nördlich von El Fasher, der Hauptstadt der Provinz Darfur. Fast die gesamte Dünenlandschaft ist äolisch aktiviert, und die Ernteerträge (Hirse, Sesam) sind auf ein Minimum gesunken. Die Bevölkerung reagiert hierauf mit einer Ausdehnung der Anbauflächen, um überhaupt noch einen Ernteertrag zu erzielen. Dies wiederum verstärkt die Wirksamkeit der Desertifikation: ein wahrer Teufelskreis."

Horst G. Mensching: a. a. O., S. 58

6. Beschreiben Sie die traditionelle Landnutzung im Sahel und begründen Sie, inwiefern dieses System den natürlichen Bedingungen angepasst war.
7. Beschreiben Sie die Voraussetzungen und die Folgen der Ausweitung des Hirseanbaus (vgl. Abb. M 19).
8. Vergleichen Sie die Fotos M 2, 10, 14, 18 und 20 mit dem Stich M 1, nennen Sie die wesentlichen Unterschiede und ihre vermutlichen Ursachen.
9. Fassen Sie den Ursachenkomplex für die Desertifikation am Beispiel des Sahel zusammen.

Beispiel: Landnutzung und Desertifikation in der Butana (Südsudan)

Monatliche Niederschläge in Shendi 1988 und 1989

Niederschläge in Khartum 1899–1989

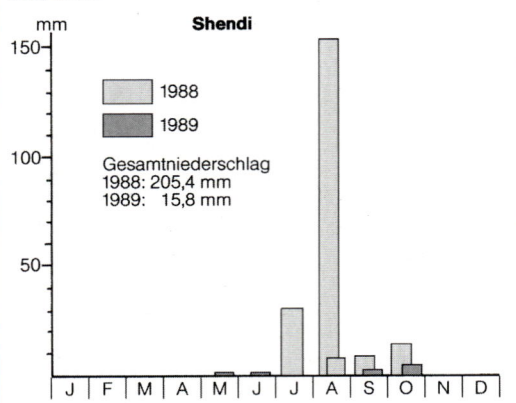

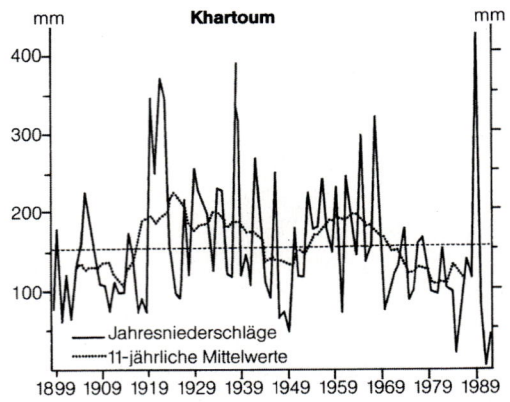

Nach Miriam Akhtar, Horst G. Mensching: Desertification in the Butana. GeoJournal vol. 31, 1, 1993, S. 42

Die Butana, eine Region östlich von Khartum im Sudan, galt von altersher als vorzügliches Weideland. Heute aber sind weite Gebiete von Desertifikationserscheinungen unterschiedlichen Grades betroffen.

Die Schäden sind in Abhängigkeit von den jeweiligen ökologischen Teilräumen und ihrer Nutzung höchst unterschiedlich. Sie reichen von leichten Beeinträchtigungen bis zur völligen Zerstörung des Ökosystems.

Auf die regionalen Oberflächenformen der Butana wirken sich die oft starken, aber nur kurzen Niederschläge unterschiedlich aus.

– Wo die Niederschläge kaum eindringen, führt der oberflächige Abfluss in viele Wadis; Wasserstellen (Hafire) bieten dort Wasserreserven für einige Monate. In den feuchteren Jahren kann in den Wadis sogar Sorghum angebaut werden.

– Wo sandige Sedimente überwiegen, ist die Ausblasung groß, Nutzung kaum möglich. Wo gröbere Verwitterungsprodukte vorherrschen, sind die Feuchtigkeitsverhältnisse günstiger und Nutzung ist möglich.

– Wo in den traditionell stark genutzten südlichen Ebenen in der Nähe des Blauen Nil und des Atbara die Vegetationsdecke stark zurückging, kam es zu Verhärtungen der Oberfläche, in der Folge sind Überschwemmungen nicht selten.

Mit der Südverlagerung der Isohyeten während der vergangenen Jahrzehnte verlagerten sich auch die natürlichen Vegetationsformen. So fand man nach der Regenzeit 1991 jene extensive Grasdecke, die einst im Bereich der 150-mm-Isohyete vorkam, nur noch viel weiter im Süden, im Bereich der 400-mm-Isohyete – Beweis für die Degradierung der Vegetation und damit wichtigster Indikator der Desertifikation.

Gleichzeitig suchten auch jene Nomaden, deren Weideplätze in den nördlicheren Gebieten nicht mehr ausreichend Nahrung boten, ihre Weidegebiete weiter im Süden.

Politische Maßnahmen veränderten die bisherigen Nutzungsräume: Auf der Westseite des Blauen Nil und des Atbara entstanden von der Regierung geplante und durchgeführte Bewässerungsprojekte (irrigated schemes), mit denen die Bevölkerung sesshaft gemacht werden sollte. Nach 1971 wurden die wenigen „offenen Weiden", die von allen Stämmen genutzt werden konnten, auf die ganze Butana ausgeweitet. Präsident Numeri, der von der sozialistischen Idee des Grundeigentums ausging, beschränkte somit die Weiderechte einzelner Stämme, die auf eine sinnvolle langfristige Nutzung der Weiden bedacht waren. Andere Stämme durften die gleichen Weidegebiete nutzen. Als Folge dieser „wilden" Nutzung verstärkte sich die Desertifikation besonders in bisherigen Gunstgebieten.

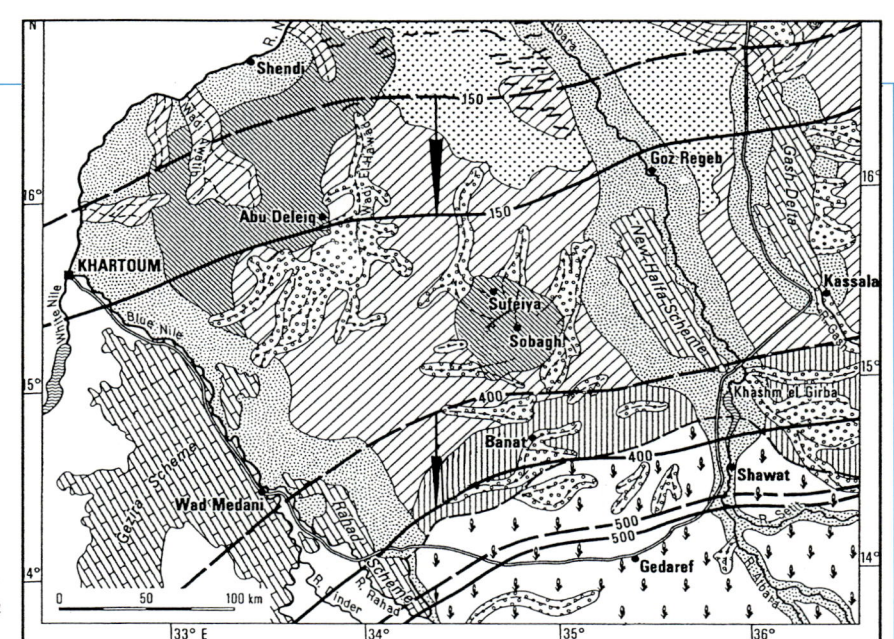

Ausmaß der Desertifikation/geoökologischen Degradation in der Butana

:::::: sehr gering
vor allem in den nördlichen alluvialen Ebenen, wo nur in feuchten Jahren spärlicher Graswuchs auf sandigen Flächen und in Niederungen anzutreffen ist; nur ganz vereinzelte Weidenutzung

∴∴∴ gering
vor allem in den Wadis des mittleren Bereichs, wo in trockenen Jahren Graswuchs auf einzelne günstige Standorte beschränkt und Weidewirtschaft nur sehr beschränkt möglich ist

///// mäßig
in Gebieten, wo in der feuchten Zeit für die Weidewirtschaft wichtige Grasarten reichlich vorkommen; schon seit Beginn des Jahrhunderts gibt es im westlichen Bereich „offene" Weiden für verschiedene Stämme, 1971 wurde diese „General Grazing Area" durch Präsident Numeri auf Kosten der traditionellen Weiderechte wesentlich ausgeweitet

||||||| fortgeschritten
in ehemals wichtigen Weidegebieten, wo ursprünglich besonders günstige Grasarten überwogen; vor allem im Gebiet der Rumpfebene bei relativ hohen Niederschlägen (400mm) und im Grenzgebiet zum Regenfeldbau mit Brachephasen großflächige Belastung; um die Stadt Banat Ring starker Desertifikation, wo keine Holzpflanzen mehr vorkommen; Feuer- und Bauholz nur noch vereinzelt aus Wadis

▨▨▨ schwer
vom nahen Nil Zuwanderung von Herden entlang der großen Wadis; schwere Schäden südlich Sobagh; für die Weide wichtige Grasarten und Gehölze kommen bis 30 km um die Stadt heute nicht mehr vor. Seit der Dürre von 1984 sind auch die widerstandsfähigen nährstoffarmen Gräser, die für die Viehhaltung wenig Bedeutung haben, erheblich reduziert. Im westlichen Teil flächige Desertifikation, Dünenwanderung, dünenbedeckte Dörfer

░░░ sehr schwer
im Umland von Flüssen und bewässerten Gebieten (schemes) keine Nutzung mehr möglich, ebenso wie in der Nähe von Städten, in die die Menschen nach Verlust der Herden strömten

↓ ↓ Zone des extensiven Regenfeldbaus
ein Gebiet scharfer Konflikte zwischen Viehhaltern mit traditioneller Landnutzung und Bauern mit neuen z. T. mechanisiertem Regenfeldbau in Gebieten, wo einst die Herden wichtige Weideflächen hatten und wo die traditionellen Weidegebiete weitgehend eingeschränkt wurden

∿∿∿ bewässerte Gebiete
Regierungsprojekte zur Sesshaftmachung; stark versalzungsgefährdet

Red Sea Hills (nicht in der Karte sichtbar)
stark erosionsgefährdetes Gebiet, Vegetation auf Holzgewächse beschränkt.

Miriam Akhtar und Horst G. Mensching: a. a. O., S. 44–48

a) Vergleichen Sie die unterschiedlich desertifikationsgeschädigten Gebiete im Hinblick auf deren natürliche Voraussetzungen, ihre Nutzung und Übernutzung und nennen Sie Gründe für die Schädigungen.
b) Nennen Sie die Auswirkungen politischer Maßnahmen in der Butana und diskutieren Sie Möglichkeiten der Erhaltung der Ökosysteme.

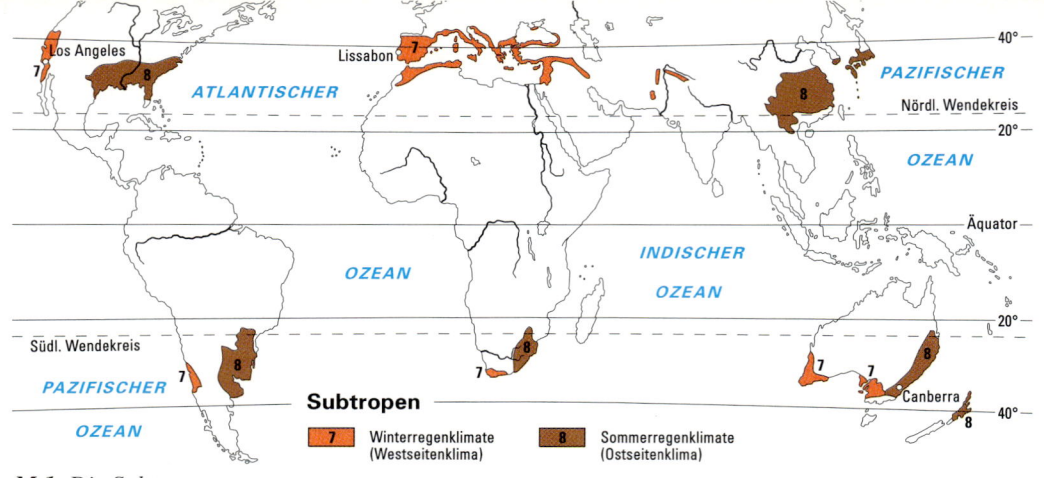

M 1 Die Subtropen

Subtropen

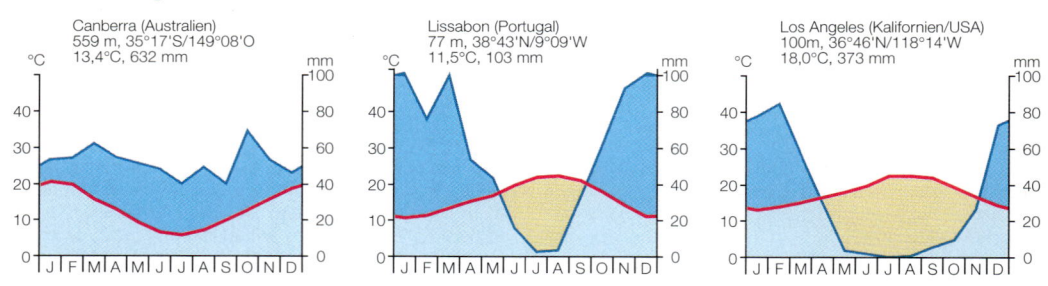

M 2 Klimadiagramme aus der Subtropenzone

Die Subtropen, auch Warmgemäßigte Zone genannt, lassen sich von den Tropen nur durch die Jahresamplitude der Temperatur abgrenzen. Sie muss größer als 15 °C sein (Grenzkriterium zu den Randtropen). Auch wenn in Wüstengebieten die Temperatur-Jahresmittel ähnlich hoch sind wie in den Feuchten Tropen, so sind die tages- und jahreszeitlichen Schwankungen doch erheblich höher als im dortigen Tageszeitenklima. Dadurch werden thermische Jahreszeiten abgrenzbar.

Die Mittel der kältesten Monate bewegen sich, je nach ihrer spezifischen Lage auf den Kontinenten oder Inseln, zwischen 2 °C und 13 °C, die der heißesten Monate zwischen 20 °C und 28 °C. Ausgesprochen heterogen erweisen sich die Subtropen auch bezüglich der Niederschlagssumme und -verteilung. So gibt es Gebiete mit Winterregen, Sommerregen, Regen zu allen Jahreszeiten und Zonen, denen Niederschläge fehlen. Die Klimatypen reichen von voll-arid bis voll-humid.

Dadurch wird schon deutlich, dass die Abgrenzung der Subtropen im Vergleich zu anderen Klimazonen Probleme bereitet. Das Relief und die Lage auf den Landmassen sind Ursache dieser klimatisch schwer einzuordnenden Verhältnisse. Große Anteile der Subtropen sind Gebiete mit ausgeprägten Trockenperioden. Die dortigen Wüsten-, Halbwüsten- und Steppenklimate zeigen außerdem eine ausgesprochene Vielfalt im Klimageschehen. Gegenüber der Kühlgemäßigten Zone ist die Abgrenzung unsicher. Auch hier scheint nur die Jahresmitteltemperatur ein geeignetes Kriterium zu sein. Beträgt sie in der Gemäßigten Zone nur noch 8–12 °C, so liegt sie in den Subtropen bei 16–18 °C, kann aber auch in Ausnahmefällen 15 °C darüber liegen.

Das Bild der Vegetation ist entsprechend mannigfaltig. Temperatur- und Niederschlagsverhältnisse der jeweiligen Regionen bedingen Wüsten und Halbwüsten, Dorn-, Strauch-, Sukkulenten- und Trockensteppen, Hartpolster- und

M 4 Chile: Matorral-Vegetation

M 5 Kalifornien: Chaparral-Vegetation

Hartlaubformationen sowie subtropische Regenwälder. In den jeweiligen Vegetationsformationen herrschen in Bau und Stoffwechsel den z. T. sehr widrigen Klimabedingungen optimal angepasste Pflanzenarten vor.

Die Winterfeuchten Subtropen bilden mit 2,7 Mio. km² die kleinste Ökozone der Erde. Sie zerfällt auf beiden Hemisphären in viele kleine Teilgebiete an den Westseiten der Kontinente zwischen 30° und 40° geographischer Breite. Demgegenüber liegen an den Ostseiten der Kontinente, durch Trockengebiete voneinander getrennt, die Immerfeuchten Subtropen. Sieht man von zahlreichen Sonderfällen ab, so gibt es auch hier einen zonalen Bodentyp. Es handelt sich dabei um rote bis braunrote Auswaschungsböden über Kalk, die basenreich und humusarm sind (Terra rossa). Die ursprüngliche Vegetation der Winterfeuchten Subtropen sind immergrüne Hartlaubwälder, die durch menschliche Eingriffe stark verändert und größtenteils zerstört wurden. Als Sukzessions-Gesellschaft ist heute die Matorral, eine Hartlaub-Strauchvegetation, verbreitet. Der Chaparall ist im Gegensatz dazu eine natürliche zonale Vegetation.

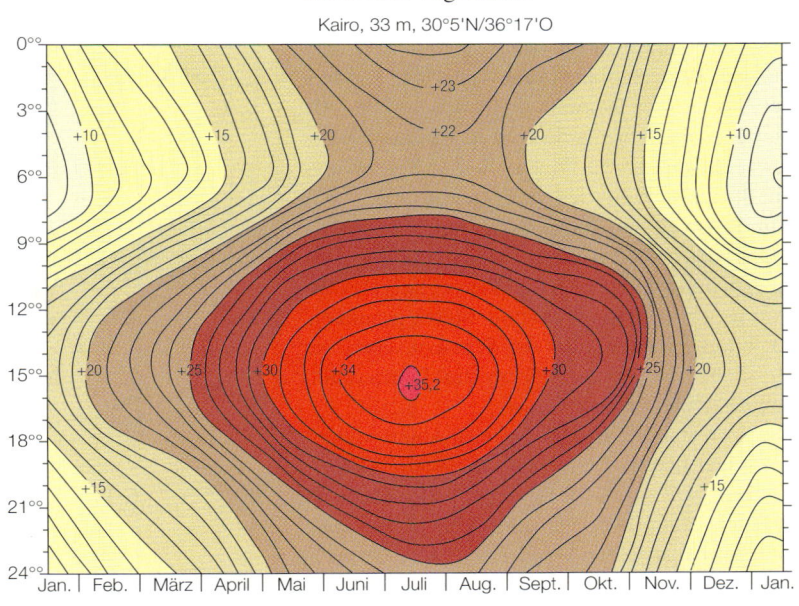

M 6 Thermoisoplethendiagramm Kairo

Kairo, 33 m, 30°5'N/36°17'O

Nach Klaus Müller-Hohenstein: Die Landschaftsgürtel der Erde. Stuttgart: Teubner 1981, S. 108

M 1 Bewässerung in den Ausläufern der Abruzzen

Mittelmeerraum: Nutzungskonflikt Wasser

„Im 21. Jahrhundert wird Wasser bald wichtiger als Öl"

Jeder Tourist, wenn er auch nur bis Spanien kommt, weiß, dass mancherorts und zu manchen Zeiten auf der Welt Wassermangel herrscht. …
Schon drohen Syrien und der Irak europäischen Firmen mit Boykott, wenn sie für Istanbul Staudämme und Wasserkraftwerke bauen sollten. Denn der Türkei gehören die Quellen von Euphrat und Tigris. …
Eine UN-Studie macht deutlich, dass Wassermangel kein Regionalproblem bleibt, sondern das Thema der Zukunft werden wird. Für die meisten Länder der Erde wird in 50 Jahren Wasser wichtiger sein als Öl. Das betrifft keineswegs nur die Dritte Welt. In der Kornkammer der USA zum Beispiel, den Great Plains zwischen Rocky Mountains und Mississippi, ist der Grundwasserspiegel durch intensiven Landbau mittels Bewässerung um insgesamt dreißig Meter gesunken. Experten erwarten, dass die Wasserreserven im westlichen Kansas bereits bis zur Jahrtausendwende erschöpft sein werden.
Die Verhältnisse sind in Spanien kaum anders. Auch hier überbeanspruchen die Bauern die Ressourcen, weil sie mit Wasser zehrenden Intensivkulturen auf dem europäischen Markt gute Geschäfte machen.

Süddeutsche Zeitung vom 19. 3. 1996

Nutzungsverdichtung in den Küstenebenen

In allen Küstenräumen der Mittelmeerländer ist die Bevölkerung seit der Mitte dieses Jahrhunderts in starkem Maße gewachsen. Ursache sind Wanderungsbewegungen zur Küste, ausgelöst in erster Linie durch den sich immer mehr ausweitenden Massentourismus und durch die Verlagerung von Industrie in die standortgünstigen Küstenstädte. Als Folge dieser Verdichtung ergeben sich vielfältige Nutzungskonflikte, die im gesamten mediterranen Raum ähnlich verlaufen und vergleichbare äußere Merkmale aufweisen. Betroffen sind nicht nur die urbanen Ballungsräume, sondern auch die Agrarlandschaften.
Landwirtschaft, Gewerbe und Tourismus konkurrieren um Nutzflächen. Ein weiterer Hauptstreitpunkt ist das Wasser – und das wird besonders im Bereich der Verdichtungsräume als Trink- und Brauchwasser immer knapper. Darüberhinaus ist die Qualität des Meerwassers durch Verunreinigungen aller Art gefährdet.

M 2 Die natürlichen Grundlagen: Abflussverhalten und Klima in Süditalien

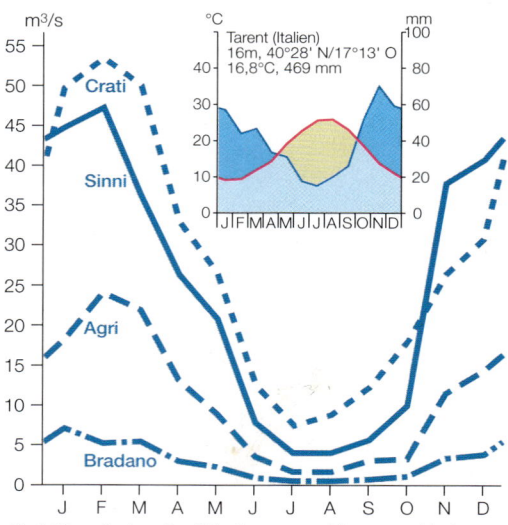

Nach Klaus Rother: Der Mittelmeerraum. Ein geographischer Überblick. Teubner: Studienbücher der Geographie. Stuttgart 1993, S. 40

M 3 *Hotelanlage mit Süßwasserswimmingpool, im Hintergrund das Meer und trockene Macchie-Hänge*

Fremdenverkehr im Mittelmeerraum – Devisen für Wasser?

Aus einem Reiseprospekt: „Das bietet Ihre Hotelanlage:"

Mehrere Aufenthaltsräume und Restaurants, Kafeneion und Cafeteria im Einkaufszentrum, großer Konferenzraum. Zwei Süßwasser-Swimmingpools, einer davon mit Olympia-Maßen, beheizbares Hallenbad für die Vor- und Nachsaison. Ein gesonderter Spielplatz mit Süßwasser-Plantschbecken für die Kleinen.
Ein 500 m langer, geschützter Sandstrand. Liegen und Sonnenschirme am Strand und am Pool ohne Gebühr. Eine umfangreiche Palette an Wassersportmöglichkeiten: Segeln, Surfen, Wasserski, Pedalos, Kanu.
Umweltbewusste Hotelführung: Einsatz von Mehrwegflaschen. Regelmäßige Meer- und Poolwasseranalysen, eigene biologische Kläranlage, Solarenergie zur Warmwasserbereitung."

Ein Urlaub an den Küsten des Mittelmeeres steht bei vielen sonnenhungrigen Touristen noch immer hoch im Kurs. Doch seitdem Meldungen über Meeresverschmutzung, „Algenpest" oder „Betonburgen" zunehmen, sind in einigen Mittelmeerländern die Touristenzahlen gesunken. Hohe Preissteigerungen und Mängel im Service haben diesen Trend noch verstärkt. Soll die touristische Attraktivität des Mittelmeerraumes erhalten bleiben, müssen verstärkte Anstrengungen in Richtung Umweltschutz und „angepasster Tourismus" unternommen werden. Die „World Tourisme Organization" hat errechnet, dass die meisten Mittelmeerländer gegenwärtig im Tourismusgeschäft positive Salden aufweisen. Damit können vor allem auch Handelsbilanzdefizite abgebaut werden. Diese positiven wirtschaftlichen Effekte werden aber durch massive Probleme erkauft. Eines davon ist die Wasserversorgung. So benötigt ein Tourist etwa 300 l Wasser pro Tag. Er verbraucht damit während seines 3–4-wöchigen Urlaubs so viel wie ein Einheimischer im ganzen Jahr.

Huertas – verdorren Spaniens „Gärten"?

Lange Zeit galten sie als Modell einer erfolgreichen Anpassung moderner Intensivlandwirtschaft an semiaride Klimabedingungen. In den Huertas der Küstenniederungen Südostspaniens werden mit hochtechnisierten Bewässerungsmethoden Frischgemüse und Agrumen für den gesamteuropäischen Markt erzeugt. Doch der Höhepunkt des Wachstums scheint überschritten. Begrenzender Faktor ist das Wasser.

Bereits in den 60er- und 70er-Jahren war in den Huertas der Grundwasserspiegel als Folge der vielen Tiefbrunnen stark gesunken. Für die Huerta von Murcia zum Beispiel wurde deswegen die riesige Rohrleitung des Tajo-Segura-Kanals (Trasvase) gebaut und 1979 in Betrieb genommen. Aus südostspanischer Sicht wurde dieser Kanal stets als „gelungene Korrektur eines natürlichen Ungleichgewichts" gesehen. Die Grundwasserabsenkung konnte aber nicht gestoppt werden, da die Bewässerungsflächen noch weiter ausgedehnt wurden. Durch die Übernutzung des Grundwassers werden inzwischen Reserven bis zu einer Tiefe von 270 m mit einem bereits problematischen Salzgehalt von über 4 g/l ausgebeutet. Der hydrostatische Druck in den Grundwasser führenden Schichten verringert sich; es steigt die Gefahr, dass Meerwasser eindringt. Und aus anderen Teilen Spaniens wird die Kritik an den Projekten zur Versorgung der Huertas mit „Fremdwasser" immer lauter.

Politische Konflikte

„Neben prinzipiellen ökologischen Bedenken im Zusammenhang mit derartigen Wassertransfers fordert insbesondere das nach Francos Tod gestärkte Regionalbewusstsein der historischen Landschaften Spaniens zunehmend kritische Stimmen heraus. Von nicht wenigen wird der Kanal als ‚Relikt der zentralistischen Diktatur' beargwöhnt, und er wäre wohl nie gebaut worden, hätte es in Spanien schon in den sechziger Jahren die heutigen demokratisch-föderalen Strukturen gegeben. Deshalb sind die Pläne für eine zweite Ausbaustufe vorläufig in der Schublade verschwunden, auch wenn diese von murcianischen Agronomen immer noch ‚als dringend notwendig' angemahnt wird. Beispielhaft äußerte sich der Konflikt mit der Region Castilla–La Mancha, in welcher das Quellgebiet des Tajo liegt, Anfang April 1992: Die Tagesmedien berichteten ausführlich von der Weigerung Castillas, überhaupt Wasser für landwirtschaftliche Zwecke überzuleiten; nur eine geringe Pflichtmenge für die Trinkwasserversorgung wurde bewilligt. Castilla berief sich dabei auf die spärlichen Niederschläge im Quellgebiet während des Winters 1991/92 und auf die Gesetzesklausel, dass dem Tajo nur eine definierte Menge Überschusswasser entnommen werden darf. Von den betroffenen Abnehmern in Murcia, Alicante und Almería wird nun trotz Verbots verstärkt auf die Restreserven an Grundwasser zurückgegriffen und deren Übernutzung ins Unvernünftige hochgeschraubt."

Folkwin Geiger: Alte und neue Bewässerungsgebiete in der Region Murcia (Südost-Spanien). In: Passauer Schriften zur Geographie, 1993, H. 13, S. 54

M 4 *Entwicklung der Gesamtbewässerungsfläche und des Areals der Tropfbewässerung[1] in der autonomen Region Murcia*

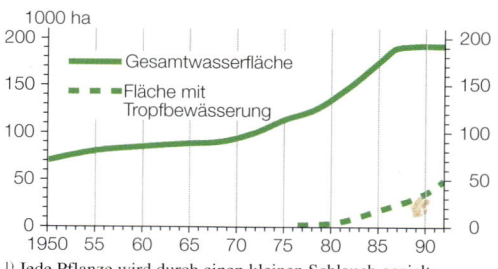

[1] Jede Pflanze wird durch einen kleinen Schlauch gezielt tropfenweise bewässert.

Nach Folkwin Geiger: a. a. O., S. 57

M 5 Bewässerung in den Huertas

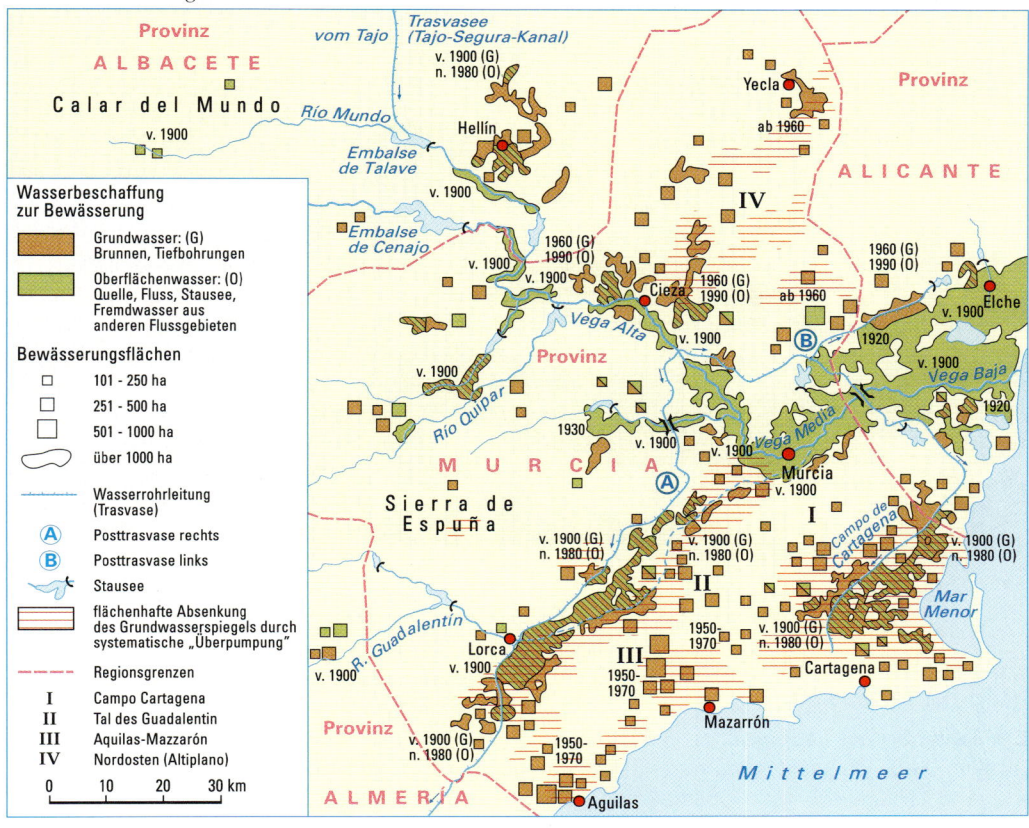

Wasserbeschaffung zur Bewässerung:
- Grundwasser: (G) Brunnen, Tiefbohrungen
- Oberflächenwasser: (O) Quelle, Fluss, Stausee, Fremdwasser aus anderen Flussgebieten

Bewässerungsflächen:
- 101 – 250 ha
- 251 – 500 ha
- 501 – 1000 ha
- über 1000 ha

- Wasserrohrleitung (Trasvase)
- A Posttrasvase rechts
- B Posttrasvase links
- Stausee
- flächenhafte Absenkung des Grundwasserspiegels durch systematische „Überpumpung"
- Regionsgrenzen

I Campo Cartagena
II Tal des Guadalentin
III Aquilas-Mazzarón
IV Nordosten (Altiplano)

Folkwin Geiger: a. a. O., S. 52 und 53

M 6 Wasserversorgung und Wasserverbrauch der Landwirtschaft in ausgewählten Regionen der Huerta von Murcia 1992 (in Mio. m³/Jahr)

Hydrologische Situation	Aguilas/Mazarrón	Campo de Cartagena	Lorca/Guadalentin	Trad. Vega Media
Herkunft des Wassers				
– Flusswasser	–	–	7	300
– Tajo-Segura-Kanal	–	80	45	–
– Grundwasser	30	125	60	–
– natürliche Ergänzung des Grundwassers	5	25	10	15
– geschätzte Reserven	–	1000–1200	400	–
Wasserverbrauch				
– de-facto-Wasserverbrauch	30	205	107	300
– langfristig verträglicher Wasserverbrauch	5	105	62	315

Folkwin Geiger: a. a. O., S. 53

M 7 Ebene westlich von Pescara

Bewässerungslandwirtschaft – bald ohne Wasser?

Ein Bauer an der italienischen Adriaküste

„Früher hatte ich mein gesamtes Land, vorwiegend Parzellen mit Obstbäumen und Reben, verpachtet. Seit ich vor 10 Jahren aus Deutschland zurückgekommen bin, bewirtschafte ich den 5 Hektar großen Betrieb selbst. Viel Geld und Arbeit mussten hineingesteckt werden. In den unteren Hanglagen wurde ein 100 m tiefer Brunnen gebohrt, um mit Hilfe einer Elektropumpe das Grundwasser zu erschließen. Die Investition hat sich gelohnt, denn dieses Wasser kostet nichts. Aber für die höheren Bereiche der Hänge reichte die Brunnenschüttung nicht mehr aus. Hier mussten Wasserrohre bis zu den großen Druckwasserleitungen aus den Abruzzen-Stauseen verlegt werden. Das hat ein ‚Consortio' übernommen, das mit Subventionen von Rom und Brüssel unterstützt wurde. Für dieses Wasser muss ich Gebühren bezahlen.

Ich habe mich auf Blumenkohl-Anbau spezialisiert. Er wird Mitte September ausgepflanzt, anschließend sofort beregnet, Ende März geerntet und nach Deutschland exportiert. Im Frühjahr baue ich – ebenfalls mit Bewässerung – ein anderes Gemüse oder Mais an.

Für ein weiteres Wachstum sehe ich kaum Chancen, weder bei den Flächenerträgen – die habe ich durch intensive Düngung bereits enorm gesteigert –, noch bei der Größe des Betriebes. Der Boden hier wird immer teurer. Die neuen Wohngebiete und Industrien von Pescara, die Hotels nehmen uns das Land weg – und bald vielleicht auch das Wasser."

Nach einer Feldstudie von Prof. Wagner, Würzburg

Ein Wissenschaftler analysiert die Entwicklung

„Als weit verbreiteten Ausweg versucht man, eine bessere Ausnutzung des Winterhalbjahres zu erreichen: Durch Verwendung von Foliendächern und die Einführung von noch leistungsfähigeren Kulturen (z. B. Blumen) werden landwirtschaftliche Renditen angestrebt, die denjenigen in nichtagrarischen Sektoren gleichen. Um dieses Ziel zu erreichen, steigert man den Einsatz von Dünger und Pflanzenschutzmitteln. Infolgedessen sinkt die Qualität des existenzsichernden Grundwassers bis zur Unbrauchbarkeit. Die Wasserreserven leiden zusätzlich unter zunehmenden Immissionen, welche von der expandierenden Verstädterung verursacht werden. Als irreversible Folge ist deshalb langfristig die Zerstörung der eigentlichen Basis der Bewässerungswirtschaft, des hydrographischen Systems, zu sehen …

Diese Flächennutzungskonkurrenzen führen langfristig zu einem Verschwinden der Bewässerungswirtschaft und damit zu einem Ende agrarischer Nutzung … Großräumig gesehen, scheint angesichts der Überproduktion … dieser Verlust an landwirtschaftlicher Nutzfläche zunächst hinnehmbar zu sein. Kleinräumlich tritt als entscheidende Folge jedoch ein grundlegender sozialstruktureller Wandel ein, der nur durch Schaffung eines ausreichenden nichtagrarischen Arbeitsmarktes aufgefangen werden könnte. Dieses Ziel konnte bislang allerdings nur in Ansätzen erreicht werden.

Als noch problematischer müssen die Destabilisierung des Landschaftshaushaltes der Bewässerungsgebiete sowie die nachhaltige Belastung der marinen, küstennahen Gewässer eingeschätzt werden."

Helga und Horst-Günter Wagner: Die Veränderung der Bewässerungswirtschaft im nördlichen Süditalien 1960–1990. In: Petermann, Geographische Mitteilungen 1992, H. 2 + 3, S. 150f.

M 8 Nutzungskonflikt Wasser

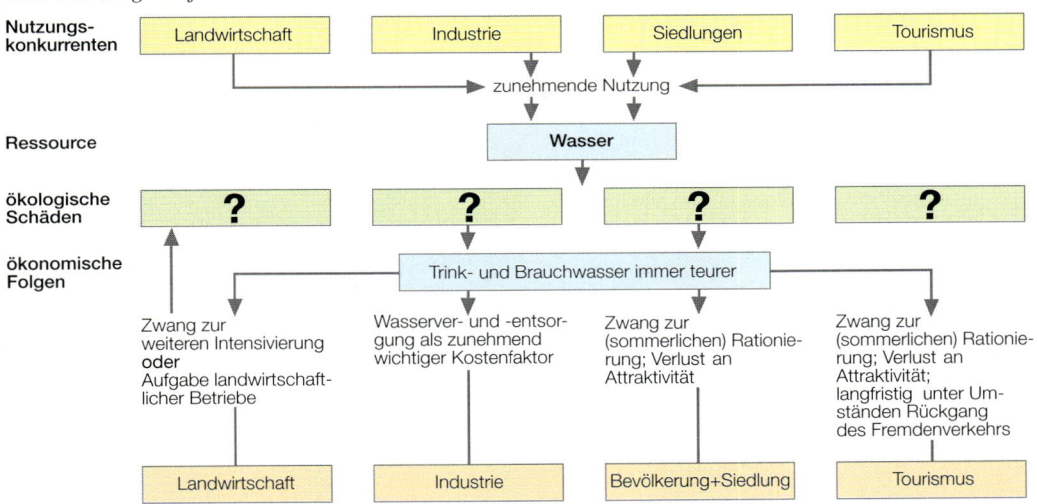

Nutzungskonkurrenten	Landwirtschaft	Industrie	Siedlungen	Tourismus
Ressource		Wasser (zunehmende Nutzung)		
ökologische Schäden	?	?	?	?
ökonomische Folgen	Trink- und Brauchwasser immer teurer			
	Zwang zur weiteren Intensivierung oder Aufgabe landwirtschaftlicher Betriebe	Wasserver- und -entsorgung als zunehmend wichtiger Kostenfaktor	Zwang zur (sommerlichen) Rationierung; Verlust an Attraktivität	Zwang zur (sommerlichen) Rationierung; Verlust an Attraktivität; langfristig unter Umständen Rückgang des Fremdenverkehrs
	Landwirtschaft	Industrie	Bevölkerung+Siedlung	Tourismus

1. „Im 21. Jahrhundert wird Wasser bald wichtiger als Öl." – Sammeln Sie Medienberichte zu diesem Thema.
2. Erläutern Sie ökologische Folgeprobleme des Tourismus in den Küstenregionen des Mittelmeerraumes. (S. 89)
3. Überprüfen Sie Reise- und Urlaubsprospekte unter dem Gesichtspunkt „Wasserverbrauch".
4. a) Erklären Sie – unter Hinzuziehung entsprechender Niederschlagskarten im Atlas – „die Weigerung Castillas, überhaupt Wasser für landwirtschaftliche Zwecke überzuleiten" (Text „Politische Konflikte" S. 90).
b) Berechnen Sie – gleichbleibenden Verbrauch vorausgesetzt – die Reichweite der Grundwasservorräte in den Beispiellandschaften Campo de Cartagena und Lorca/Guadalentin (M 6).
c) Stellen Sie mögliche ökologische Folgen der intensiven Bewässerungslandwirtschaft in den Huertas dar.
5. Die Bewässerungslandwirtschaft in den Küstenregionen spürt die Auswirkungen des „Nutzungskonfliktes Wasser" immer deutlicher.
a) Vergleichen Sie die (subjektive) Darstellung des Bauern mit der Analyse des Wissenschaftlers.
b) Stellen Sie die Folgen dieses Konfliktes für den einzelnen Landwirt, für die Volkswirtschaft und für den Naturhaushalt dar.
6. Übernehmen Sie die Abbildung M 8 in Ihr Heft und ergänzen Sie diese Grafik.

Naturpotential und Nutzung im subtropischen China (Yunnan)

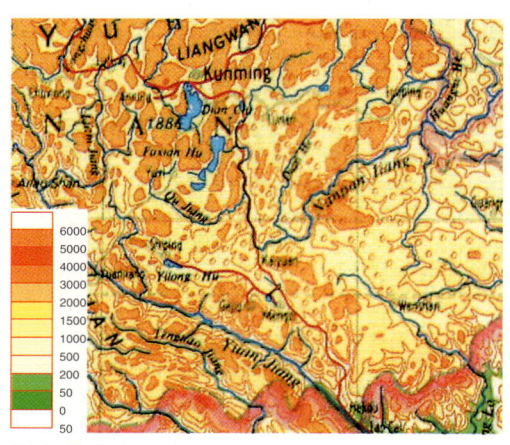

M 1 Relief von Yunnan

Die Gesamtfläche der Provinz Yunnan beträgt 390 000 km², davon entfallen 84 % auf Mittel- und Hochgebirge, 10 % auf Hochebenen und nur 6 % auf tiefer liegende Beckenlandschaften.
Sie gliedert sich grob in zwei Großlandschaften, wobei der Nordwesten allgemein höher liegt als der Süden.

M 2 Bevölkerung in Mio. und Wachstumsrate in % in Yunnan

1953	17,50	(ca. 1,7 %)
1964	20,51	(3,1 %)
1978	30,92	(1,9 %)
1981	32,23	(1,5 %)
1985	34,10	(1,3 %)
1989	36,50	(1,5 %)
1993	38,85	(1,4 %)
1994	39,39	(1,4 %)
Deutschland 1993	81,18	(0,8 %)

M 3 Zahl der Erwerbspersonen in Mio.

1985	16,94	1990	19,52
1986	17,48	1991	20,21
1987	18,07	1992	20,65
1988	18,60	1993	21,06
1989	19,11	1994	21,47
		Deutschland 1993	38,68

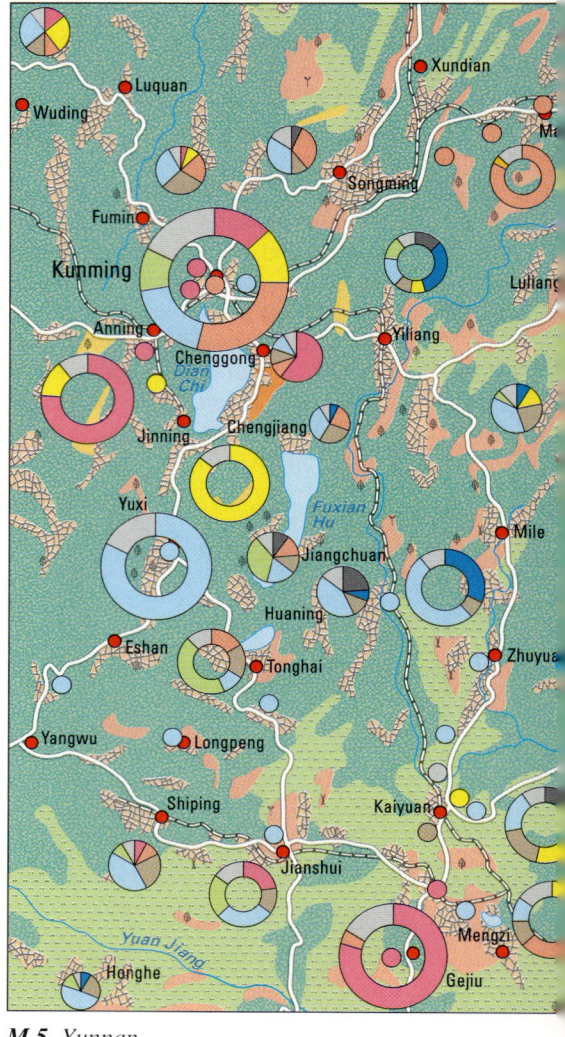

M 5 Yunnan

M 6 Flächennutzung (in Mio. ha)

	1978	1993
Anbaufläche	4,122	4,770
Ackerfläche	2,381	2,855
davon Nassfeld	0,888	0,969
davon Trockenfeldbau	1,493	1,886

M 4 Klimadaten Kunming (1893 m ü. NN)

	J	F	M	A	M	J	J	A	S	O	N	D	Jahr
°C	9,6	11,0	14,5	17,7	19,7	19,8	20,2	19,7	18,4	15,6	12,5	9,8	15,7
mm	3	18	21	31	99	192	214	220	161	95	31	11	1096

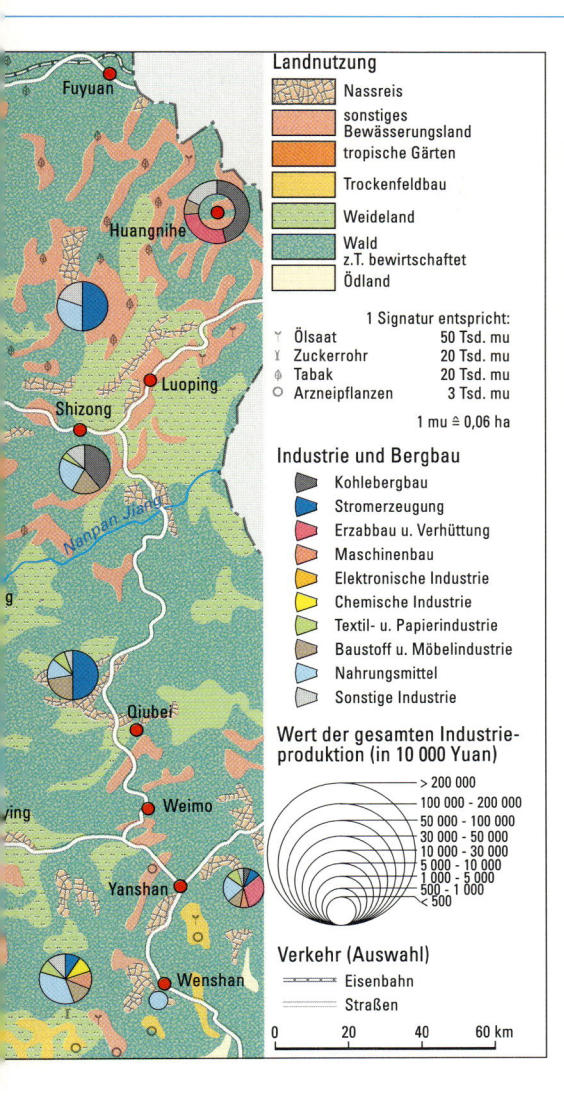

Landnutzung
- Nassreis
- sonstiges Bewässerungsland
- tropische Gärten
- Trockenfeldbau
- Weideland
- Wald z.T. bewirtschaftet
- Ödland

1 Signatur entspricht:
- Y Ölsaat — 50 Tsd. mu
- Y Zuckerrohr — 20 Tsd. mu
- φ Tabak — 20 Tsd. mu
- ○ Arzneipflanzen — 3 Tsd. mu

1 mu ≙ 0,06 ha

Industrie und Bergbau
- Kohlebergbau
- Stromerzeugung
- Erzabbau u. Verhüttung
- Maschinenbau
- Elektronische Industrie
- Chemische Industrie
- Textil- u. Papierindustrie
- Baustoff u. Möbelindustrie
- Nahrungsmittel
- Sonstige Industrie

Wert der gesamten Industrieproduktion (in 10 000 Yuan)
- > 200 000
- 100 000 – 200 000
- 50 000 – 100 000
- 30 000 – 50 000
- 10 000 – 30 000
- 5 000 – 10 000
- 1 000 – 5 000
- 500 – 1 000
- < 500

Verkehr (Auswahl)
- Eisenbahn
- Straßen

0   20   40   60 km

M 7 In der Provinz Yunnan: Intensive landwirtschaftliche Nutzung auf noch vor wenigen Jahren bewaldeten Hängen

M 8 BSP (in 100 Mio. yuan)

1990	395,90
1991	432,86
1992	510,03
1993	662,23

M 9 BSP nach Wirtschaftssektoren 1992 (Gesamtchina in Klammern)

1. Sektor:	36,63 % (32,7)
2. Sektor:	42,94 % (47,8)
3. Sektor:	20,43 % (19,5)

M 10 Beschäftigte in den 3 Wirtschaftssektoren (1993) in Mio. und in %

	Yunnan	Gesamtchina
1. Sektor:	16,3 (77,4 %)	339,6 (56,4)
2. Sektor:	2,01 (9,5 %)	134,9 (22,4)
3. Sektor:	2,55 (12,1 %)	127,6 (21,2)

„Die riesigen Waldflächen sind bedeutende Holzlieferanten für China (1993: 3,7 Mio. m³), wobei allerdings der Waldschutz sehr vernachlässigt wird. Seit den 50er-Jahren wurde hier enormer Raubbau betrieben. ... In den letzten Jahren wurden jedoch Fortschritte erzielt. Neben umfangreichen Aufforstungsmaßnahmen konnte auch die Anzahl der Waldbrände verringert werden."

Monika Schädler u. a.: Yunnan. Wirtschaft, Geographie und Gesellschaft einer chinesischen Provinz. Festschrift Friedrich Cordewener. Bremen, 1996, S. 145

1. Beschreiben Sie Naturpotential und Flächennutzung des dargestellten Ausschnittes (M 1, M 4–6 und Atlas).
2. Verknüpfen Sie die Aussagen der Materialien unter folgender Aufgabenstellung:
Erläutern Sie die wirtschaftliche und demographische Entwicklung und die daraus resultierenden Probleme.

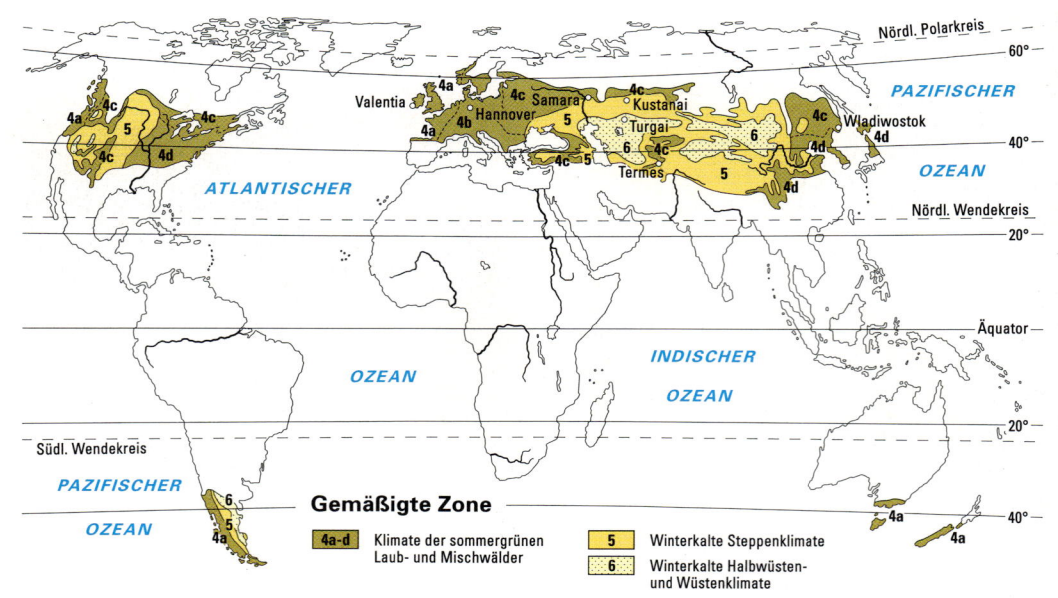

M 1 Die Gemäßigte Zone (30,9 Mio. km² = 20,4 % der gesamten Landfläche)

Gemäßigte Zone

Was ist an der Gemäßigten Zone „gemäßigt"? Die Temperatur etwa? Die höchsten Monatsmittel liegen bei über 30 °C, teilweise aber erreichen sie nur 10 °C. Die Winter können sehr kalt sein mit Monatsmitteln unter −12 °C. Die jahreszeitlichen Temperaturschwankungen erreichen in den meeresfernen Gebieten bis zu 40 °C, in den ozeanischen Gebieten aber nur 10 °C. Es gibt Tagesextreme von über 45 °C, aber auch von unter −30 °C. Oder sind die Niederschläge „gemäßigt"? Die Jahressummen liegen bei knapp 120 mm oder aber auch bei über 1400 mm.

Gemäßigt sind nur die Jahresmittel der Temperatur mit zumeist 8–12 °C. Sie dienen auch als Abgrenzungskriterium gegenüber der anschließenden Borealen Zone (Jahresmittel −5 bis einige Grad über Null) und den Subtropen (Jahresmittel von meist 15–20 °C). Die gemäßigten Jahresmittel sind – neben der Lage in der Westwindzone – das einzige gemeinsame Merkmal der vielgestaltigen Gemäßigten Zone, die man auch die „Mittelbreiten" nennt.

Fasst man die klimatische Vielfalt der Zone zusammen, so ergeben sich drei generelle Abfolgen:
– Von West nach Ost nimmt die Temperaturamplitude und damit die Kontinentalität zu. Auf Waldklimate folgen Steppenklimate. In Nordamerika erfolgt die Veränderung auf kleinem Raum, da durch Gebirge an der Westseite maritime Einflüsse gebremst werden.
– Auf den Ostseiten der Kontinente verläuft die entsprechende Abfolge von Ost nach West.
– Die kontinentalen Binnenräume auf der Nordhalbkugel weisen auch eine Unterscheidung von Nord nach Süd auf: Auf Steppenklimate folgen außertropische Halbwüsten- und Wüstenklimate.

Man kann die Gemäßigte Zone in bis zu zwölf Unterzonen einteilen, wobei zwei Hauptgruppen unterschieden werden:
– Die feuchten Mittelbreiten (feuchte Gemäßigte Zone) mit ihren immergrünen Laub- und Mischwaldzonen,
– die trockenen Mittelbreiten (trockene Gemäßigte Zone) mit ihren Steppen, winterkalten Halbwüsten und Wüsten.

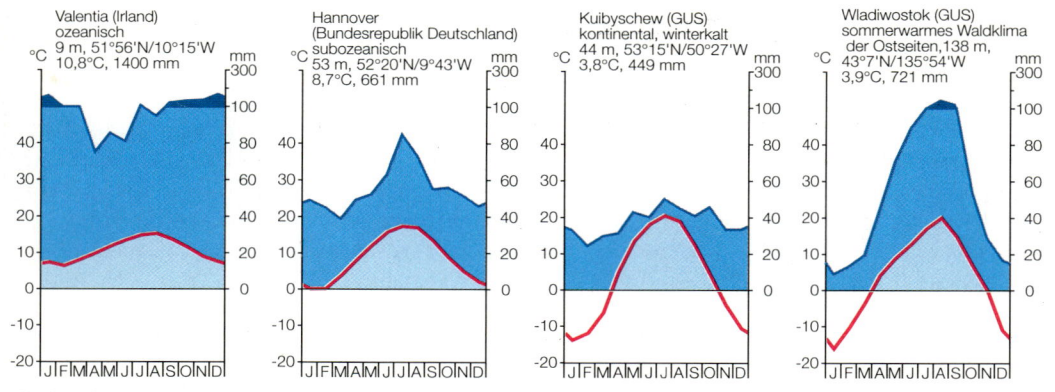

M 2 Klimadiagramme der feuchten Gemäßigten Zone

Feuchte Gemäßigte Zone (15,06 Mio. km²)

Klima. Die tägliche Temperaturamplitude ist kleiner als in den Subtropen. Der Bewölkungsgrad ist hoch, die Niederschläge fallen relativ gleichmäßig (Ausnahme: Sommerwarmes Waldklima der Ostseiten). Ausgeprägte Trockenzeiten fehlen. Südhänge erhalten eine wesentlich höhere Einstrahlung als Nordhänge.

Trotz relativ gleichmäßiger mittlerer Wasserführung kommt es immer wieder zu extremen Wasserstandsschwankungen. Die sommerlichen Abflussminima gehen auf die erheblichen Verdunstungsanteile zurück, die Maxima im Frühling auf die Schneeschmelze.

Die Witterung wechselt rasch, die Wellen von Frontalzone und Zyklonen führen unterschiedliche Luftmassen heran. Abrupte Temperaturwechsel mit Kälteeinbrüchen sind häufig.

Böden. In dieser vollhumiden Zone ist die Bodenentwicklung günstig, Braunerden und Parabraunerden herrschen vor. Auf Löss und Jungmoränen sowie in der Marsch bilden sich die besten Böden. Der Humusgehalt ist erheblich und die Wurzeln der Pflanzen erreichen den Neubildungsbereich der Primärminerale. Das Verhältnis von physikalischer und chemischer Verwitterung ist ausgeglichen, die Speicherkapazität für Nährelemente hoch. Auf nährstoffärmeren Böden kann durch Düngung ein nachhaltiger Ertrag erzielt werden.

Parabraunerden entwickeln sich auf karbonathaltigem Ausgangsgestein, Braunerden vor allem auf Silikatgesteinen. Sie weisen günstige physikalische Eigenschaften auf (gute Durchlüftung, gute Durchfeuchtung).

M 3 Thermoisoplethendiagramm München

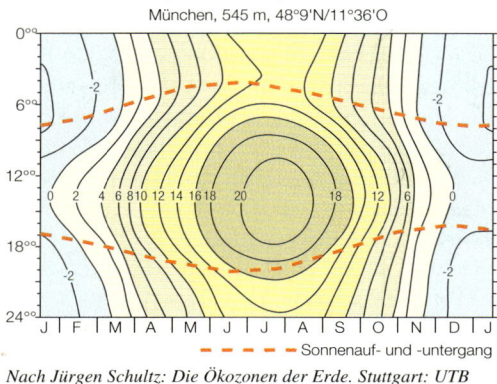

Nach Jürgen Schultz: Die Ökozonen der Erde. Stuttgart: UTB Ulmer 1988, S. 179

M 4 Jahresamplituden und Vegetationsdauer (nach Burkhard Hofmeister)

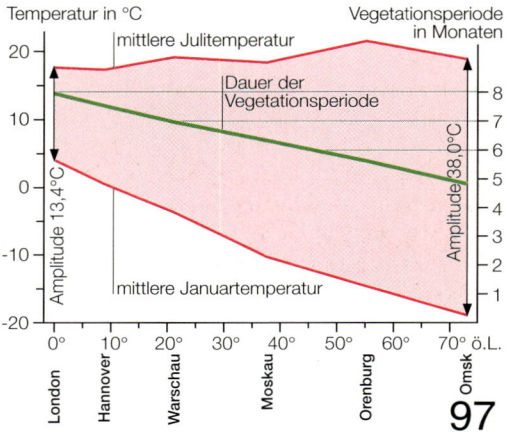

Vegetation. Die feuchten Mittelbreiten waren ursprünglich Laubwaldgebiete mit Laubentfaltung im Frühling, herbstlichem Laubfall und Winterruhe. Die im Herbst entstehende Streuschicht aus Blattmasse (3–5 t/ha) und absterbenden Krautpflanzen ist mineralreich und leicht zersetzbar. Wo mehr als 120 Tage im Jahr ein Temperaturmittel über 10 °C herrscht, ist die Produktion an Biomasse hoch. Ungefähr 40 % der gesamten Biomasse finden sich in den oberirdischen Teilen der Pflanzen.

Ursprünglich nahmen die Wälder 75 % der Landfläche ein. Nirgendwo sonst wurde die natürliche Waldfläche durch menschliche Eingriffe so verändert. Heute sind die einstigen Laubwälder weitgehend durch Ackerland und Wiesen bzw. durch Wirtschaftswälder ersetzt. Hier hat sich seit den Rodungen eine ertragsstarke Landwirtschaft entwickelt.

Die Gemäßigten Breiten sind die Haupternährungszonen der Erde, vor allem Weizen als Brotgetreide und Mais als Futtermittel werden überwiegend in den Mittelbreiten angebaut, sofern die Vegetationszeit ausreichend lang ist und die Sommertemperaturen hoch genug sind. Daneben gedeihen je nach Intensitätsgrad und Fruchtfolgen auch viele andere Agrarerzeugnisse. Es ist die Zone, in der die Anbausysteme, die Mechanisierung und Technisierung der Landwirtschaft und die Bodenpflege am weitesten entwickelt sind. Insofern sind die Naturbedingungen nicht die alleinige Ursache der hohen Erträge, der Entwicklungsstand der Landwirtschaft ist ebenso ausschlaggebend.

M 5 Agrarische Tragfähigkeit[1])

Gemäßigte Zone[2)]	38,8 Einw./km²
Subtropische Zone	28,1 Einw./km²
Tropische Zone	25,8 Einw./km²
Boreale Zone	1,8 Einw./km²
Kalte Zone	0,4 Einw./km²

[1)] Zahl der Menschen, die ausschließlich auf agrarischer Basis pro km² ernährt werden können.
[2)] Feuchte Mittelbreiten: 63,5 Einw./km². Die Gemäßigte Zone hat einen Festlandanteil von 20 % und einen Anteil der Weltbevölkerung von 35 %. Sie enthält 70 % der Maisanbaufläche, 67 % der Weizenanbaufläche und 48 % der Reisanbaufläche.

Nach Burkhard Hofmeister: a. a. O., verschiedene Seiten

Trockene Gemäßigte Zone

Klima. Die Steppen der Gemäßigten Zone liegen ebenfalls in der Westwindzone, aber in ausgeprägt kontinentaler Lage. Die Globalstrahlung ist höher als in den feuchteren Zonen, hohe Sommertemperaturen und starke Erhitzung der Bodenoberfläche sind typisch. Die starke nächtliche Ausstrahlung ergibt kalte Nächte und große tägliche Temperaturamplituden. Auch die jahreszeitlichen Schwankungen sind stark. Bis auf wenige Ausnahmen sind die trockenen Mittelbreiten winterkalt mit kältesten Monaten < 0 °C. Niederschläge fallen unregelmäßig, längere Trockenperioden sind häufig. Im Einzelnen gibt es stark unterschiedliche Niederschlagsverteilung und Temperaturverhältnisse.

Böden. Je nach Höhe der Niederschläge herrschen Schwarzerdeböden (Tschernoseme), kastanienfarbene Böden oder Halbwüstenböden vor. Agrarisch wichtig ist vor allem die Schwarzerde, deren über 50 cm mächtiger A-Horizont mit seinem Humusreichtum und der hohen Austauschkapazität Voraussetzung der großen Bodenfruchtbarkeit ist. Wo die Niederschläge unter 200 mm liegen, ist die Vegetationsdichte gering und die Humusschicht dünn. Hier finden sich kastanienfarbene Steppenböden.

Vegetation. Im Inneren der Kontinente nimmt die Zahl der humiden Monate ab und der Wald wird immer lichter bis nur noch einzelne Waldinseln die Grasländer der Steppen (das russische Wort „stepj" bedeutet „ebenes Grasland") unterbrechen.

In der feuchteren Steppe mit Niederschlagsmaxima im Frühjahr oder Frühsommer ist die Produktion an Biomasse mit 6–11 t/ha noch erheblich. Hier in der Langgrassteppe trifft man Graswuchs von 40 bis 60 cm Höhe. Wo die Niederschläge geringer sind und die potentielle Jahresverdunstung 800–1500 mm erreicht, ist der jährliche Biomassenzuwachs mit 2,5–4 t gering. Hier in der Trockensteppe (Kurzgrassteppe) werden die Gräser nur 20–40 cm hoch. Bei weniger als 250 mm Niederschlag wachsen nur noch einzelne Sträucher, vor allem Wermut. Die Steppe geht in die Halbwüste über.

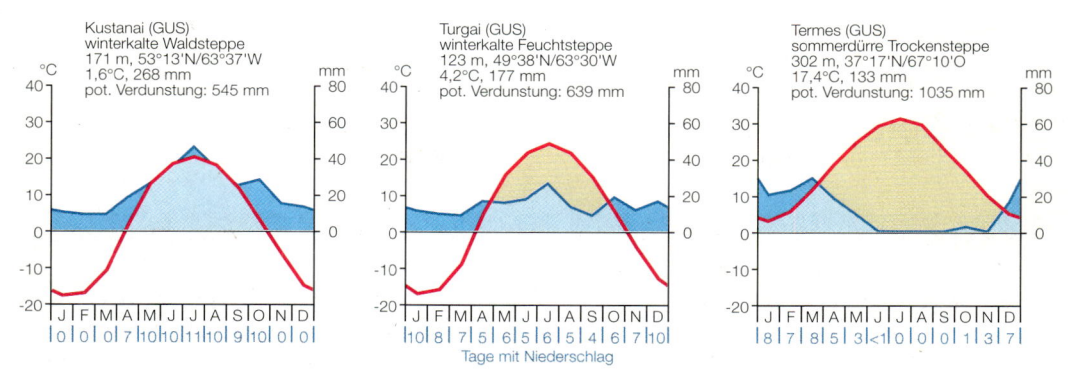

M 6 Klimadiagramme der trockenen Gemäßigten Zone

Kustanai (GUS) winterkalte Waldsteppe
171 m, 53°13'N/63°37'W
1,6°C, 268 mm
pot. Verdunstung: 545 mm

Turgai (GUS) winterkalte Feuchtsteppe
123 m, 49°38'N/63°30'W
4,2°C, 177 mm
pot. Verdunstung: 639 mm

Termes (GUS) sommerdürre Trockensteppe
302 m, 37°17'N/67°10'O
17,4°C, 133 mm
pot. Verdunstung: 1035 mm

M 7 Schematische Klima-, Vegetations- und Bodengliederung in Osteuropa von NW nach SO

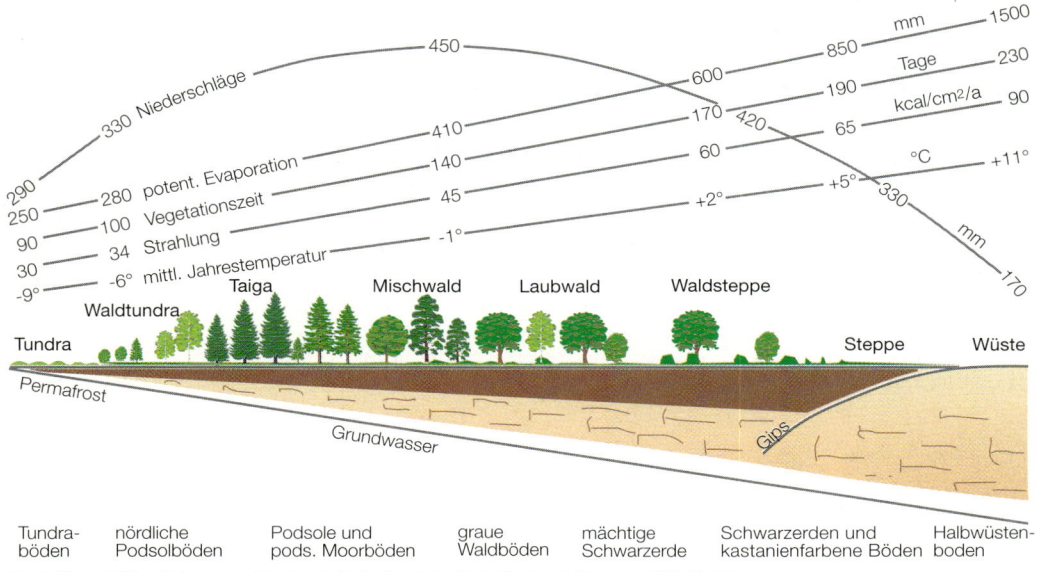

Tundraböden — nördliche Podsolböden — Podsole und pods. Moorböden — graue Waldböden — mächtige Schwarzerde — Schwarzerden und kastanienfarbene Böden — Halbwüstenboden

Nach Klaus Müller-Hohenstein: Die Landschaftsgürtel der Erde. Stuttgart: Teubner 1981, S. 166

„Es stellt sich die Frage, ob die ausgedehnten Steppenareale als natürlich anzusehen sind oder ob sie auf die Rodungstätigkeit des Menschen zurückgehen. Für die natürlichen Steppen spricht einmal, dass sie regelmäßig von Großtieren beweidet wurden. Außerdem ist mit dem Feuer als einem natürlichen Faktor zu rechnen, der immer wieder zu Flächenbränden geführt hat. Eine Verbuschung oder Verwaldung konnte sich kaum einstellen."

Nach Klaus Müller-Hohenstein: a. a. O., S. 169/170, gekürzt

1. Beschreiben Sie die Verteilung, Lage und Ausdehnung der Gemäßigten Breiten und ihrer Subzonen auf der Erde.
2. Vergleichen Sie die Klimadiagramme untereinander und mit jenen der Subtropen und der Borealen Zone.
3. Nennen Sie Gunstfaktoren für die Landwirtschaft in der Gemäßigten Zone und geben Sie Gründe an für die hohen Anteile dieser Zone an der Getreideproduktion.

Wechselwirkungen der Naturfaktoren in komplexen Ökosystemen: Das Beispiel Waldsterben in Mitteleuropa

M 1 Waldlandschaft im Schwäbisch-Fränkischen Wald – heute

M 2 – im Jahre 2010???

Stellen Sie sich eine Waldlandschaft irgendwo in Deutschland vor, vielleicht sogar in ihrer unmittelbaren Umgebung. Wir schreiben das Jahr 2020:

„Es ist eine abenteuerliche Fahrt hier herauf nach Welzheim. Starke Erosionen und Grundwassersenkungen haben dem Keuperbergland (...) ein anderes Gesicht gegeben. Die Straße von Rudersberg herauf ist schon seit Jahren verschüttet. Als dort der Wald seine Schutzfunktion auf dem rutschigen Knollenmergeluntergrund eingebüßt hatte, sind – wie im Jahre 1911 beim Bau der Eisenbahn – ganze Hänge ins Tal gerauscht. Jetzt schon haben die Bäche mehr als ein Viertel der Humusschicht ins Tal gespült. (...)

Monatelang ist der Boden hier knochentrocken, dann wieder reicht ein Regenguss, um im Tal Wieslauf und Rems über die Ufer treten zu lassen.

Von Haubersbronn herauf ist der Weg noch befahrbar. Auf rund 10 Kilometer Länge wurde die Straße 50 Meter beidseitig mit stählernen Netzen gesichert – eine gewaltige Investition, die das Land rund 120 Millionen Mark gekostet hat. Auch hier wuchert Gestrüpp. Nur vereinzelt, in feuchten Senken, finden sich noch hochstämmige Bäume. (...)"

Aktion „Wälder warten nicht auf Wunder". Zeitungsverlag Waiblingen 1985, S. 9

Ein übertriebenes Schreckensszenario? Es muss nicht so kommen, wenn wir sofort und verstärkt Gegenmaßnahmen ergreifen. Aber es wird so kommen, wenn unser Wald so weiter stirbt wie bisher!

Von den Waldschäden zum Waldsterben

Mitte der 70er-Jahre beobachtete man vor allem in den Kammlagen unserer Mittelgebirge an Einzelbäumen, vornehmlich an Tannen, Schädigungen an Nadeln und Wurzelwerk, die die pflanzenphysiologischen Prozesse beeinträchtigen und somit den Wuchs und den Holzzuwachs mindern. Zu Beginn der 80er-Jahre häuften sich dann die alarmierenden Meldungen über eine flächenhafte Schädigung unserer Wälder; die krankhaften Erscheinungen beschränkten sich nicht mehr nur auf die Tanne, sondern auch Fichte und Kiefer sind davon betroffen, heute auch Buche und Eiche. Zudem beschränkt sich dieser Prozess nicht mehr nur auf die Kammlagen der Mittelgebirge und die Waldgebiete in den Hochgebirgen, sondern er läuft auch in den niedriger gelegenen Teilen unserer Wälder ab, allerdings nicht mit dieser Intensität.

Seit der flächenhaften Waldschädigung wird dieser Prozess als *Waldsterben* bezeichnet. Die dann rasch einsetzende intensive Forschung auf Bundes- und Landesebene, vor allem im Bereich der Forstwissenschaften, der Bodenkunde und der Chemie, ermöglichen heute eine ganze Reihe von Ursachen und Ursachenkomplexen zu nennen, die diese Schädigungen hervorrufen; eine eindeutige, alles umfassende Erklärung gibt es allerdings noch nicht.

M 3 Geschädigte Fichtennadeln

Bei den Nadelbäumen ist das Abfallen der Nadeln das auffälligste Symptom für die Schädigung des Waldes. Der Nadelverlust beginnt zumeist im unteren Bereich der Baumkrone, er setzt sich dann bis zur Spitze fort. Der Hochtrieb ist verkürzt, es bilden sich „Storchennester" aus. Dadurch verliert zum Beispiel die Tanne ihre typische spitzwinkelige Form. Bei den Fichten hängen die Zweige schlaff nach unten („Lamettasyndrom"), wobei der Nadelverlust von innen nach außen eintritt.

Erkrankte Laubbäume sind daran zu erkennen, dass die Blätter nur noch matte Farben aufweisen und vergilben. Die Blätter fallen schließlich ab. Neben den oberirdisch sichtbaren Schäden sind auch an den Wurzeln Veränderungen erkennbar. Geschädigte Feinwurzeln sind verdickt bzw. krankhaft verformt. Ihre Funktionen sind gestört.

M 4 *Gesundes Nadelblatt einer Bergkiefer im Maßstab 20 : 1*

M 5 *Umweltgeschädigtes Nadelblatt im Maßstab 20 : 1. Die helleren Flecken haben bereits die Epidermis zerstört. Der rostbraune Fleck hat die Zellstruktur vernichtet.*

M 6 *Waldschäden in der Bundesrepublik Deutschland*

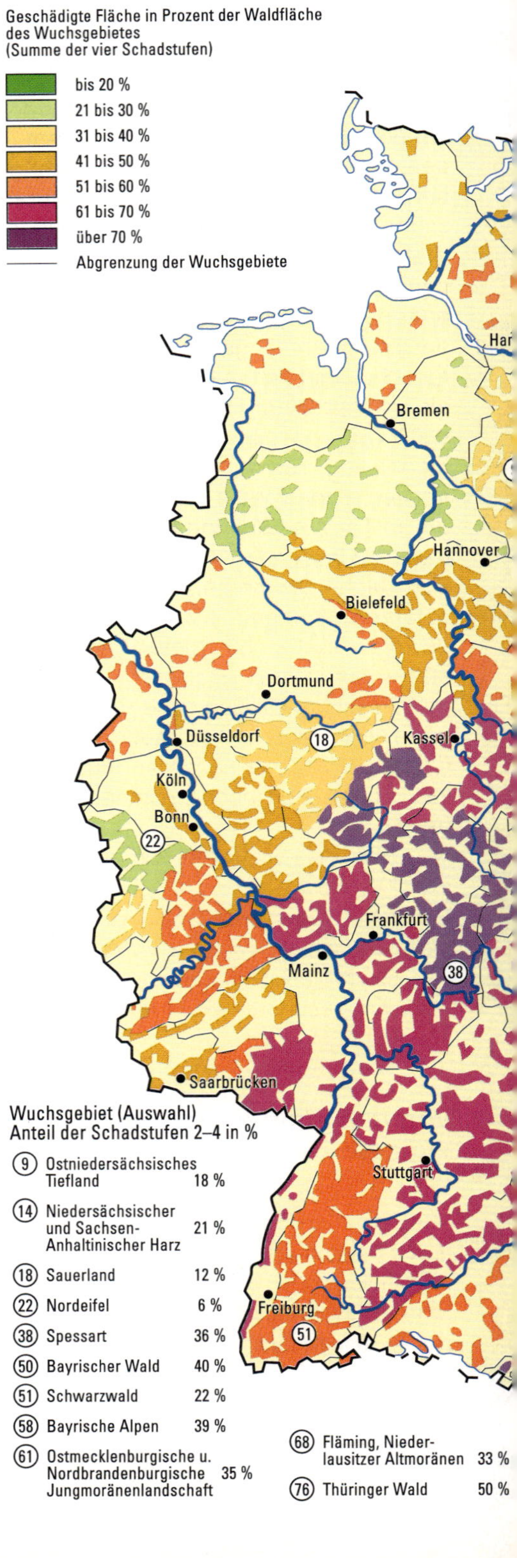
Geschädigte Fläche in Prozent der Waldfläche des Wuchsgebietes (Summe der vier Schadstufen)
bis 20 %
21 bis 30 %
31 bis 40 %
41 bis 50 %
51 bis 60 %
61 bis 70 %
über 70 %
Abgrenzung der Wuchsgebiete
Bremen
Hannover
Bielefeld
Dortmund
Düsseldorf
(18)
Kassel
Köln
Bonn
(22)
Frankfurt
Mainz
(38)
Saarbrücken
Stuttgart
Freiburg
(51)
Wuchsgebiet (Auswahl)
Anteil der Schadstufen 2–4 in %
(9) Ostniedersächsisches Tiefland 18 %
(14) Niedersächsischer und Sachsen-Anhaltinischer Harz 21 %
(18) Sauerland 12 %
(22) Nordeifel 6 %
(38) Spessart 36 %
(50) Bayrischer Wald 40 %
(51) Schwarzwald 22 %
(58) Bayrische Alpen 39 %
(61) Ostmecklenburgische u. Nordbrandenburgische Jungmoränenlandschaft 35 %
(68) Fläming, Niederlausitzer Altmoränen 33 %
(76) Thüringer Wald 50 %

e Baumarten (Schadstufen 1–4)

Schadstufen der Waldschäden	
Schadstufen	Nadel- oder Blattverlust
0: ohne Schadmerkmale	bis 10 %
1: schwach geschädigt (kränkelnd)	11 – 25 %
2: mittel geschädigt (krank)	26 – 60 %
3: stark geschädigt (sehr krank)	61 – 99 %
4: abgestorben (tot)	100 %

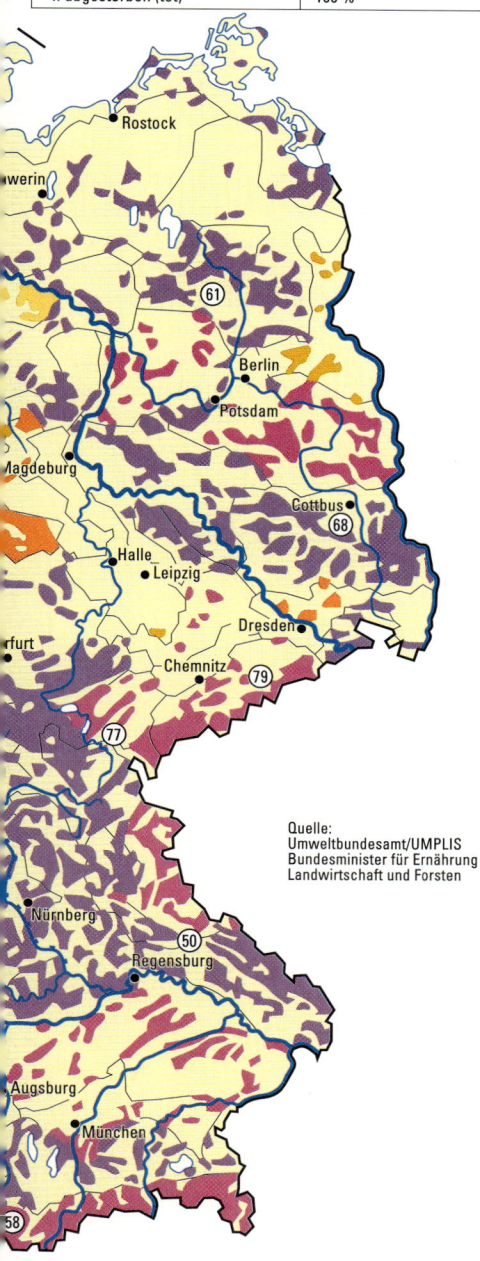

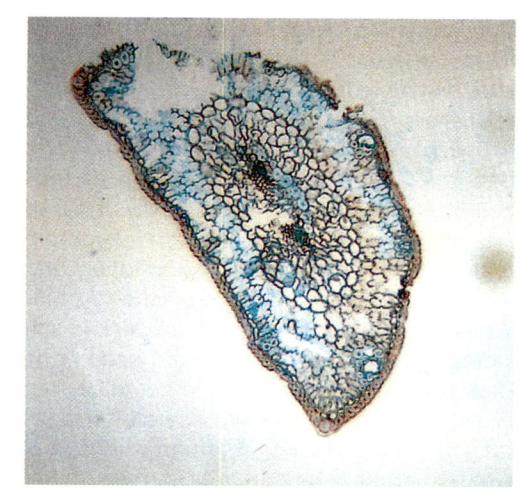

Quelle:
Umweltbundesamt/UMPLIS
Bundesminister für Ernährung
Landwirtschaft und Forsten

M 7 *Wie tief die Schädigung eingedrungen ist, sieht man am besten bei einem Nadelquerschnitt. Der rostbraune Fleck auf dem vorhergehenden Aufsichtsbild hat das Gewebe bereits bis zur Endodermis zerstört. Die zwischen Epidermis und Endodermis liegenden Zellen können ihre Aufgabe nicht mehr erfüllen. (Maßstab 100 : 1)*

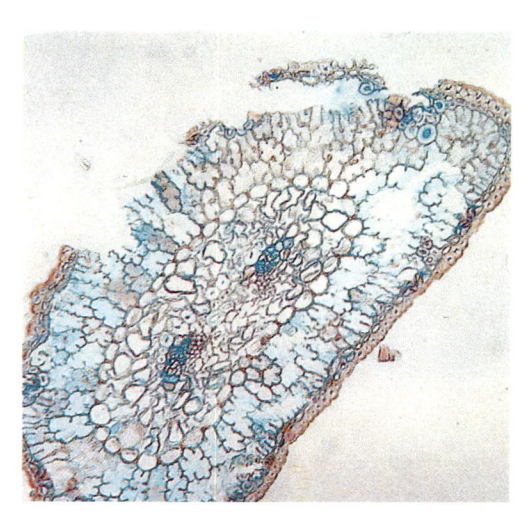

M 8 *Schadstellen bei stärkerer Vergößerung im Maßstab 140 : 1. Das Nadelblatt wird von Umweltgiften regelrecht zerfressen.*

Das komplexe Ökosystem Wald

„Das Ökosystem Wald besitzt besonders viele verschiedenartige Produzenten, nämlich alle grünen Pflanzen. Man nennt sie *Primärproduzenten,* weil in ihren Blattorganen die *Fotosynthese* abläuft. Dieser Prozess beruht auf der Fähigkeit der grünen Pflanzenteile, mit Hilfe der Sonnenenergie und des Chlorophylls aus Nährstoffen und Wasser körpereigene, organische Verbindungen aufzubauen. Durch mikroskopisch kleine Spaltöffnungen (*Stomata*) nimmt das Blatt Kohlendioxid auf, das in komplizierten Reaktionsstufen unter Wasserstoffanlagerung in Traubenzucker überführt wird. Dabei werden große Mengen an Sauerstoff frei und an die Atmosphäre abgegeben. Traubenzucker benötigt die Pflanze für den eigenen Betriebsstoffwechsel (*Respiration*).

Er ist aber auch der Grundbaustoff für die Synthese der meisten organischen Substanzen (*Assimilate*). Zu ihrer Bildung benötigt die Pflanze zusätzlich mineralische Nährstoffe wie Stickstoff, Phosphor, Kalium, Magnesium und Kalzium, die über Wurzeln oder Blätter aufgenommen werden. Über weitere biochemische Prozesse werden aus diesen Assimilaten Wurzeln, Blätter und Früchte, Holz und Rinde aufgebaut.

Die Verbraucher (*Konsumenten*) ernähren sich entweder direkt als Pflanzenfresser von den durch die Pflanzen aufgebauten organischen Stoffen oder indirekt als Fleischfresser durch Erbeuten von Pflanzenfressern und anderen Fleischfressern.

Abgestorbene organische Stoffe werden von Zersetzern genutzt, die sich in Destruenten und Reduzenten unterteilen. Die *Destruenten* (z. B. Regenwürmer und Asseln) erfüllen die wichtige Aufgabe, die am Boden angehäuften Schichten an Pflanzenmaterial und tierischen Überresten (Laub, Nadelstreu, Zweige, Tierleichen usw.) zu zerkleinern. Von den *Reduzenten* (Bodenmikroorganismen wie Bakterien und Pilze) werden die organischen Überreste schließlich ganz in ihre anorganischen Ausgangsbestandteile zerlegt, d. h. zu pflanzenverfügbaren Nährstoffen mineralisiert. Man bezeichnet die Reduzenten auch als *Mineralisierer.*"

Helmut E. Papke, Bernhard Krahl-Urban: Der Wald – ein Ökosystem in Gefahr. In: Waldschäden. Herausgegeben von der Projektträgerschaft für Biologie, Ökologie und Energie der Kernforschungsanlage Jülich GmbH. Jülich 1987, S. 17 f.

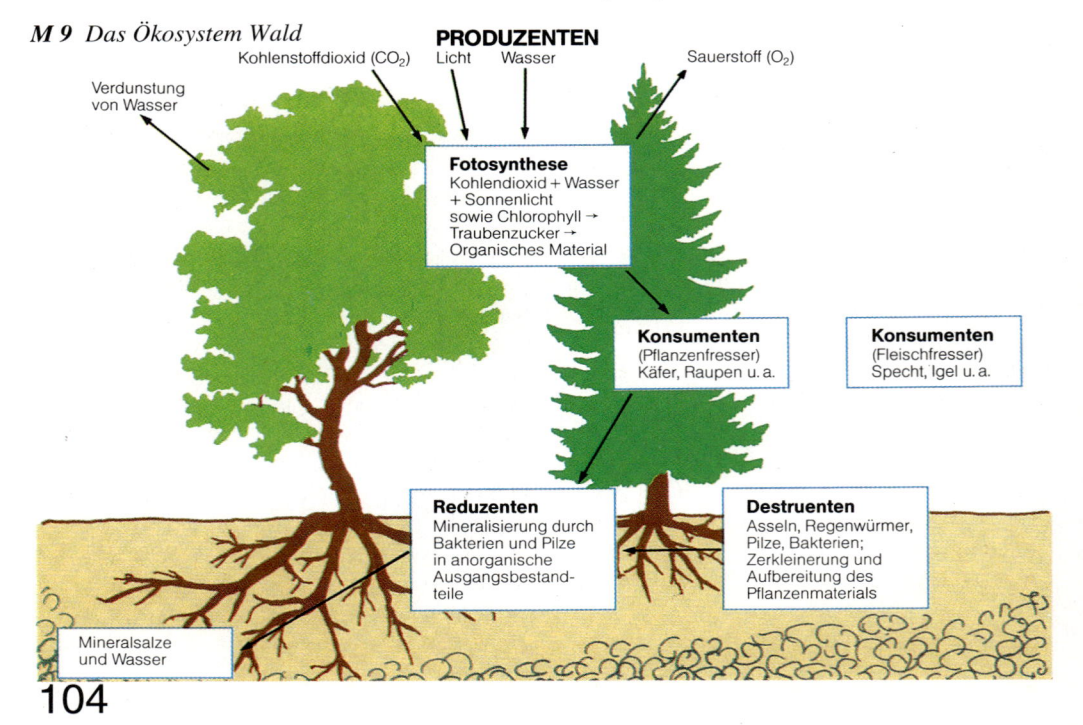

M 9 *Das Ökosystem Wald*

PRODUZENTEN

Kohlenstoffdioxid (CO_2) — Licht — Wasser — Sauerstoff (O_2)

Verdunstung von Wasser

Fotosynthese
Kohlendioxid + Wasser + Sonnenlicht sowie Chlorophyll → Traubenzucker → Organisches Material

Konsumenten
(Pflanzenfresser)
Käfer, Raupen u. a.

Konsumenten
(Fleischfresser)
Specht, Igel u. a.

Reduzenten
Mineralisierung durch Bakterien und Pilze in anorganische Ausgangsbestandteile

Destruenten
Asseln, Regenwürmer, Pilze, Bakterien; Zerkleinerung und Aufbereitung des Pflanzenmaterials

Mineralsalze und Wasser

Ursachen der Walderkrankung: Schadstoffe und deren Wirkungen

Erkrankungen von Bäumen hat es in unseren Wäldern schon immer gegeben. Verantwortlich dafür waren extreme Frost- und Trockenperioden oder auch Schädlingsbefall. Solche natürlichen Ursachen konnte ein intaktes Waldökosystem jedoch früher schnell ausgleichen. Beim gegenwärtigen Waldsterben spielen andere Faktoren eine wesentliche Rolle.

Die Forstwirtschaft hat in das komplexe natürliche Waldökosystem in unverantwortlicher Weise eingegriffen. Die natürliche Waldgesellschaft ist durch eine Artenvielfalt und vor allem auch durch eine Mischung von Bäumen unterschiedlichen Alters gekennzeichnet. Heute hingegen prägt häufig der sogenannte entmischte Altersklassenwald das Bild unserer Wälder. Die Nadelbäume, vor allem Fichte und Douglasie, weisen alle das gleiche Alter auf, können somit auch auf einen Schlag mit schweren Maschinen „geerntet" werden. Außerdem wurde vielfach nicht auf eine standortgerechte Bewirtschaftung geachtet. So stehen z. B. Fichte und Douglasie auf stark lehmigen, Wasser stauenden Böden, die nicht den natürlichen Standortbedingungen entsprechen.

Durch diese und andere Veränderungen wurde das durch den Menschen geschaffene Waldökosystem anfälliger für die Schadstoffe, die durch die Emissionen einer hochindustrialisierten Wirtschaftsweise entstehen.

Als Hauptverursacher des Waldsterbens wird heute die Schadstoffbelastung der Luft angesehen. Zu den hauptsächlichen Luftverunreinigern zählen Stickoxide, Schwefeldioxid, Kohlenwasserstoffe, Schwermetalle und Staub. Diese *primären Luftverunreinigungen* werden von Industrie, Haushalten und Kraftfahrzeugen freigesetzt. Aus ihnen entstehen durch chemische Reaktionen *sekundäre Verunreinigungen* wie der saure Regen oder Fotooxidantien. Schwefeldioxid- und Stickoxidemissionen oxidieren in der Luft teilweise zu Schwefel- und Salpetersäure, was in Verbindung mit Niederschlägen den *sauren Regen* zur Folge hat. *Fotooxidantien* sind eine Reaktionsgruppe, die aus Stickoxiden und reaktiven Kohlenwasserstoffen unter Einwirkung von UV-Strahlen entstehen. Zu diesen Reaktionsprodukten zählen Ozon, Peroxiacetylnitrat (PAN) sowie Peroxide, Aldehyde und organische Säuren. Ozon ist die Leitsubstanz der Fotooxidantien, die in ihrer Gesamtheit auch *„fotochemischer Smog"* genannt werden.

Ozon greift in den Stoffwechsel der Nadeln und Blätter ein und zerstört deren Wachsschicht. Die Einwirkungen der Schadstoffe schädigen auch die Zellmembranen der Nadeln, wodurch die Nährstoffe Magnesium, Kalium und Kalzium ausgewaschen werden. Diese Wirkung wird durch den sauren Regen noch verstärkt. Aber auch der Boden wird durch die Anreicherung von Schadstoffen verändert. Die Bodenversauerung bewirkt eine Freisetzung von Metallionen, die dann ausgewaschen werden. Dadurch wird es für den Baum immer schwieriger, den Mangelzustand an Magnesium, Kalium und Kalzium auszugleichen. Ein sichtbares Symptom für den Magnesiummangel sind die vergilbten Nadeln und Blätter. Bei fortschreitender Bodenversauerung werden auch Schwermetalle freigesetzt und die Haarwurzeln der Pflanzen geschädigt. Weitere Vergiftungen sowie Störungen in der Nährstoff- und Wasseraufnahme sind die Folge. Neuerdings werden diese Vorgänge durch einen weiteren Schadstoff verstärkt: den Stickstoff. Vor allem trägt die Landwirtschaft – was lange Zeit unbeachtet blieb – insbesondere durch die Massentierhaltung, aber auch durch den starken Stickstoffdüngerverbrauch zum Waldsterben bei. Die Stickstoffeinträge aus Landwirtschaft und Verkehr führen gemeinsam zur Überdüngung und damit zu weiteren Schäden im Ökosystem Wald.

Je mehr die Widerstandskraft der Bäume durch die Schadstoffe geschwächt ist, um so anfälliger werden sie für Einwirkungen aus der Natur selbst. Das gilt vor allem für Klimaextreme wie lang anhaltende Trockenheit, strengen Frost oder zu starke Nässe und eine daraus resultierende Sauerstoffarmut im Wurzelbereich. Aber auch Schädlinge wie der Borkenkäfer und der Schwammspinner oder Pilzbefall führen zu einem Beschleunigungseffekt in der Kausalkette.

Die verschiedenen Schadstoffe und ihre unterschiedlichen Auswirkungen (nach Ministerium für Ernährung, Landwirtschaft, Umwelt und Forsten)

Schwefeldioxid (SO_2): Dieses Gas entsteht vor allem bei Verbrennungsprozessen in fossilen Kraftwerken sowie beim Heizprozess in der Industrie und in den Haushalten. Zunächst wirkt es als Gas, indem es durch die Spaltöffnungen der Nadeln und der Blätter eindringt und sich sodann in der Zellflüssigkeit zur Säure löst. Dabei wird, wenn es in größeren Mengen und über einen längeren Zeitraum wirkt, die Zellsubstanz zerstört. Die Lähmung des Schließzellenmechanismus der Spaltöffnungen führt dann, vor allem bei Trockenperioden, zum verstärkten Wasseraustritt und damit möglicherweise zum Vertrocknen. Verbindet sich das SO_2 mit der Luftfeuchtigkeit in der Atmosphäre oder an feuchten Blättern oder Nadeln zu schwefeliger Säure (H_2SO_3) oder zu Schwefelsäure (H_2SO_4), so tritt zunächst die Schädigung der vor Austrocknung schützenden Wachsschicht ein. Ebenso dringt die Säure in die Nadeln und Blätter ein und stört dort die biochemischen Abläufe. Dieser Eintrag der Säuren über den Niederschlag wird auch als *saurer Regen* bezeichnet. Sauer deshalb, weil sich der pH-Wert des Regens von 5,6 (leicht sauer) auf 5 bis 4 erniedrigt. Messungen an den Baumstämmen zeigen, dass das dort ablaufende Niederschlagswasser pH-Werte teilweise unter 3 (saurer als Essig!) aufweist. Dies kommt deshalb zustande, weil das Wasser über die Blätter und Nadeln abläuft und die dort abgelagerten trockenen Säurebildner (z. B. Schwefel) aufnimmt.

Stickstoffoxide (NO_x): Dieses Gas entsteht hauptsächlich bei Verbrennungsprozessen mit hohen Temperaturen; Hauptquellgruppen sind der Kfz-Verkehr, gefolgt von den Kraftwerken. Das dabei entstandene Stickstoffmonoxid (NO) oxidiert an der Luft zu Stickstoffdioxid (NO_2). Stickstoffoxide können in Verbindung mit Wasser Salpetersäure bilden und sind mit der schwefeligen Säure bzw. Schwefelsäure an der Bildung des sauren Regens beteiligt.

Fotooxidantien (Ozon, PAN u. a.): Unter der Einwirkung von ultraviolettem Licht (UV-Licht) entstehen in der Atmosphäre aus Stickoxiden und Kohlenwasserstoffen Ozon (O_3) und Peroxiacetylnitrat (PAN), Peroxide, Aldehyde, organische Säuren und andere Verbindungen. Diese Fotooxidantien können schädigend auf die pflanzliche Zelle wirken, indem sie die Kutikula (äußerste wasserundurchlässige Zellwandschicht) und die Zellmembran angreifen sowie eine verstärkte Kationenauswaschung aus den Nadeln in Kombination mit saurem Regen auslösen.

Schwermetalle (Blei, Cadmium, Zink, Quecksilber u. a.) entstehen bei Verhüttungsprozessen und bei der Kohleverbrennung. Sie dringen als gelöste Salze entweder direkt durch die Blattoberfläche oder über die Wurzeln in die Pflanze ein.

Organische Verbindungen wie Aldehyde, Phenole oder chlorierte Kohlenwasserstoffe werden in erheblichem Umfang emittiert. Allerdings ist die Gefährdung derzeit zu wenig erforscht.

Schwefeldioxid in Deutschland

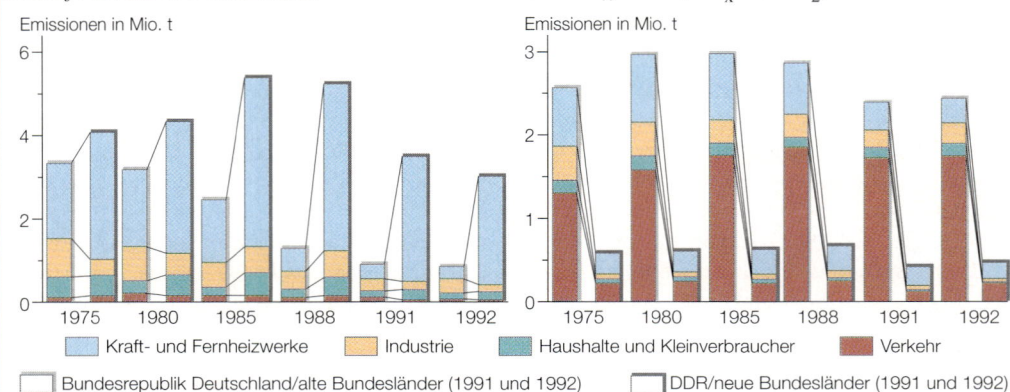

Stickstoffoxide (NO_x als NO_2) in Deutschland

M 10 Der Tod kommt auf Umwegen

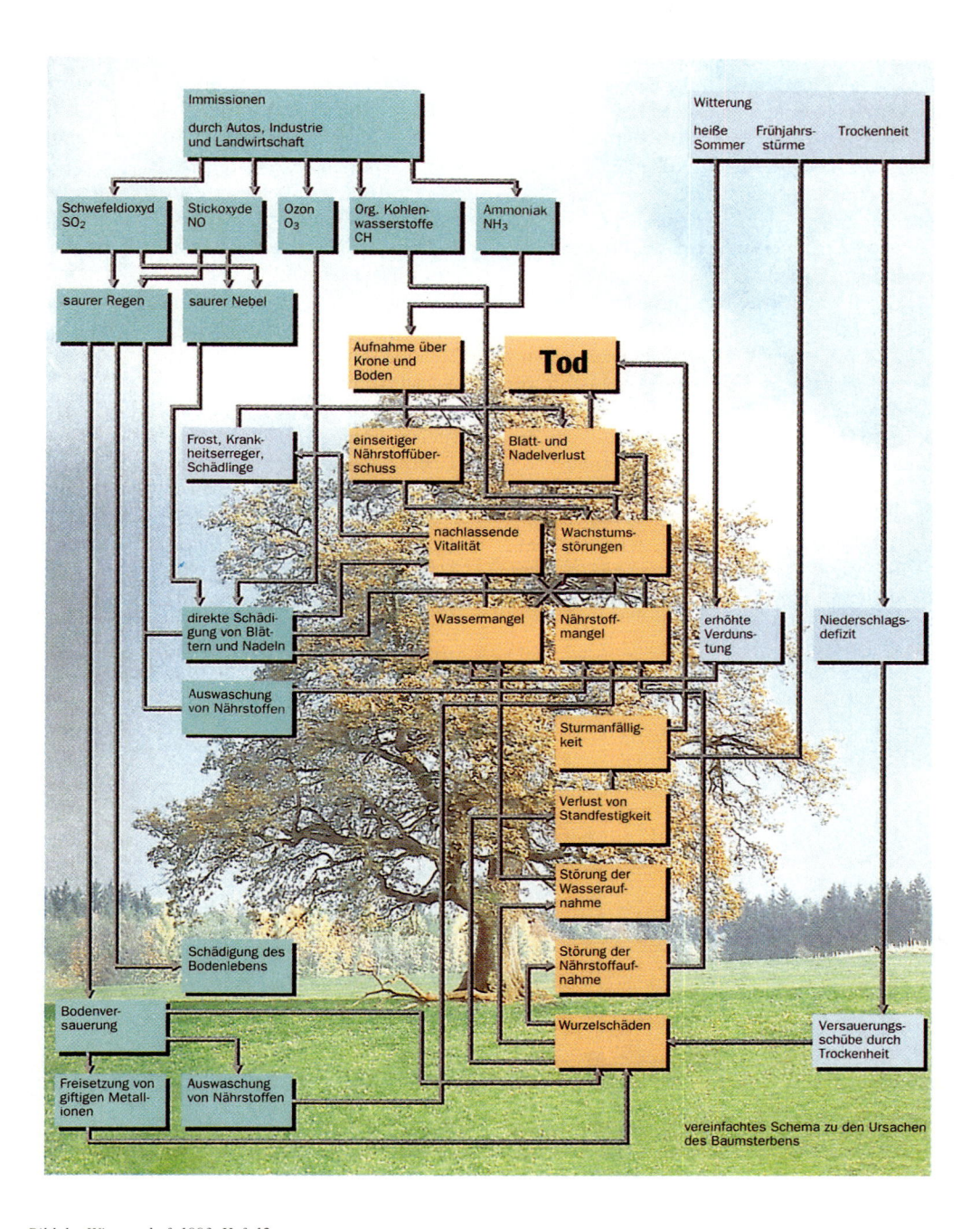

vereinfachtes Schema zu den Ursachen des Baumsterbens

Bild der Wissenschaft 1993, Heft 12

Schadstofftransport und mögliche Gegenmaßnahmen

Schwefeldioxide und Stickoxide als Gas oder als Säure, die Photooxidantien und die Schwermetalle können über relativ weite Entfernungen in der Atmosphäre und damit über Ländergrenzen hinweg transportiert werden (Ferntransport). Dies ist von den jeweiligen Wetterlagen und damit Windrichtungen abhängig.

Die heutige Ursachenforschung zeigt, dass zunehmend Schädigungen auftreten, die durch die Einwirkung eines einzelnen Schadstoffes nicht zu erklären sind. Sicherlich kommt es zu einem Zusammenwirken verschiedener Schadstoffe, wobei sich die einzelnen Komponenten gegenseitig verstärken. Ihre Gesamtwirkung ist so wesentlich größer als die rein rechnerische Summe der Einzelfaktoren. Man spricht in diesem Zusammenhang von *synergetischer Wirkung*.

Wurde die Sorge der Deutschen bezüglich des Waldsterbens von vielen Nachbarvölkern Anfang der 80er-Jahre noch als Hysterie belächelt, so kann heute als gesichert angesehen werden, dass auch dort teilweise gravierende Waldschädigungen vorhanden sind. Nach den jüngsten Erhebungen gilt als sicher, dass in allen dicht besiedelten und industriell genutzten Räumen der Erde durch Emissionen aus Kraftwerk- und Industriebetrieben, vom Autoverkehr und Hausbrand Waldschädigungen auftreten. Davon sind weite Teile Europas, insbesondere Ost- und Südosteuropa, Nordamerika, Japan und einige Entwicklungsländer betroffen.

Auf dem Hintergrund dieser alarmierenden Entwicklung sind Länder übergreifende Maßnahmen zur Schadstoffverringerung dringend erforderlich. Folgende Ansätze sind in der Diskussion.

– Kraftwerke auf der Basis fossiler Brennstoffe: Einbau von Entschwefelungs- und Entstickungsanlagen; Festlegung von niederen Schadstoffgrenzwerten,
– Kfz-Verkehr: drastische Erhöhung der Benzinpreise; Einführung von Autobahngebühren; Übernahme der strengen deutschen Abgasnormen auch in anderen Ländern der Europäischen Union,
– Industrie, Haushalte: regelmäßige Wartung der Heizungsanlagen; neue Brenner; Verwendung von schwefelarmem Heizöl.

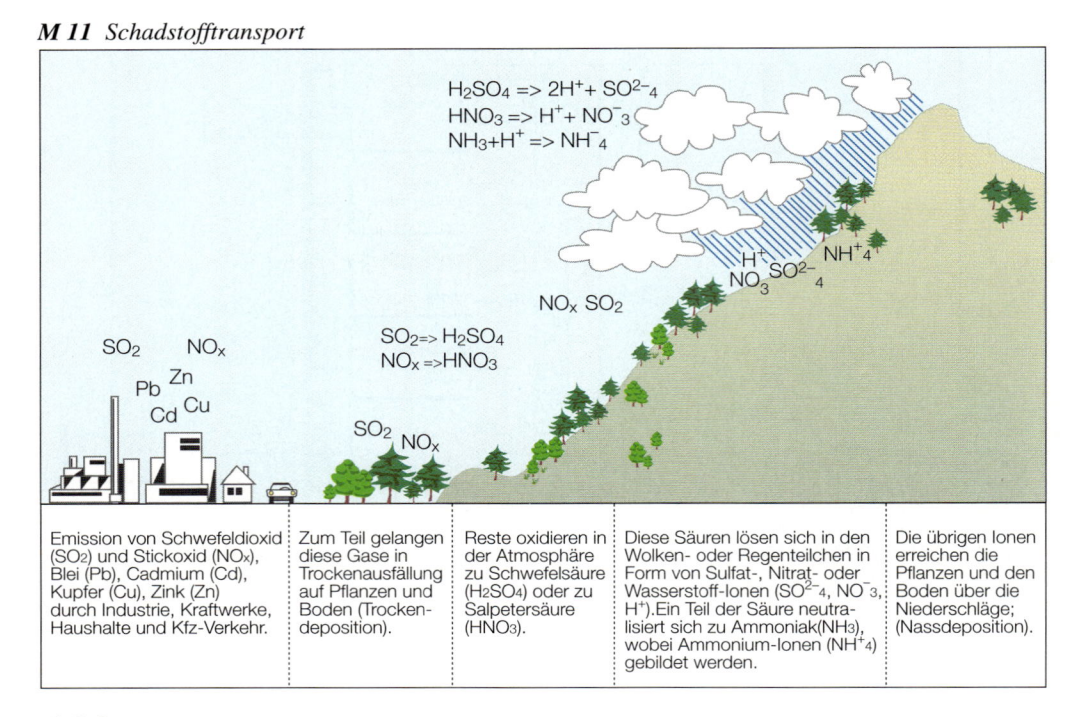

M 11 Schadstofftransport

$H_2SO_4 => 2H^+ + SO_4^{2-}$
$HNO_3 => H^+ + NO_3^-$
$NH_3 + H^+ => NH_4^-$

Emission von Schwefeldioxid (SO_2) und Stickoxid (NO_X), Blei (Pb), Cadmium (Cd), Kupfer (Cu), Zink (Zn) durch Industrie, Kraftwerke, Haushalte und Kfz-Verkehr.	Zum Teil gelangen diese Gase in Trockenausfällung auf Pflanzen und Boden (Trockendeposition).	Reste oxidieren in der Atmosphäre zu Schwefelsäure (H_2SO_4) oder zu Salpetersäure (HNO_3).	Diese Säuren lösen sich in den Wolken- oder Regenteilchen in Form von Sulfat-, Nitrat- oder Wasserstoff-Ionen (SO_4^{2-}, NO_3^-, H^+). Ein Teil der Säure neutralisiert sich zu Ammoniak (NH_3), wobei Ammonium-Ionen (NH_4^+) gebildet werden.	Die übrigen Ionen erreichen die Pflanzen und den Boden über die Niederschläge; (Nassdeposition).

M 12 Die Bedeutung des Ökosystems Wald für den Menschen

Diese etwa 100 Jahre alte Buche sollten Sie sich etwa 20 m hoch und mit etwa 12 m Kronendurchmesser vorstellen. Mit ihren 600 000 Blättern verzehnfacht sie ihre 120 m² Standfläche auf etwa 1200 m² Blattfläche. Durch die Lufträume des Schwammgewebes entsteht eine Zelloberfläche für den Gasaustausch von etwa 15 000 m², also zwei Fußballfelder! 9400 Liter = 18 kg Kohlendioxid verarbeitet dieser Baum an einem Sonnentag. Das ist der durchschnittliche Kohlendioxidabfall von zweieinhalb Einfamilienhäusern. Bei einem Gehalt von 0,03 % Kohlendioxid in der Luft müssen etwa 36 000 m³ Luft durch diese Blätter strömen mitsamt den enthaltenen Bakterien, Pilzsporen, Staub und anderen schädlichen Stoffen, die dabei großenteils im Blatt hängen bleiben. Gleichzeitig wird die Luft angefeuchtet, denn etwa 400 Liter Wasser verbraucht und verdunstet der Baum an demselben Tag. Die 13 kg Sauerstoff, die dabei vom Baum durch die Fotosynthese als Abfallprodukt gebildet werden, decken den Bedarf von etwa 10 Menschen. Für sich produziert der Baum an diesem Tag 12 kg Zucker, aus dem er alle seine organischen Stoffe aufbaut. Einen Teil speichert er als Stärke, aus einem anderen baut er sein neues Holz. Wenn nun dieser Baum stirbt oder wenn er gefällt wird zur bequemeren Bearbeitung des Ackers, zum Ausbau der Straße, weil der Baum zu viel Schatten macht oder gerade dort ein Geräteschuppen aufgestellt werden soll, so müsste man etwa 2000 junge Bäume mit einem Kronenvolumen von 1 m³ pflanzen, wollte man ihn vollwertig ersetzen. Die Kosten dafür dürften etwa 250 000 DM betragen.

Wolfgang Buff: Bäume im Bild. Stuttgart: Wissenschaftliche Verlagsgesellschaft 1986, S. 35

1. Beobachten Sie – ggf. im Rahmen einer biologisch-geographischen Exkursion – den Wald in Ihrer Umgebung im Hinblick auf Schadenssymptome.
2. Erklären Sie anhand der Waldschadenskarte, warum in einigen Gebieten in Deutschland die Waldschäden besonders groß sind.
3. Erläutern Sie am Beispiel des Ökosystems Wald das Zusammenwirken der verschiedenen Naturfaktoren.
4. Stellen Sie fest, in welcher Weise Schadstoffe das Ökosystem Wald gefährden.
5. Der Wald – eine unserer wichtigsten Lebensgrundlagen?

M 1 *Köln, Rheinauhafen mit Schokoladenmuseum. Dienstag, 31. 1. 1995 Höchststand des Pegels Köln: 10,69 m; das entspricht einer Abflussmenge von 10 900 m³/sec; durchschnittlicher Abfluss 2110 m³/sec, durchschnittlicher Pegelstand ca. 3,20 m*

Rheinhochwasser und Ökologie

„Tausende flohen vor den Fluten
Köln, 28./29. 1. 1995. Immer mehr Menschen an Rhein, Main und Mosel haben unter der Hochwasser-Katastrophe zu leiden. Entlang der Flüsse mussten wie schon Weihnachten 1993 Tausende ihre Häuser und Wohnungen verlassen, von Mainz bis Köln standen ufernahe Wohngebiete unter Wasser. Allein ein Fünftel des Stadtgebiets von Koblenz war am Freitag überschwemmt, rund 7000 Menschen waren davon betroffen. Während von den Oberläufen der Flüsse eine Stabilisierung der Wasserstände oder leicht fallende Pegel gemeldet wurden, stand Koblenz und den rheinabwärts gelegenen Orten wie Bonn und Köln der Höhepunkt der Fluten bevor. Am Kölner Pegel sollte der Rhein gegen Mitternacht die kritische Marke von zehn Metern erreichen, bei der das Wasser in die Altstadt fließt.

Nach Angaben der Meldezentrale befand sich die Scheitelwelle des Rheinhochwassers am Freitag bei Speyer und bewegte sich auf Koblenz zu, wo das Wasser stündlich um etwa zwei Zentimeter stieg. Für Samstag wurde der Höhepunkt der Flutwelle erwartet."

Kölner Stadtanzeiger vom 28./29. 1. 1995, S. 48

„Polder am Oberrhein blieben dicht
Köln, 28./29. 1. 1995. Hohe Wellen schlug am Freitag die Frage, warum Baden-Württemberg entgegen ursprünglicher Aussagen seine Überflutungsräume bisher nicht geöffnet hat, um einen Teil des Hochwassers abzuleiten und damit indirekt auch Bonn und Köln zu helfen. Die Antwort aus dem NRW-Umweltministerium in Düsseldorf ist trocken. Hans Joachim Pietrzeniuk, Leiter der Abteilung Wasserwirtschaft: ‚Die formalen Kriterien dafür waren nicht erfüllt.' Erst wenn der Fluss 3600 Kubikmeter Wasser pro Sekunde transportiert, dürfen die Polder in Altenheim geflutet werden. Diese Menge Wasser wurde bisher aber nicht gemessen. Würde sich Baden-Württemberg dennoch für die Flutung entscheiden, sei ein Schutz der Region Worms/Mannheim/Ludwigshafen bei einer neuerlichen Hochwasserwelle nicht mehr gewährleistet. Wenn dann etwa bei dem Chemieriesen BASF in Ludwigshafen Schäden entstünden, könnte man Baden-Württemberg dafür finanziell verantwortlich machen, hieß es."

Kölner Stadtanzeiger vom 28./29. 1. 1995, S. 48

„**Dämme drohen zu brechen. 65 000 Niederländer fliehen vor den Fluten
Amsterdam, 31. 1. 1995.** In den Niederlanden ist wegen des Hochwassers die größte Evakuierungsoperation seit mehr als 40 Jahren angelaufen. ‚In der Ostprovinz Gelderland müssen rund 65 000 Menschen bis Dienstag Morgen ihre Häuser verlassen, weil damit zu rechnen ist, dass von Hochwasser aufgeweichte Dämme der Waal brechen', sagte eine Sprecherin der Provinzregierung am Montag. Man will es zunächst mit ‚dringenden Appellen' versuchen, es wird aber auch erwogen, Häuser mit Zwang zu räumen. Ob heute weitere 20 000 Menschen dazu aufgerufen werden, Notquartiere aufzusuchen, war noch offen."

Kölner Stadtanzeiger, Dienstag, 31. 1. 1995

„**Jahrhundertflut in Köln erreicht
Köln/Bonn, 31. 1. 1995.** Das Rheinhochwasser hat am Montag seinen Jahrhunderttrekord erreicht: Der Pegel Köln erreichte am Abend die Höchstmarke vom Neujahrstag 1926, genau 10,69 Meter. Der Strom stieg zwar gestern Abend kaum noch, doch sagten Experten spätestens für Dienstag mit 10,71 Meter eine neue Rekordmarke voraus."

Kölner Stadtanzeiger, Dienstag, 31. 1. 1995

Zu einem weiteren Anstieg kam es aufgrund der nachlassenden Niederschläge nicht. Dennoch standen 1740 Hektar des Kölner Stadtgebietes unter Wasser, 33 000 Menschen waren davon betroffen. Und statt der 120 Millionen Mark Sachschaden wie im Jahre 1993 waren es jetzt „nur" 65 Millionen.

Hochwasser und Überschwemmungen am Rhein und an anderen Flüssen gab es schon immer. Doch in historischer Zeit lagen die einzelnen Hochwasserkatastrophen zeitlich sehr weit auseinander.

M 2 Kölner Pegel über 9 m 1845–1995

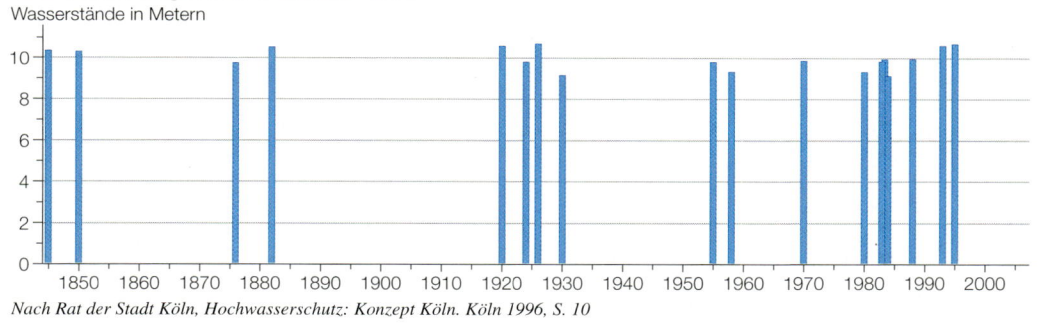

Wasserstände in Metern

Nach Rat der Stadt Köln, Hochwasserschutz: Konzept Köln. Köln 1996, S. 10

M 3 Zunahme der Hochwasser über 8 m seit 1880 – Pegel Maxau/Karlsruhe

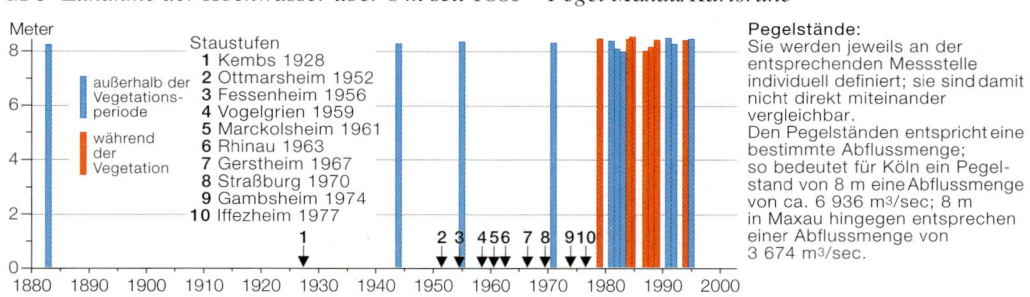

Meter

Staustufen
1 Kembs 1928
2 Ottmarsheim 1952
3 Fessenheim 1956
4 Vogelgrien 1959
5 Marckolsheim 1961
6 Rhinau 1963
7 Gerstheim 1967
8 Straßburg 1970
9 Gambsheim 1974
10 Iffezheim 1977

außerhalb der Vegetationsperiode
während der Vegetation

Pegelstände:
Sie werden jeweils an der entsprechenden Messstelle individuell definiert; sie sind damit nicht direkt miteinander vergleichbar.
Den Pegelständen entspricht eine bestimmte Abflussmenge; so bedeutet für Köln ein Pegelstand von 8 m eine Abflussmenge von ca. 6 936 m³/sec; 8 m in Maxau hingegen entsprechen einer Abflussmenge von 3 674 m³/sec.

Alfons Henrichfreise: Ist ein optimaler Hochwasserschutz ohne Wiederüberschwemmung der natürlichen Retentionsräume am Oberrhein möglich? Kurzfassung des Vortrages vom 12. November 1992 in St. Goar vor der Hochwassernotgemeinschaft Mittelrhein, 1994, S. 11

M 4 Rheineinzugsgebiet mit Grunddaten der Abflüsse und wasserbautechnischen Maßnahmen

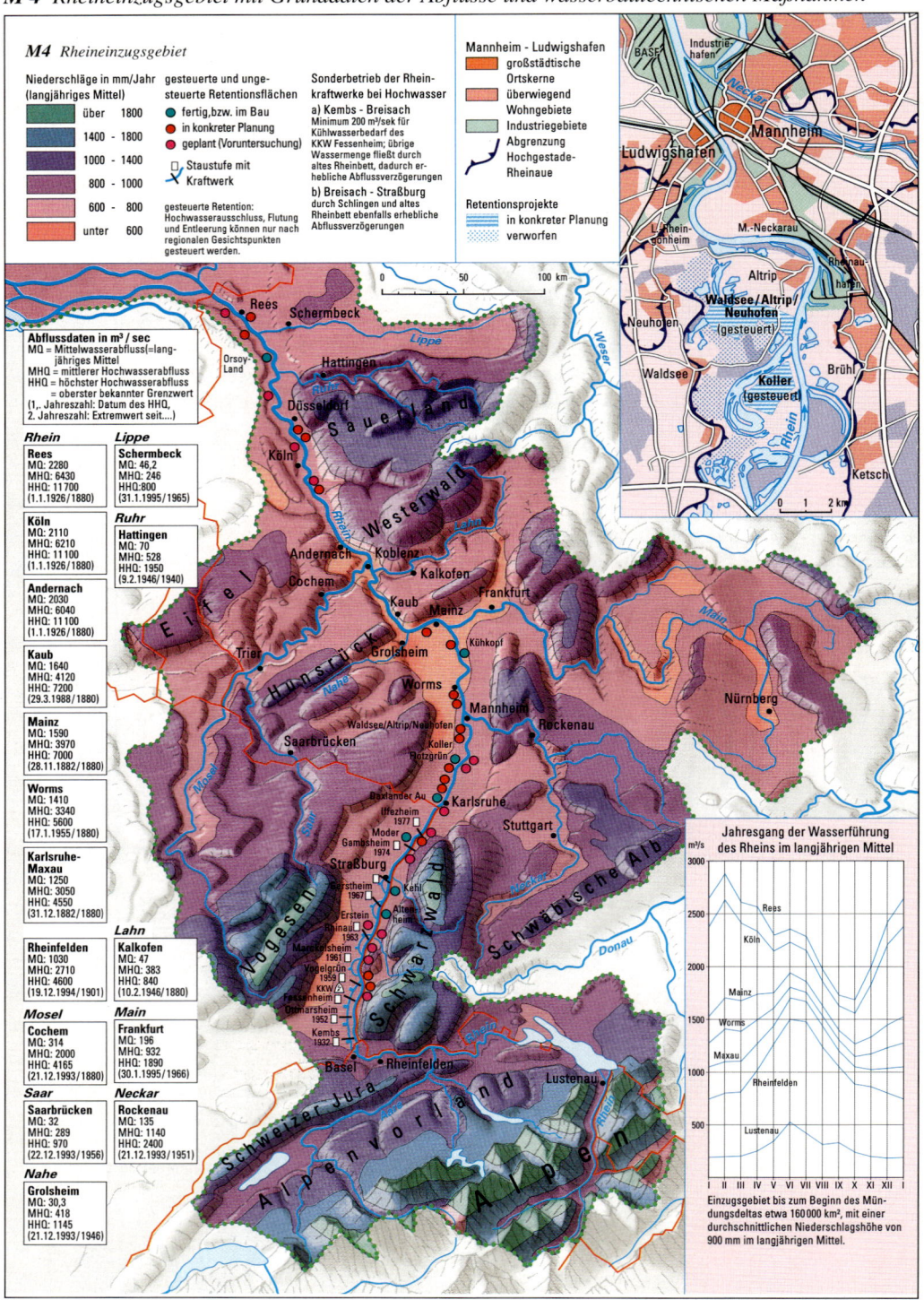

M4 Rheineinzugsgebiet

Niederschläge in mm/Jahr (langjähriges Mittel)
- über 1800
- 1400 – 1800
- 1000 – 1400
- 800 – 1000
- 600 – 800
- unter 600

gesteuerte und ungesteuerte Retentionsflächen
- ● fertig, bzw. im Bau
- ● in konkreter Planung
- ● geplant (Voruntersuchung)
- □ Staustufe mit Kraftwerk

gesteuerte Retention: Hochwasserausschluss, Flutung und Entleerung können nur nach regionalen Gesichtspunkten gesteuert werden.

Sonderbetrieb der Rheinkraftwerke bei Hochwasser
a) Kembs – Breisach
Minimum 200 m³/sek für Kühlwasserbedarf des KKW Fessenheim; übrige Wassermenge fließt durch altes Rheinbett, dadurch erhebliche Abflussverzögerungen
b) Breisach – Straßburg
durch Schlingen und altes Rheinbett ebenfalls erhebliche Abflussverzögerungen

Mannheim – Ludwigshafen
- großstädtische Ortskerne
- überwiegend Wohngebiete
- Industriegebiete
- Abgrenzung Hochgestade-Rheinaue

Retentionsprojekte
- in konkreter Planung
- verworfen

Abflussdaten in m³/sec
MQ = Mittelwasserabfluss (=langjähriges Mittel)
MHQ = mittlerer Hochwasserabfluss
HHQ = höchster bekannter Grenzwert
(1. Jahreszahl: Datum des HHQ, 2. Jahreszahl: Extremwert seit....)

Rhein

Rees
MQ: 2280
MHQ: 6430
HHQ: 11700
(1.1.1926/1880)

Köln
MQ: 2110
MHQ: 6210
HHQ: 11100
(1.1.1926/1880)

Andernach
MQ: 2030
MHQ: 6040
HHQ: 11100
(1.1.1926/1880)

Kaub
MQ: 1640
MHQ: 4120
HHQ: 7200
(29.3.1988/1880)

Mainz
MQ: 1590
MHQ: 3970
HHQ: 7000
(28.11.1882/1880)

Worms
MQ: 1410
MHQ: 3340
HHQ: 5600
(17.1.1955/1880)

Karlsruhe-Maxau
MQ: 1250
MHQ: 3050
HHQ: 4550
(31.12.1882/1880)

Rheinfelden
MQ: 1030
MHQ: 2710
HHQ: 4600
(19.12.1994/1901)

Mosel
Cochem
MQ: 314
MHQ: 2000
HHQ: 4165
(21.12.1993/1880)

Saar
Saarbrücken
MQ: 32
MHQ: 289
HHQ: 970
(22.12.1993/1956)

Nahe
Grolsheim
MQ: 30,3
MHQ: 418
HHQ: 1145
(21.12.1993/1946)

Lippe
Schermbeck
MQ: 46,2
MHQ: 246
HHQ: 800
(31.1.1995/1965)

Ruhr
Hattingen
MQ: 70
MHQ: 528
HHQ: 1950
(9.2.1946/1940)

Lahn
Kalkofen
MQ: 47
MHQ: 383
HHQ: 840
(10.2.1946/1880)

Main
Frankfurt
MQ: 196
MHQ: 932
HHQ: 1890
(30.1.1993/1966)

Neckar
Rockenau
MQ: 135
MHQ: 1140
HHQ: 2400
(21.12.1993/1951)

Jahresgang der Wasserführung des Rheins im langjährigen Mittel

(Pegel: Rees, Köln, Mainz, Worms, Maxau, Rheinfelden, Lustenau)

Einzugsgebiet bis zum Beginn des Mündungsdeltas etwa 160 000 km², mit einer durchschnittlichen Niederschlagshöhe von 900 mm im langjährigen Mittel.

112

Der Oberrhein: Vom Wildstrom zur Wasserstraße

M 5 Furkationszone und Mäanderzone zu Beginn des 19. Jahrhunderts

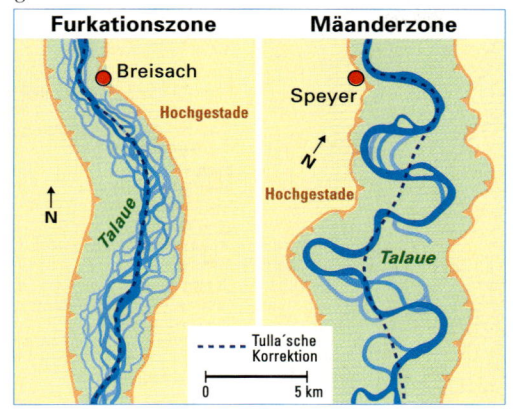

Der natürliche Verlauf des Rheins in der Oberrheinebene war aufgrund des unterschiedlichen Gefälles und der damit verbundenen Fließgeschwindigkeit in zwei naturräumliche Einheiten gegliedert:
1. Der *Furkationszone* (Gabelungszone) zwischen Basel und der Lautermündung. Hier ist die Flussaue ca. zwei bis drei Kilometer breit und die Fließgeschwindigkeit groß.
2. Die *Mäanderzone* (Schlingenzone) zwischen Lautermündung und Worms. Hier verringert sich die Fließgeschwindigkeit und der Rhein floss in weiten Schlingen innerhalb der zehn bis zwölf Kilometer breiten Aue.

Tulla'sche Rheinkorrektion 1817–1880. Die ständigen, lang anhaltenden Überflutungen und die damit verbundene Bedrohung der Siedlungen, die Beeinträchtigung der Schifffahrt durch die ständigen Verlagerungen der Sand- und Kiesbänke sowie durch die Stechmücken übertragene Krankheiten führten zur „Korrektur" am Rhein, zur Rheinkorrektion nach den Plänen des Wasserbauingenieurs Tulla in den Jahren 1817 bis 1880.

Die zahlreichen Stromarme im Furkationsbereich wurden in einem ca. 200 m breiten Mittelwasserbett zusammengefasst. Dadurch verkürzte sich der Lauf von 219 auf 188 km (= 13%). Im Mäanderbereich wurde dem Rhein mit Durchstichen die gewünschte Linienführung gegeben; der Lauf verkürzte sich von 135 auf 85 km (= 37%).

Die bestehenden Hochwasserdämme wurden zu einem durchgehenden Dammsystem verbunden. Damit war der größte Teil des natürlichen Überschwemmungsgebietes vom Rhein abgetrennt. Geblieben war eine ca. 1 bis 2 km breite Überflutungsaue. Außerdem erhielt das Rheinbett ein gepflastertes Ufer und damit einen festen Querschnitt.

Der begradigte Rhein hat sich aufgrund der schnelleren Fließgeschwindigkeit und wegen der vollständig unterbundenen *Seitenerosion* verstärkt in sein verengtes Bett eingetieft *(Sohlenerosion)*. Südlich von Breisach lagen die Werte im Jahr 1960 teilweise bei –7 m, unterhalb von Speyer bei –1,5 m.

Oberrheinausbau 1928–1977 (Staustufenausbau) 1928–1959: Bau des betonierten Rheinseitenkanals von Basel nach Breisach (Grand Canal d'Alsace) durch die Franzosen. Dieser Kanal verläuft parallel zum Rheinbett und ermöglicht, neben einer Verbesserung der Schiff-

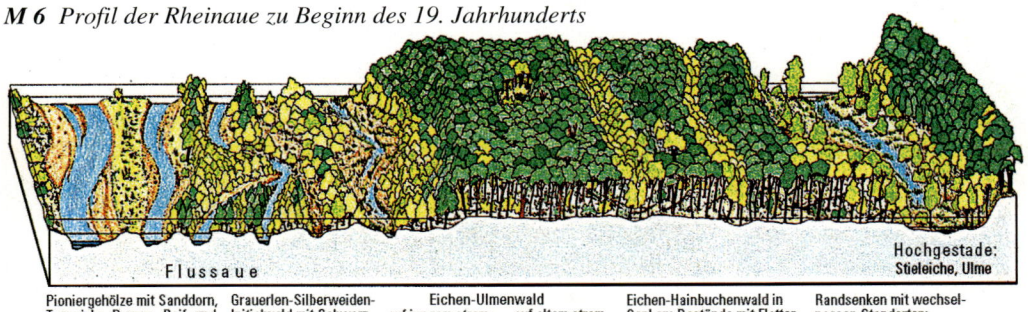

M 6 Profil der Rheinaue zu Beginn des 19. Jahrhunderts

M 7 *Landschaftshistorische Entwicklung des Gebietes bei der Staustufe Iffezheim 1872 und 1989*

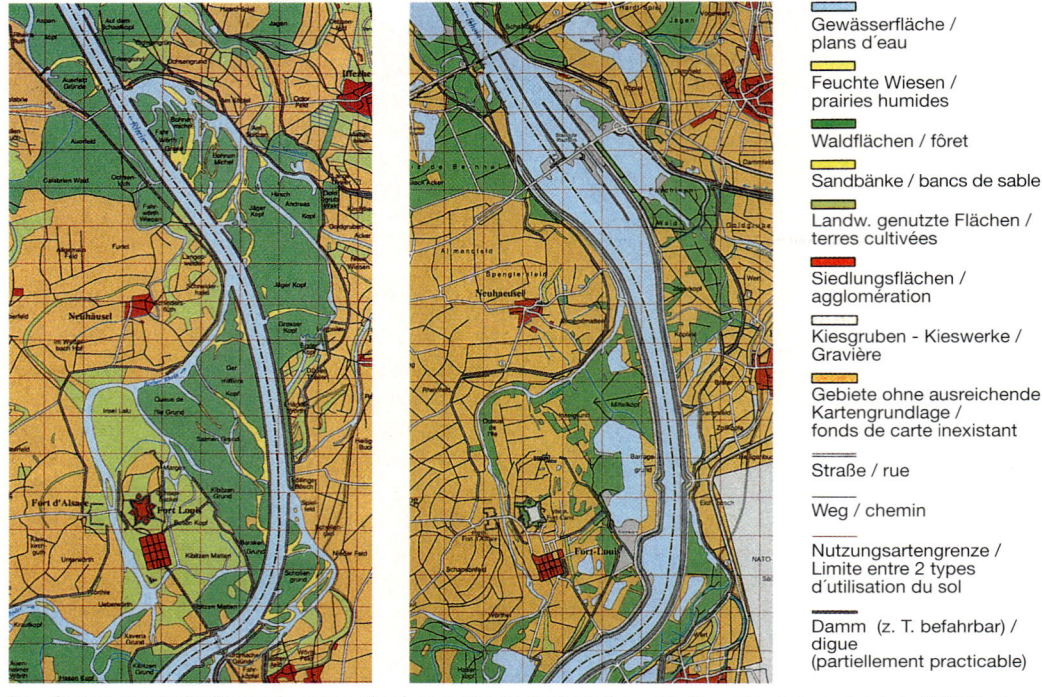

- Gewässerfläche / plans d'eau
- Feuchte Wiesen / prairies humides
- Waldflächen / fôret
- Sandbänke / bancs de sable
- Landw. genutzte Flächen / terres cultivées
- Siedlungsflächen / agglomération
- Kiesgruben - Kieswerke / Gravière
- Gebiete ohne ausreichende Kartengrundlage / fonds de carte inexistant
- Straße / rue
- Weg / chemin
- Nutzungsartengrenze / Limite entre 2 types d'utilisation du sol
- Damm (z. T. befahrbar) / digue (partiellement practicable)

Umweltministerium Baden-Württemberg: Der Oberrhein im Wandel. Polder Söllingen/Greffern. Oberrheinagentur: Lahr 1995, H. 14, S. 3 und 4

fahrt, die Energiegewinnung. Die Franzosen leiten heute bis 1 700 m³/s ab. Dem bis in die 60er-Jahre häufig trockengefallenen Rhein wird heute eine ‚Mindestwassermenge' zwischen 15 m³/s (Winter) und 30 m³/s (Sommer) zugestanden.

1960–1970: Schlingenlösung zwischen Breisach und Straßburg. Ziel der Franzosen: Energiegewinnung durch Laufwasserkraftwerke und Verbesserung der Schifffahrt. Versuche zur Stützung der Grundwasserstände durch den Bau weniger fester Schwellen im Rhein und die Errichtung der Landeskulturwehre Breisach und Kehl/Straßburg schlugen größtenteils fehl. Die Mindestwassermenge des Rheins beträgt hier 15 m³/s.

1970–1977: Vollausbau des Rheins zwischen Straßburg und Iffezheim. Inbetriebnahme der Staustufen Gambsheim (1974) und Iffezheim (1977) zur Stromgewinnung und zur Verbesserung der Schifffahrt. Ursprünglich sollte die Ausbaustrecke bis Au/Neuburg und Germersheim reichen, dies wurde jedoch aufgrund der verheerenden ökologischen Auswirkungen aufgegeben.

Stattdessen wird dem Rhein unterhalb der Staustufe Iffezheim Kies in der dortigen Korngrößenzusammensetzung (Geschiebe) künstlich mit Schiffen zugeführt, damit die Sohlenerosion nicht weiter fortschreitet.

Die Hochwasserschutzmaßnahmen beschränken sich unterhalb von Iffezheim im Wesentlichen auf den Bau hoher Dämme. Weite Teile der ehemaligen Rheinaue sind heute dicht besiedelt und industriell genutzt.

Durch den Oberrheinausbau zwischen Basel und Iffezheim gingen 130 km² (=60% des ehemaligen Retentionsraumes) verloren. Rheinkorrektionen wurden in allen Laufabschnitten, allerdings zu anderen Zeitpunkten durchgeführt. Dies gilt ebenso für nahezu alle Nebenflüsse des Rheins und die Motive für die „Bändigung" waren überall die gleichen. Dies wirkte sich insgesamt zu Lasten des notwendigen überregionalen Hochwasserschutzes aus, wenngleich nicht so verheerend wie die Staustufenkette am südlichen Oberrhein.

M 8 Profil der Rheinaue heute

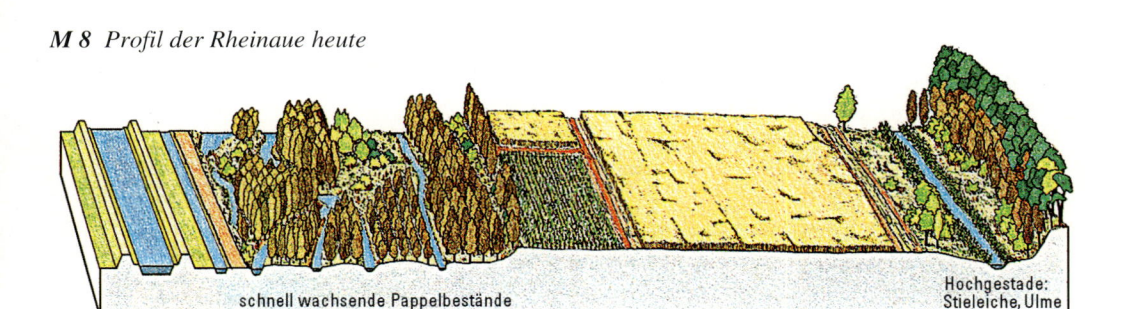

schnell wachsende Pappelbestände

Hochgestade: Stieleiche, Ulme

M 6, M 8: Nach Bernd Gerken: Auen, verborgene Lebensadern der Natur. Freiburg, Rombach, S. 111

Modellrechnungen der Hochwasserwellen

M 9 Modellrechnung: Veränderung der Hochwasserwelle vom Dezember/Januar 1882/83 durch den Oberrheinausbau

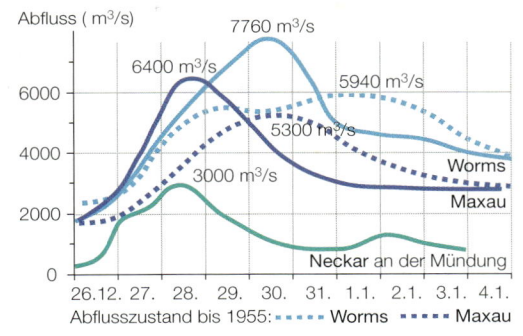

Abfluss (m^3/s)

7760 m^3/s
6400 m^3/s
5940 m^3/s
5300 m^3/s
3000 m^3/s

Worms
Maxau
Neckar an der Mündung

26.12. 27. 28. 29. 30. 31. 1.1. 2.1. 3.1. 4.1.
Abflusszustand bis 1955: ---- Worms ---- Maxau

Nach Ministerium für Ernährung, Landwirtschaft und Umwelt Baden-Württemberg: Hochwasserschutz am Oberrhein. Informationsveranstaltung am 18. 1. 1979 in Rastatt, S. 26

Mit Hilfe mathematischer Berechnungsmodelle wurden für die Strecke Basel–Worms Ende der 70er-Jahre für 27 Hochwasserereignisse diese Veränderungen in Bezug auf das Abflussverhalten erfasst und grafisch dargestellt. Folgende Annahmen liegen der Grafik (M 9) zugrunde (vergleiche dazu auch M 4):
1. Der Abflusszustand 1955 entspricht dem Zustand vor dem Ausbau (Schlingenlösung und Staustufenbau: Abschnitt Breisach–Iffezheim).
2. Dem veränderten Abflusszustand liegt der Oberrheinausbau bis Au/Neuburg zugrunde.

Im Jahre 1979 war der Abschnitt zwischen der Staustufe Iffezheim und der Staustufe Au/Neuburg noch nicht verwirklicht. Die Berechnungen zeigten, dass durch den „Ausbau bis Au/Neuburg" die Hochwasserverschärfung mit jeder weiteren Staustufe exponentiell steigt. Deshalb verzichtete man darauf.

Das Hochwasser im Dezember/Januar 1882/83 brachte die größten Abflüsse der letzten 100 Jahre (Stand 1977), man bezeichnet dies in der Gewässerkunde als das 100-jährliche Hochwasserereignis. Für die Überlegungen zum Hochwasserschutz sind diese Extremereignisse von besonderer Bedeutung.

Beispiel für den Zustand 1955: Der Scheitel der Neckarwelle (Kurve, an der Mündung) erreicht Worms in den frühen Morgenstunden des 29. 12. (Linie). Die Scheitelwelle des Rheins bei Maxau am 30. 12. um 10 Uhr (Linie) erreicht Worms (Linie) am 1. 1. um 5 Uhr.

1. Ordnen Sie M 7 in die Karte M 4 ein.
a) In welcher ehemaligen naturräumlichen Einheit liegt der Ausschnitt? Begründen Sie!
b) Vergleichen Sie den Zustand des Rheins 1872 mit dem 1989 und beschreiben Sie die durchgeführten Maßnahmen.
c) Erläutern Sie ökologische Auswirkungen der Wasserbaumaßnahmen in diesem Flussabschnitt (M 7–M 8).
2. Beschreiben und begründen Sie die Auswirkungen des Oberrheinausbaus auf die Entwicklung der Hochwasserstände bei Worms (M 9).

Analyse der Hochwassersituation Januar 1995

M 10 Niederschlagshöhe 21.–30. Januar 1995

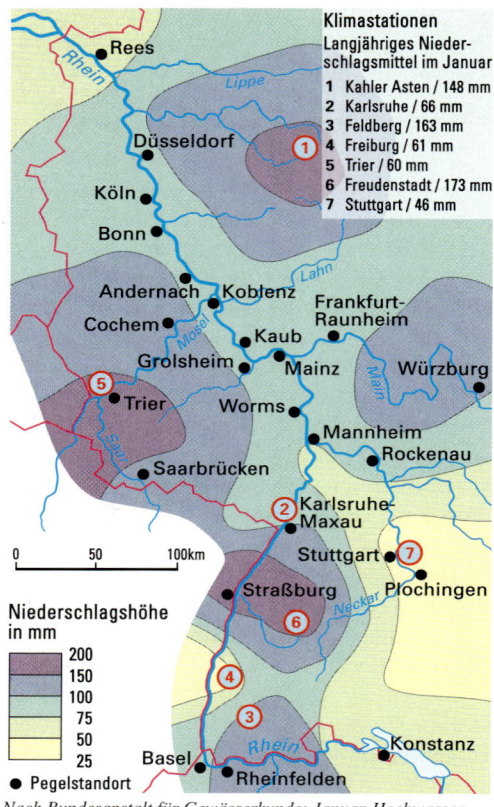

Klimastationen
Langjähriges Niederschlagsmittel im Januar
1 Kahler Asten / 148 mm
2 Karlsruhe / 66 mm
3 Feldberg / 163 mm
4 Freiburg / 61 mm
5 Trier / 60 mm
6 Freudenstadt / 173 mm
7 Stuttgart / 46 mm

Niederschlagshöhe in mm
200
150
100
75
50
25

● Pegelstandort

Nach Bundesanstalt für Gewässerkunde: Januar-Hochwasser 1995. Koblenz 1995, S. 5

„Der Januar 1995 begann mit winterlicher Witterung. Die Temperaturen bewegten sich weitgehend unter Null und die Niederschläge fielen bis in die Niederungen als Schnee. Am 9./10.1. führten Regenfälle in den tiefer gelegenen Teilen des Einzugsgebietes zu kleinen Wellen in allen Nebenflüssen des Rheins außer dem Main und einer entsprechenden Anschwellung im Rhein. In den Höhenlagen ergaben sich weitere Schneefälle. In der Folgezeit bis zum 20. Januar sanken die Wasserstände fortlaufend ab. Gleichzeitig schmolzen die Schneevorräte und ergaben eine weitgehende Vorfüllung der Bodenporenräume. Dies führte in Verbindung mit einigen noch unter Frosteinwirkung stehenden Gebieten zu einer ‚Quasi-Bodenversiegelung' mit extremer Abflussbereitschaft der Bodenoberfläche. In dieser Situation setzten am 21. Januar von Westen her beginnend verbreitet Regenfälle ein. ... Regionale Schwerpunkte mit 24-stündigen Niederschlagsmengen von mehr als 50 mm lagen am 22. in Rheinland-Pfalz und im Thüringer Wald, am 25. in Rheinland-Pfalz, Schwarzwald und Nordbayern (Main). ... Mit den Niederschlägen ging eine deutliche Erwärmung einher, die die Frostgrenze in den Alpen auf über 2000 m ansteigen ließ. Auf den Berggipfeln herrschte zeitweise starkes Tauwetter mit Höchsttemperaturen im gesamten Süden und Südwesten bis zu 14 °C. Dies führte zu Schmelzabflüssen im Hochgebirge wie auch in den Höhenlagen von Schwarzwald und Vogesen, die sich dort mit 20–40 mm Regenhöhe überlagerten."

Bundesanstalt für Gewässerkunde: Januar-Hochwasser 1995. Koblenz 1995, S. 1

M 11 Abflussganglinien des Rheins an ausgewählten

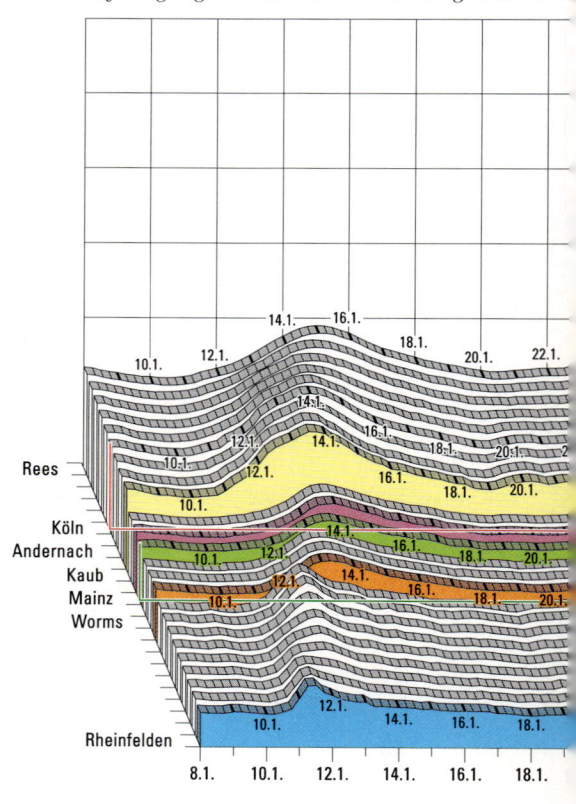

Bundesanstalt für Gewässerkunde: a. a. O., S. 6

Relativer Trend der Niederschlagssumme in Deutschland 1961–1990

„… in Deutschland ist ein Trend zu trockeneren Sommern und niederschlagsreicheren Wintern sehr auffällig, der sich ungefähr in den letzten 30 Jahren entwickelt hat. So haben insbesondere in Süddeutschland die Winterniederschläge um bis zu 40 Prozent zugenommen. Dieses Phänomen ist im Übrigen konsistent mit dem gleichzeitig ablaufenden Trend zu milderen Wintern. …

Da gerade im Winter Niederschlagsereignisse sehr rasch zur Feuchtesättigung des Bodens und somit zu oberirdischem Abfluss führen, sind die Frankfurter Klimatologen der Meinung, dass weniger die Bodenversiegelung, sondern überwiegend die zunehmende Niederschlagstätigkeit immer häufiger Überschwemmungen zur Folge hat."

Lesehilfe für die Grafik

Farblinien rot, grün, lila und gelb sind die Abflussganglinien des Rheins hervorgehoben unmittelbar nach der Einmündung großer Nebenflüsse; den Kurven liegen die 6-stündlichen Messwerte (= 1 „Kästchen" der Kurve) zugrunde; Annäherungswerte der Abflussmengen für ausgewählte Zeitpunkte der jeweiligen Pegel können wie folgt abgelesen werden (Beispiel: 29.1., Pegel Mainz): zunächst Basis für die Abflusskurve ziehen (parallel zur Zeitachse), im Schnittpunkt mit der 0-Linie der Abflussskala Senkrechte errichten, Parallele zur Kurvenbasis durch den Zeitpunkt ziehen, Schnittpunkt der beiden Linien ist der Annäherungswert, hier: ca. 6000 m³/sec.

◀ Christian Schönwiese, Jörg Rapp: *Sind die Überschwemmungen ein Indiz für den Treibhauseffekt? Pressemitteilung vom 28. Januar 1995, Frankfurt am Main, S. 1*

Zeitraum vom 8.1. bis 21.2.1995 in m³/sec

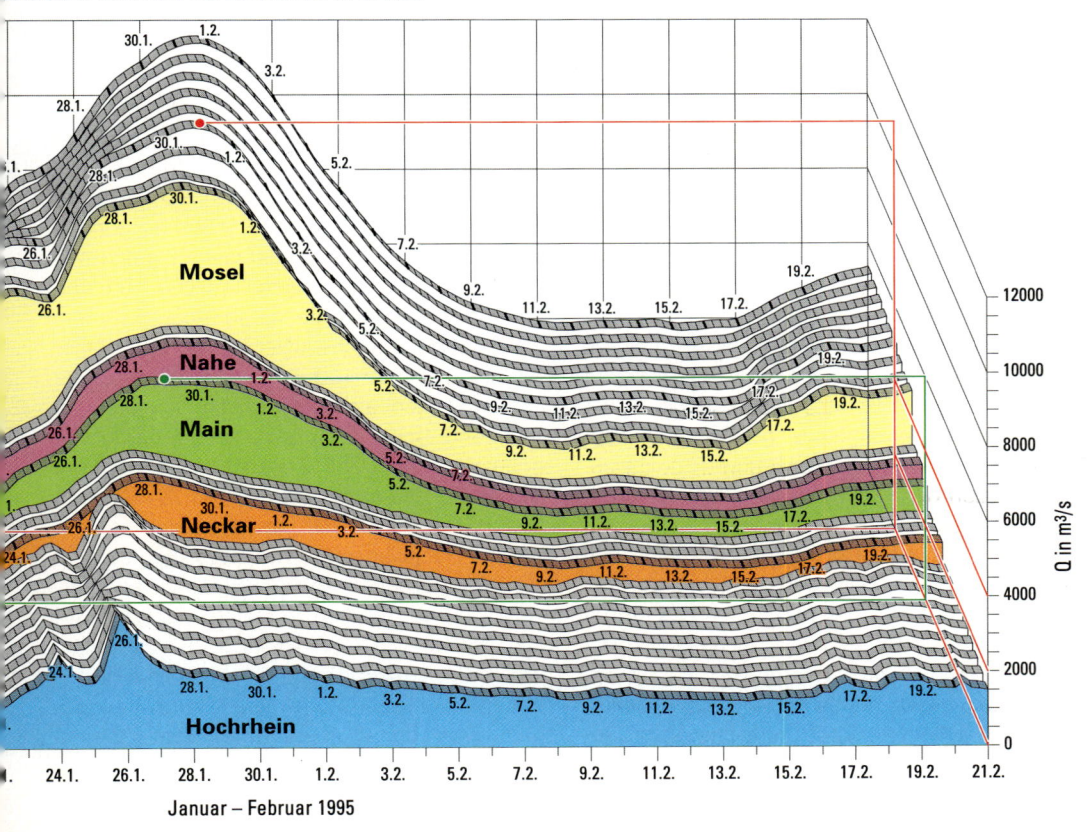

Januar – Februar 1995

Stellungnahme von Experten

Hochwasser – Ursachen und Lösungsansätze, die Kölner Perspektive
Rheinhard Vogt, Leiter der Hochwasserschutzzentrale

Bei der Analyse der Ursachen der in den letzten Jahren häufigeren Hochwasser sind sich fast alle Fachleute einig. Die dringend erforderlichen kurz- und langfristigen Maßnahmen zur Förderung der natürlichen Funktion des Wasserrückhaltes werden sehr zögerlich und oft unkoordiniert ergriffen.
Dabei müsste es für den vorbeugenden Hochwasserschutz im Einzugsbereich des Rheins heißen: „Weg vom Kirchturmdenken. Über den Tellerrand schauen. Ganzheitlich denken und handeln".
Zwischen Frankreich, Baden-Württemberg und Rheinland-Pfalz wurde vertraglich ein Reglement vereinbart, das die Flutung der Rückhalteräume am Oberrhein ausschließlich zum Abbau der Abflussverschärfung für einen konkreten Oberrheinabschnitt südlich Worms regelt. Selbst nach Fertigstellung der Rückhalteräume (von 260 Mio. m² sind erst 80 Mio. m² fertig) wird das zukünftige Rückhaltevolumen nicht für den Mittel- und Niederrhein genutzt, u. a. mit dem Hinweis auf eigenes Sicherheitsbedürfnis und nicht möglichen langfristigen Hochwasservorhersagen.
Deshalb fordern die Mittel- und Niederrheinanlieger zur Minderung der Hochwassergefahr nur hauptsächlich großräumig ungesteuerte Wiederüberschwemmungen der natürlichen Retentionsräume und nur für Katastrophenhochwasser zusätzliche gesteuerte Retentionsräume. Vor der Planung von Rückhalteräumen müssen die Interessen aller Rheinanlieger quantifiziert, gegeneinander abgewogen und entschieden werden, ob die Wirkung im Nah- oder Fernbereich liegen soll. Bürgerinitiativen sollte bewusst gemacht werden, dass im Vergleich überflutete Äcker und Wiesen nichts sind gegen Schlamm- und Wassermassen im Wohnzimmer, im Chemiebetrieb, im Krankenbett oder in der U-Bahn mit Lebensgefahr und riesigen Vermögensschäden.

Viele Fehlentwicklungen haben wir alle durch Gewässerbaumaßnahmen (z. B. Oberrhein, Saar, aber auch an kleinen Bächen), vollkommen überzogene Versiegelung und Kanalisierung, falsch angegangene Flurbereinigung und landwirtschaftliche Nutzung sowie Waldschäden und Abholzungen selbst zu verantworten. Durch die Besiedlung von flussnahen Gebieten wurde das Schadenspotential vergrößert.
Der Rat der Stadt Köln hat am 1. Februar 1996 ein Hochwasserschutzkonzept beschlossen. Neben der Schaffung zusätzlicher Retentionsräume mit der Rückverlegung von Deichen im Kölner Süden und im Kölner Norden sind darin bereits Handlungsgrundlagen zur Freihaltung der Überschwemmungsgebiete, zur Bodenentsiegelung und Regenwasserversickerung, zur Renaturierung von Bachläufen und zu sonstigen Abfluss mindernden Maßnahmen zum vorbeugenden Hochwasserschutz enthalten. Des Weiteren müssen die letzten siedlungsfreien Räume geschützt und zu Rückhalteräumen umgewandelt werden.
Auch der bauliche Hochwasserschutz soll in Köln im Rahmen eines 10-Jahres-Programms gegenüber der IST-Situation deutlich verbessert werden. Einer über Jahrhunderte gewachsenen Stadt wie Köln kann man nicht verwehren, vorhandene Siedlungsflächen so gut wie möglich zu schützen, zumal fast am gesamten Rheinlauf auch landwirtschaftliche Flächen und Obstanbaugebiete einen Schutz für ein 200-jährliches Hochwasser haben. Die Kölner Altstadt und über 100 Jahre alte Wohngebiete kann man nicht als Retentionsflächen bezeichnen, und Schäden in dreistelliger Millionenhöhe in nur kurzen Zeitabständen sind auf Dauer für Köln nicht tragbar.
Die bestehenden 16 km Flussdeiche und 11 km Hochwasserschutzwände werden verstärkt und erhöht und 28 km neue Anlagen erstellt. Durch diesen erhöhten Hochwasserschutz werden zukünftig fast 200 000 Menschen und große Industrie- und Chemiebetriebe, von denen erhebliche Umweltgefährdungen ausgehen, direkt gegen oberirdische Überflutungen geschützt.

Staustufenbedingte Hochwassergefahr am Rhein: Ursachen, Probleme und Lösungsvorschläge

Alfons Henrichfreise, Bundesamt für Naturschutz

Ein früher 200-jährlicher Wasserstand von 8 m und mehr kehrt heute am Pegel Karlsruhe alle 1 bis 2 Jahre wieder. Hauptsächliche Ursachen der Beschleunigung des Oberrheinabflusses sind die drastische Verengung seines Überschwemmungsraumes und die glattwandigen Betonkanäle (Rheinseitenkanal, Kanalschlingen). Vor Staustufenbau durchflossen Hochwasser die 200 km lange Strecke von Basel bis Karlsruhe noch gemächlich in etwa 3 Tagen; heute jedoch werden Rekordzeiten bis zu 24 Stunden erreicht. Dabei wird der natürliche Sicherheitsabstand zwischen Rhein- und Nebenflusshochwassern derart verkürzt, dass sich diese häufig überlagern. Seit Inbetriebnahme der letzten Stauhaltung (Iffezheim 1977) häufen sich daher große Hochwasser sogar während der Vegetationsperiode. Sommerhochwasser können die Landnutzung und den Naturschutz besonders stark beeinträchtigen.

Ungeachtet dieser bekannten Gefährdung wurde jedoch ein stetig wachsender Rheinwasseranteil im Seitenkanal und in den 3 Kanalschlingen – zunächst von der Mittelwasserführung bis gegenwärtig über 90 % – für die Wasserkraftgewinnung abgeführt. Rheinwasser, das im Rahmen eines umweltverträglichen Hochwasserschutzes dringend für die Umstellung des mittlerweile auenfremden Rheinwaldes in wieder Hochwasser tolerante Waldbestände benötigt wird, läuft meist getrennt von der strukturreichen Hochwasser bremsenden Aue bei geschlossenen Poldern erhöht und beschleunigt nach Unterstrom ab.

Vor Staustufenbau verzögerten die meist jährlich mehrfachen Überschwemmungen alle Hochwasser ab 2000 m³ Abfluss/s von selbst. Heute dagegen wirken die Polder erheblich Abfluss verschärfend, da sie gerade die großen Hochwasser bis zur formal definierten Einlaufschwelle zwischen überwiegend 3800 und 4200 m³/s ausschließen. Eine zusätzliche Gefährdung wirft die Steuerung der Polder auf, weil eine zuverlässige Prognose der Niederschlagsmengen bei sehr unterschiedlichen und zunehmend entfernten Einzugsgebieten der Nebenflüsse nicht mehr möglich ist. Die deshalb unabwendbaren Steuerungsfehler aber verschärfen die Hochwassergefahr nochmals beträchtlich.

Da die Polder bestenfalls nur regional steuerbar sind und dadurch die Sicherheitsinteressen der Unterlieger beeinträchtigen, kann eine Steuerung nicht verantwortet werden.

Die Steuerung ist deshalb durch den frühzeitig selbstgreifenden Mechanismus naturnaher Überschwemmungen bei allen Hochwassern zu ersetzen.

Aus diesen und weiteren Gründen ist es notwendig:
– die unterliegenden Länder gleichberechtigt in Hochwasserschutzplanungen und -maßnahmen am für sie entscheidenden Oberrhein einzubeziehen,
– die großräumige naturnahe Durchströmung aller Retentionsräume bei jedem Hochwasser wieder ungesteuert zu ermöglichen,
– ausreichende Deichrückverlegungen vorzunehmen und
– die frühzeitige Rückleitung der Hochwasser aus den Abfluss verschärfenden Wasserkraftkanälen in den Abfluss verzögernden Rhein und dessen Aue zu betreiben. Dies ist als Sofortmaßnahme ohne Bauarbeiten möglich. Die rechtliche Grundlage bildet das „Gesetz zu dem Übereinkommen zum Schutz grenzüberschreitender Wasserläufe vom 2. September 1994".

Mit Hilfe dieser Maßnahmen werden neben einer zuverlässigen Verbesserung des Hochwasserschutzes auch Güte und Menge des Grundwassers ebenso gefördert, wie die Erhaltung und Wiederbelebung der gefährdeten Rheinauen mit ihren Wohlfahrtswirkungen und unersetzlichen Naturschönheiten.

3. Beschreiben Sie die Entwicklung der Hochwasserwelle des Rheins 1995 (M 11). Welche Ursachen sind hierfür verantwortlich?
4. Diskutieren Sie die Lösungsansätze, die die Fachleute in ihrer Stellungnahme darlegen.

Great Plains: Nutzung und Gefährdung eines Raums an der Trockengrenze

Wüste oder Garten? Vor 1860 galten die großen Ebenen als „Great American Desert", als Raum, den man weder nutzen noch besiedeln könne.
Für die Siedler, die zu Beginn unseres Jahrhunderts jährlich 1 Mio. ha Weide- und Grasland zu Weizenflächen umwandelten, waren die Great Plains „Garden in the Grasslands", eine riesige Kornkammer.
Mitte der dreißiger Jahre war aus dem Garten die „Dust Bowl", die Staubschüssel, geworden, wo Staubstürme den Himmel verdunkelten, der Boden ausgeblasen, die Saat zugeweht wurde, wo 600 000 Farmer ihre Existenz verloren.
Seit dem Zweiten Weltkrieg bearbeitet man hier kilometerlange Felder mit Kolonnen großer Maschinen, werden Zehntausende von Rindern in Großanlagen gemästet – und müssen immer wieder verzweifelte Farmer ihre Höfe aufgeben. Wüste also oder Garten?

M 1 Klimadiagramme: Pueblo, Garden City, Kearny

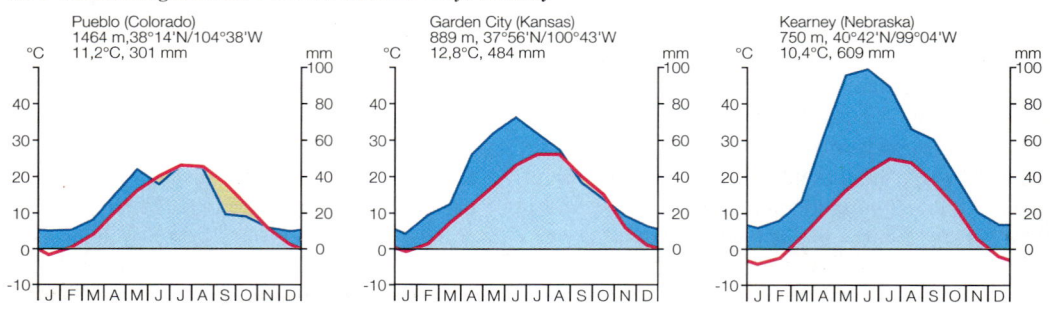

M 2 Niederschlagskarte mit Stationen und Grenzen der Great Plains

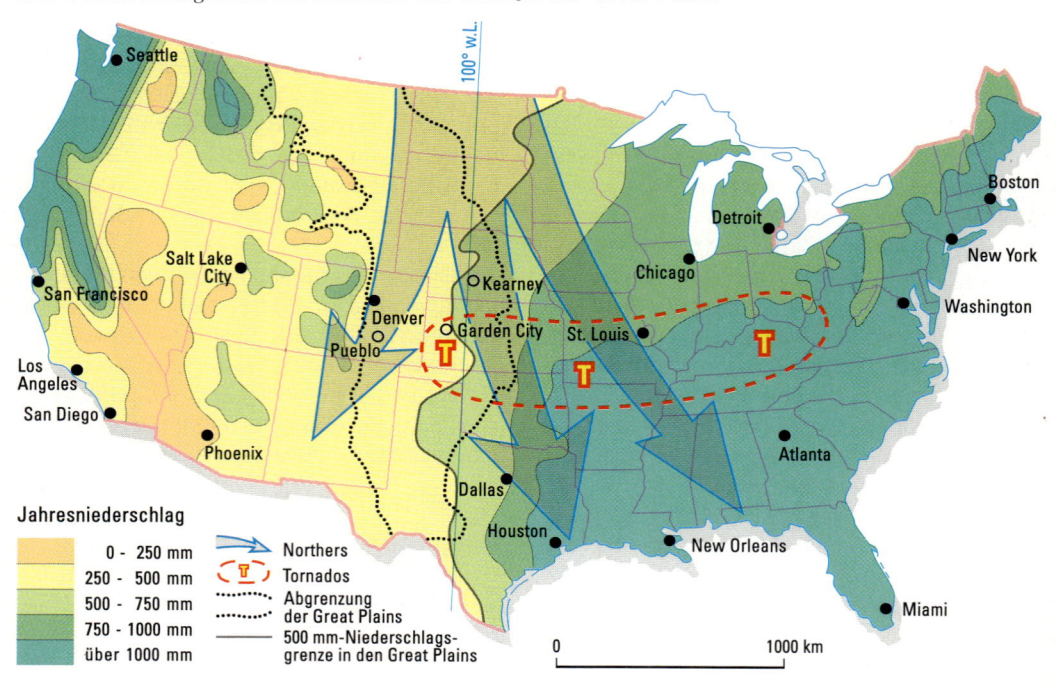

M 3 *Niederschläge in Garden City 1920–1960*

M 4 *Niederschläge in Hays, Kansas*

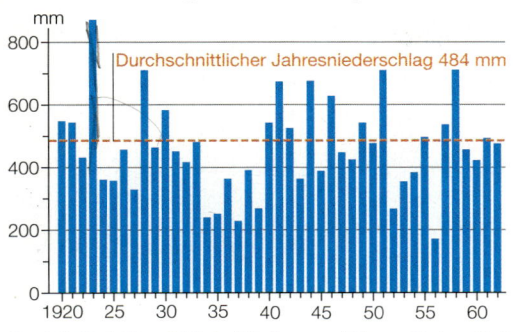

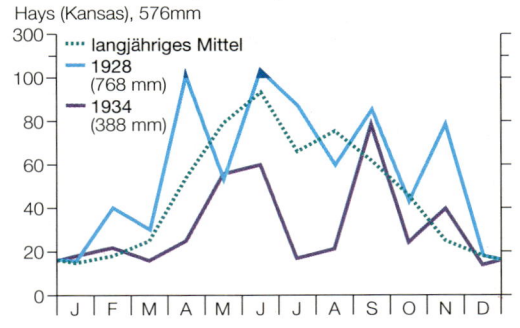

Nur M3: Nach Hans-Wilhelm Windhorst und Werner Klohn: Die Bewässerungslandwirtschaft in den Great Plains. Vechta: Vechtaer Druckerei und Verlag 1995, S. 70

Klima. Die Inneren Ebenen zwischen Mississippi und Rocky Mountains sind eine ebene oder leicht gewellte fast baumlose Plateaulandschaft, bei der sich pazifische Klimaeinflüsse wegen der Gebirgsbarriere im Westen nicht auswirken. Dagegen können kalte Luftmassen aus Norden ungehindert eindringen und Blizzards verursachen. Von Süden stoßen immer wieder feuchtwarme Luftmassen ins Land und führen zu Starkregen. Tornados, festländische Wirbelstürme, sind häufig. Vor allem im Winter kommt es zu raschem Wetterwechsel, wenn kalte Polarluft die subtropischen Zyklonen ablöst. Bei winterlichen Hochdrucklagen ist es dann in den nördlichen Plains mit Temperaturen bis –45 °C bitter kalt. Diese trocken-kalten Perioden können durch Schneestürme unterbrochen werden, die bis nach Texas Schnee bringen. An einem Tag kann ein Drittel der Jahresmenge an Schnee fallen.

Auch die *agronomische Trockengrenze* verschiebt sich häufig. Sie begrenzt Gebiete, in denen Regenfeldbau möglich ist, wo also Pflanzen ihren Wasserbedarf ganz aus den Niederschlägen decken.

M 5 *Ökologisches Profil durch Great Plains und Prärien*

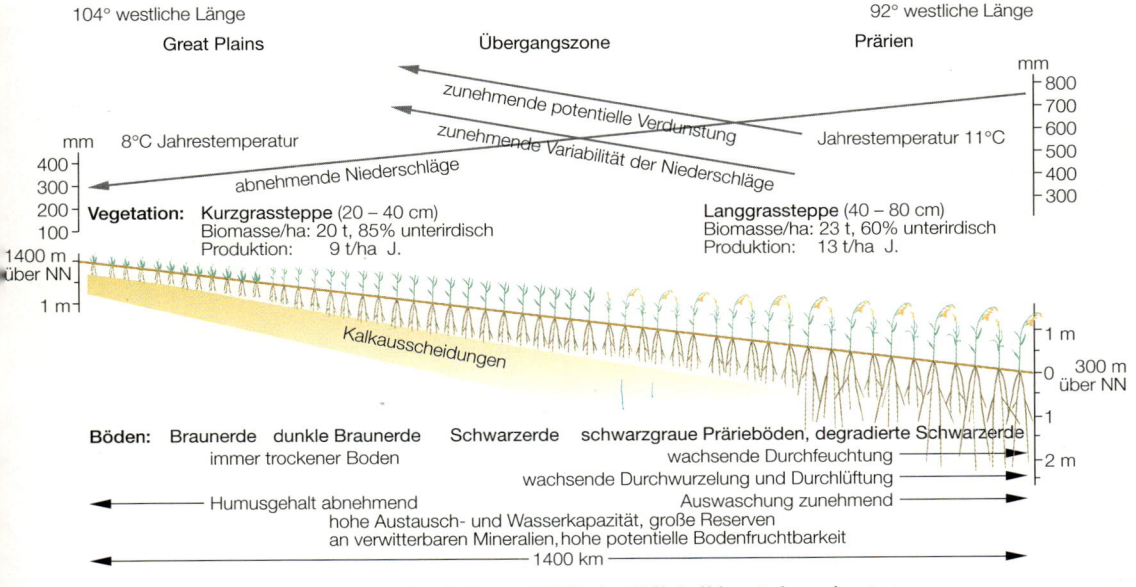

Nach Heinrich Walter: Die Vegetation der Erde. Bd. II. Jena: VEB Fischer 1968, S. 636, verändert und ergänzt

Die agrarische Nutzung

Bis zur Mitte des 19. Jahrhunderts wurden die Great Plains allenfalls als Weideland genutzt. Ab 1860 begann die großräumige Besiedlung und die Nutzung weitete sich aus, nachdem wichtige Veränderungen eingetreten waren.

Veränderungsfaktoren der Landnutzung
– 1837 erfindet John Deere einen Pflug, der für die schlecht zu durchdringenden Böden der Great Plains geeignet ist.
– 1830–60 setzt sich die von McCormick entwickelte mechanische Mähmaschine durch.
– Ab 1862 kann jeder Siedler 160 acres (1 acre = 0,404 ha) aus öffentlichem Besitz bekommen, sofern er das Land 5 Jahre bewirtschaftet (Homestead Act), 1909 und 1916 wird die Fläche auf zuletzt 640 acres erhöht.
– 1869 erreicht die erste transkontinentale Eisenbahn den Pazifik; der Absatz agrarischer Güter wird entscheidend verbessert; entlang der Bahnen entstehen die ersten Großfarmen.
– 1875–78 werden die ersten Dampftraktoren in den großen Ebenen eingesetzt.
– Seit 1884 gibt es eine winterfeste Weizensorte.
– 1920 haben sich Traktoren mit Verbrennungsmotoren durchgesetzt: Die von einer Arbeitskraft bearbeitbare Fläche ist jetzt mehrfach größer.
– Die große Nachfrage nach dem Ersten Weltkrieg treibt den Weizenpreis auf die doppelte Höhe.
– Nach 1920 setzen sich Maschinen mehr und mehr durch, da in den USA die Arbeitskraft teurer als das Land ist. Neue Maschinen rentieren sich nur auf immer größer werdenden Flächen. Die Devise entsteht: „Do I get bigger, or do I give up?"

Die zwanziger Jahre waren überdurchschnittlich feucht, die Ernten gut, neue Siedler kamen, und bisher der Weide vorbehaltene Flächen wurden mit Weizen bebaut, dessen Anbaufläche um über 12 Mio. Hektar stieg.
Dann kam das Unerwartete: Von 1931 bis 1937 wurden die Great Plains zur „Dust Bowl", einem Notstandsgebiet verwüsteter Felder! „Black Blizzards", Staubstürme, durch starke Nordwinde verursacht, trugen die Krume über Hunderte von Kilometern, sodass der Himmel über Chicago durch braunen Nebel verdunkelt war und tagelang die Straßenlampen brennen mussten. Viele Felder verloren im Jahr mehr als 10 cm ihres Bodens, über eine halbe Million Farmer mit einer Farmfläche von 400000 km² mussten ihre Höfe aufgeben.

M 6 Folgen der Dust Bowl

M 7 Ernteerträge in Kansas 1920–1940

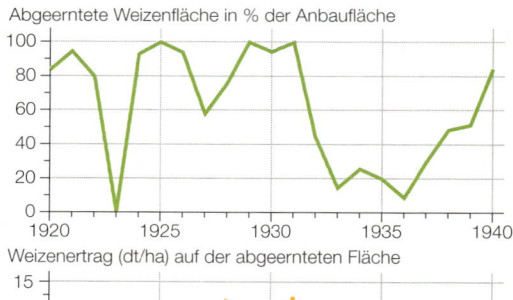

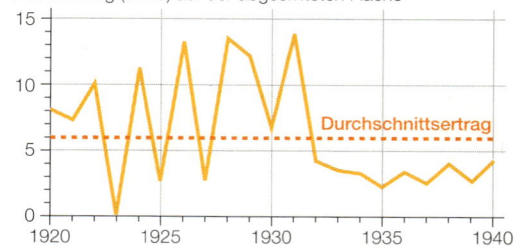

Nach Hans-Wilhelm Windhorst und Werner Klohn: a. a. O., S. 79

1. Untersuchen Sie den Naturraum der Inneren Ebenen und nennen Sie die Hauptfaktoren ihrer regionalen Unterschiede.
2. Bewerten Sie Great Plains und Prärien im Hinblick auf ihre agrarische Tragfähigkeit!
3. Nennen Sie die Gründe für die Verwüstungen in der Dust Bowl während der dreißiger Jahre.

M 8 Bewässerungswirtschaft in den Great Plains (Nebraska)

Der Kampf gegen die Dürre

Bereits zu Beginn unseres Jahrhunderts war bekannt, dass wegen der hohen Variabilität der Niederschläge eine langfristige Nutzung der Great Plains für den Getreideanbau besondere Anbaumethoden erforderte. So blieben Felder ein Jahr brach und wurden mehrfach gepflügt, um Unkraut zu vernichten und die Niederschläge tief eindringen zu lassen. Vor 1930 wurde bei dieser traditionellen Methode der Schwarzbrache auch geeggt, um die Kapillaren zu zerstören. Aber erst nach der Katastrophe der Dust Bowl in den dreißiger Jahren wurde das Dry Farming modifiziert und ernsthaft angewandt.

Nach dem Zweiten Weltkrieg verstärkte sich auch in den Great Plains die Tendenz, wegen der erhöhten Nachfrage die Erträge zu steigern und die Landwirtschaft so weit wie möglich zu mechanisieren – mit entsprechenden Auswirkungen auf den Kapitalbedarf und die Betriebsgrößen.

Und so kam es trotz aller Erkenntnisse über die Notwendigkeit des Dry Farming während der feuchteren Jahre zu den alten Fehlern und in den 50er-Jahren zu einer noch großflächigeren Dust Bowl. Heute weiß man, dass bei Grasnutzung nur 0,04 t Boden je ha und Jahr verloren gehen, bei Getreideanbau aber 74 t. Auch heute noch kommt es in trockenen Jahren zu Missernten und schweren Ausblasungen, zuletzt 1984.

Die verbesserte Form des *Dry Farming*
– „Strip cropping", das Aufteilen der Felder in Streifen, von denen einer im Wechsel brach bleibt. So sollen die Niederschläge von zwei Jahren für eine Kulturperiode genutzt werden;
– „contour ploughing", das Pflügen entlang der Höhenlinien auf geneigten Flächen, um Abspülung und Abfließen des Wassers zu vermindern;
– das Ausrichten der Felder quer zur Hauptwindrichtung, um die Ausblasung zu verringern;
– die Anlage von Windschutzstreifen quer zur Hauptwindrichtung und das Bepflanzen (mit Büschen und Gras) gefährdeter Flächen, die auf Dauer ungenutzt bleiben;
– „stubble mulching", bei dem Stoppeln nur teilweise untergepflügt werden, damit die herausragenden Reste als Windbremse wirken.

M 9 Anteile pflanzlicher und tierischer Produkte am Gesamtproduktionswert der Landwirtschaft in Kansas 1950–1992 in %

	pflanzliche Produkte	davon Weizen	tierische Produkte
1950	44,7	33,7	55,3
1980	41,2	24,6	58,8
1988	35,3	16,0	64,7
1992	34,9	–	65,1

Hans-Wilhelm Windhorst und Werner Klohn: a.a.O., S. 140

M 10 Die Staaten der USA (13 führende Staaten) mit den höchsten Anteilen an der Rindermast 1993 (%) und der größten Weizenernte 1990 (t)

Rindermast (%)		Weizenernte (t)	
Texas	23,1 %	Kansas	12,85 Mio. t
Nebraska	21,5 %	North Dakota	10,47 Mio. t
Kansas	18,6 %	Oklahoma	5,49 Mio. t
Colorado	10,5 %	Washington	4,08 Mio. t

Nach Hans-Wilhelm Windhorst und Statistical Abstract 1992. Tab. 1116

Obwohl die Great Plains immer noch die Hälfte des US-Weizens liefern, ist die einstige Monokultur nur noch vereinzelt anzutreffen. Mais und andere Futterpflanzen spielen nun eine große Rolle, denn die Great Plains sind zum Zentrum der amerikanischen Rindermast geworden. Die Tiere – 1990 waren es in den Staaten der Great Plains insgesamt 38,4 Millionen – werden zum größten Teil in *feedlots* gehalten, Großmastanlagen mit bis zu 100 000 Plätzen.

Sorghum, die genügsame Futterhirse, benötigt relativ wenig Wasser, aber Mais und Alfalfa sind noch mehr als Weizen auf ausreichend Feuchtigkeit angewiesen. Der Wasserbedarf während der Vegetationsperiode ist hoch: Maisanbau verlangt z.B. im Südwesten von Kansas Wassergaben von 500 mm im Jahr!

Mit Regenfeldbau ist die Produktion von Futterpflanzen westlich des 98. Längengrades nicht möglich. Der Wasserbedarf für die seit Jahrzehnten angestrebte Bewässerung ist jedoch sehr hoch, da auch moderne Beregnungsanlagen erhebliche Verdunstungsverluste aufweisen.

Die Bewässerung erfolgt meist mit *center pivots*, Beregnungsanlagen mit 400 m langen Armen, die kreisrunde Bewässerungsflächen mit jeweils 50,2 ha ergeben.

M 11 Der Ogallala-Aquifer

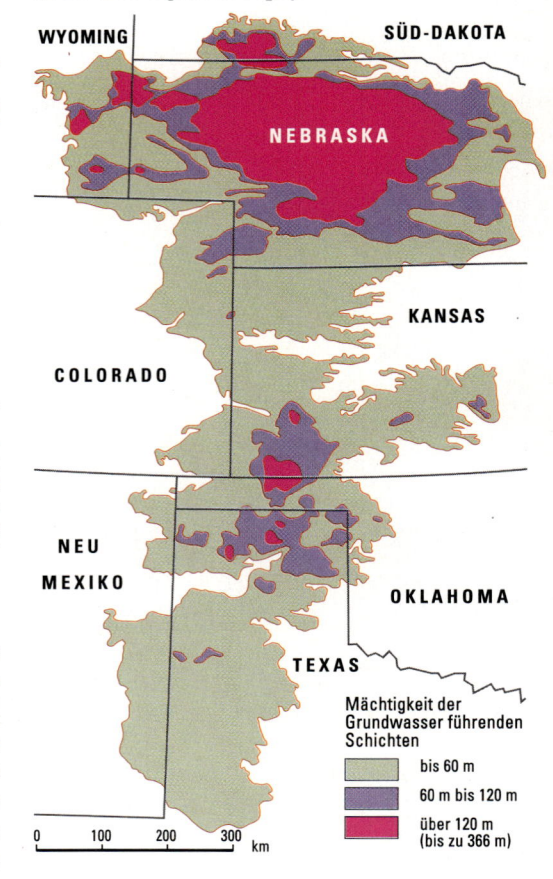

Nach Hans-Wilhelm Windhorst und Werner Klohn: a.a.O., S. 45

Wasserbeschaffung. Woher kann das Wasser kommen? Die Wasserführung der Flüsse ist zu ungleich und reicht bei weitem nicht aus.

Die riesigen Wasserreserven des unterirdischen Ogallala-Aquifers scheinen die Lösung zu sein. Bis über 300 m mächtig sind die Wasser speichernden Sand- und Kiesschichten im Nordosten. Es sind sehr alte Wasserreserven, der jährliche Nachschub durch Niederschläge ist gering und vor allem regional ungleich: Im Osten von Kansas beläuft sich die jährliche Erneuerungsmenge auf über 150 mm, westlich des 98. Längengrades erreicht sie aber kaum je 50 mm.

Seit den 60er-Jahren wurden viele Brunnen neu gebaut oder ihre Kapazität erhöht, die Bewässerungsflächen wurden ausgeweitet, die Entnahmen gesteigert. M 12 zeigt die Folgen.

M 12 Die Absenkung des Grundwasserspiegels im Ogallala-Aquifer

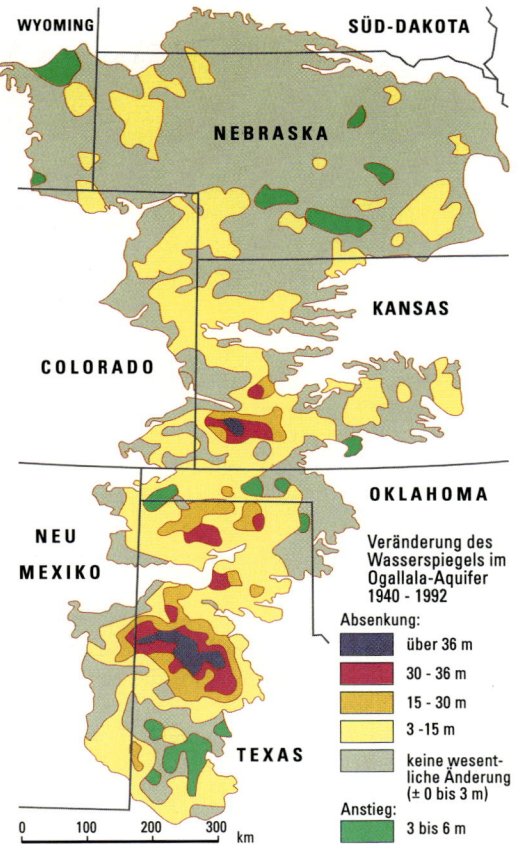

Veränderung des Wasserspiegels im Ogallala-Aquifer 1940 - 1992

Absenkung:
- über 36 m
- 30 - 36 m
- 15 - 30 m
- 3 - 15 m
- keine wesentliche Änderung (± 0 bis 3 m)

Anstieg:
- 3 bis 6 m

Nach Hans-Wilhelm Windhorst und Werner Klohn: S. 105, 108

„Diese Woche bot Amerika subventionierte Weizenexporte dem Yemen an, erst eine Woche, nachdem man China Weizen zu 75 US-$ je Tonne angeboten hatte. Nicht subventionierter Weizen kostet mindestens 125 US-$/t.
Der Markt erreicht nun einen neuen Spitzenwert an Absurdität mit der Meldung vom 18. August, dass Saudi-Arabien Weizen an Neuseeland für weniger als 100 US-$/t verkaufe. Es kostet die Saudis mindestens 600 $ je Tonne, um diese Pflanze in der Wüste zu produzieren ... Im Frühsommer dieses Jahres wurde amerikanischer Weizen an Algerien für ungefähr 65 US-$/t verkauft, mit einem amerikanischen Rekordzuschuss von 64,55 US-$/t."
The Economist, 24. August 1991, S. 56 (gekürzt)

Immer noch Probleme

Die Ogallala-Reserven sind also nicht unbegrenzt und auch die Bewässerung bringt Umweltprobleme: Viele Böden versalzen bereits nach wenigen Jahren. Außerdem wird das Wasser trotz staatlicher Zuschüsse in jenen Gebieten, wo der Grundwasserspiegel wegen der Entnahmen absinkt, für viele Farmer zu teuer.
Die Sorgen der Farmer: Immer größere Maschinen und teurere Bewässerungsanlagen verlangen steigenden Kapitaleinsatz. Und so treiben fallende Weltmarktpreise in den 80er-Jahren viele Farmer in den Bankrott. Denn Weizenfarmer sind vom Export und von Subventionen abhängig, und der Weltmarkt hat nur noch wenig zu tun mit Angebot und Nachfrage.

Die Umweltrisiken des Weizenbaus in den Great Plains sind wohl bekannt; andere Formen moderner Landwirtschaft werden deshalb diskutiert: „low-input, organic, biological, regenerative, alternative agriculture". („low-input" bedeutet möglichst geringen Einsatz von Energie, Chemie, Saatgut). Auch neue Methoden werden angewandt, wenn auch nur auf kleinen Flächen:
– „minimum tillage", die Bodenbearbeitung wird auf wenige Arbeitsgänge reduziert;
– „chemical tillage", statt mechanischer Bearbeitung erhöhter Einsatz von Herbiziden;
– „no till", der Boden wird nicht mehr umgegraben, sondern nur mit dem Grubber gelockert, dafür Einsatz von Herbiziden.
Unter den derzeitigen Markt- und Subventionsbedingungen ist aber ein grundsätzlicher Wandel in den Great Plains nicht zu erwarten. Immer noch ist es ein Gebiet höchst produktiver Landwirtschaft – und gefährdeter Natur.

4. Nennen Sie traditionelle und neue Methoden des Kampfs gegen die Dürre in den Great Plains und begründen Sie ihre Notwendigkeit.
5. Stellen Sie Vorteile und Gefahren der Bewässerung aus dem Ogallala-Aquifer dar.
6. Untersuchen Sie die Zusammenhänge zwischen den Auswirkungen steigender und fallender Nachfrage auf dem Weltmarkt, von Mechanisierung, Bewässerung, Kapitalbedarf, staatlichen Einflüssen und Umweltbelastungen.

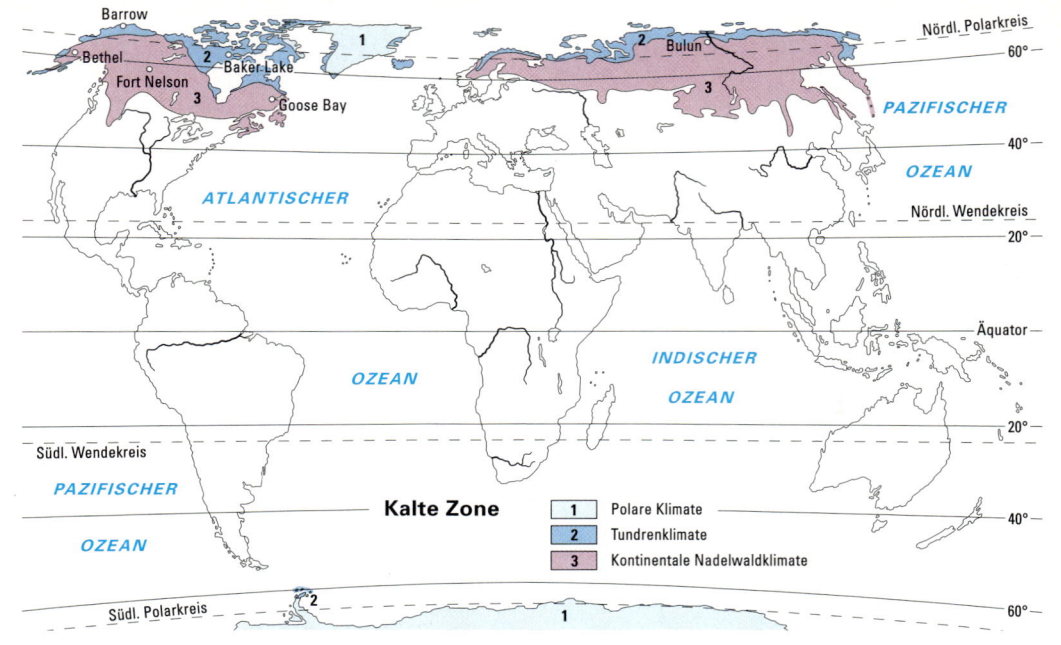

M 1 Boreale Nadelwaldzone, Subpolare und Polare Zone

Kalte Zone

Die *Kalte Zone* umfasst die *Boreale* (= nördliche) *Nadelwaldzone*, auch *Taiga* genannt, die *Subpolare Zone*, auch als *Tundra* bezeichnet und die *Polare Zone*, die *Eiswüste*. Die Grenze zwischen der ersten und zweiten Zone bildet recht genau die 10 °C-Juli-Isotherme, die zudem weitgehend mit dem Verlauf der polaren Baumgrenze zusammenfällt. Subpolare und Polare Zone werden in groben Zügen durch die klimatische Schneegrenze getrennt; diese ist identisch mit der Trennlinie zwischen den immer eisbedeckten und eisfreien Gebieten.

Die Boreale Nadelwaldzone

Klima. Lange kalte Winter und kurze warme Sommer kennzeichnen das Klima dieser Zone. Von Norden nach Süden nimmt die Länge der Wachstumszeit von etwa 100 auf bis zu 170 Tagen zu. Die daraus resultierende breitenabhängige Gliederung wird in starkem Maße von einem von West nach Ost zunehmenden Grad der Kontinentalität überlagert. Vorherrschende Westwinde bewirken auf den Westseiten dieser Landschaftszone einen ozeanischen Klimacharakter, der durch den Einfluss warmer Meeresströmungen noch verstärkt wird. Die Ostseiten hingegen sind erheblich kälter, verstärkt durch kalte Meeresströmungen.

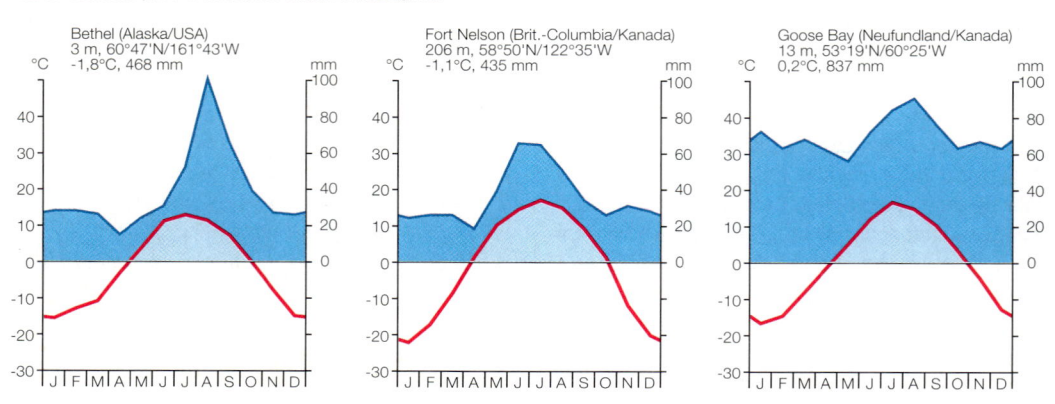

M 2 Klima der Borealen Nadelwaldzone

M 3 *Thermo-isoplethendiagramm Irkutsk*

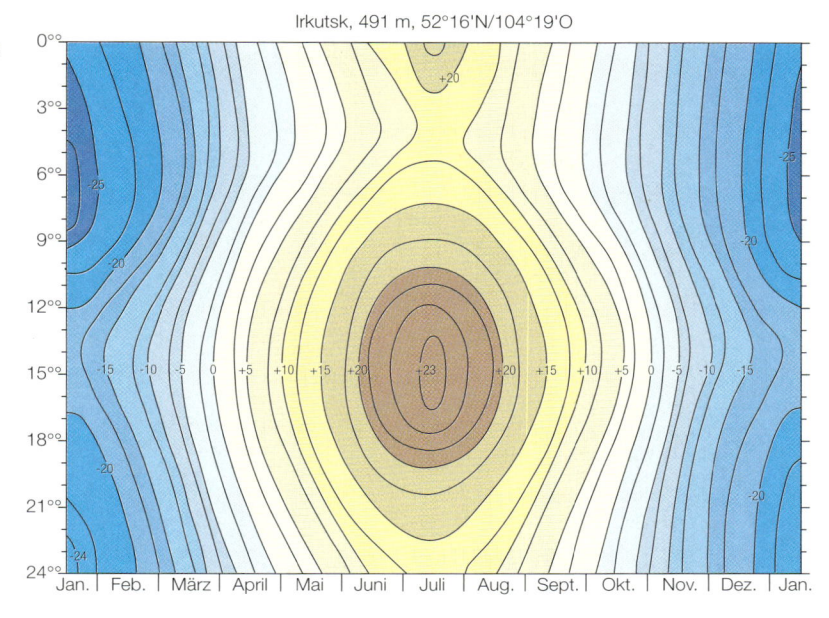

Böden (vgl. S. 28). Der charakteristische Bodentyp der borealen Wälder ist der extrem nährstoffarme *Podsol*, der meist über Sanden und Sandsteinen entsteht. Charakteristisch ist die Verlagerung von Eisen- und Aluminiumoxiden in Verbindung mit Humussäuren. Zudem ist die mikrobielle Aktivität gering und führt zusammen mit den niedrigen Temperaturen zu einer gehemmten Umsetzung der abgestorbenen organischen Substanz, sodass sich mächtige Rohhumusauflagen bilden.

„In Gebieten, in denen die Jahresmitteltemperatur zumindest in zwei aufeinander folgenden Jahren unter 0 °C liegt, kommt es zur Ausbildung von *Permafrostböden* (Dauerfrostböden). Dabei ist zu unterscheiden zwischen kontinuierlichem Permafrost (Jahresmitteltemperatur unter 0 °C) und diskontinuierlichem Permafrost (Jahresmitteltemperatur nur phasenweise unter 0 °C).
Die geringe Verdunstung, das häufig vorherrschende flache Relief sowie der Permafrost begünstigten an vielen Stellen das Entstehen ausgedehnter Vernässungszonen, in denen Sümpfe, Moorböden, Gleye und Gleypodsole vorherrschen. Häufig kommt es zur Torfbildung. Allein in Russland werden 128 Mio. ha von baumlosen oder mit nur kleinwüchsigen Bäumen bestockten Torfmooren eingenommen. Sie stellen einen wesentlichen Bestandteil der borealen Waldlandschaft dar und sind von erheblicher Bedeutung für den globalen Kohlenstoffhaushalt. …"

Enquete-Kommission „Schutz der Erdatmosphäre" des Deutschen Bundestages (Hrsg.): Schutz der Grünen Erde. Bonn: Economica Verlag, S. 374f.

M 4 *Borealer Nadelwald*

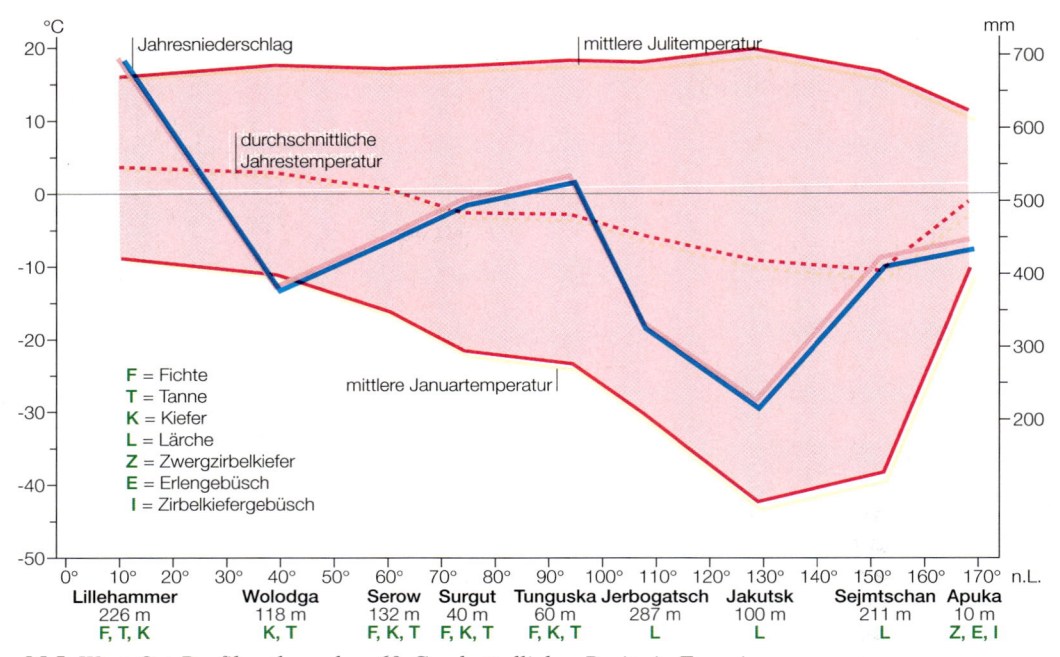

M 5 West-Ost-Profil entlang dem 60. Grad nördlicher Breite in Eurasien

Vegetation. Klima und Boden bestimmen wesentlich die natürlichen Waldformationen. Mit zunehmender Kontinentalität verschlechtern sich in Eurasien die Wuchsbedingungen von Westen nach Osten. „Im europäischen Teil der Taiga herrschen die relativ anspruchsvollen Fichtenwälder vor, die je nach Standortbedingungen mehr oder weniger stark mit Kiefern und Tannen durchsetzt sind. Der Anteil der Tannen ist insbesondere auf feuchten Standorten hoch, während Kiefern vornehmlich die trockenen Standorte einnehmen, auf denen sie die dominierende Baumart darstellen können. Die Fichten-Kiefern-Tannenwälder setzen sich als breiter Streifen bis weit in den Osten hinein fort und sind hier mit einer Vielzahl großflächiger Moore und Sümpfe durchsetzt. Im stark und extrem kontinentalen Osten ist die Lärche die dominierende Baumart. Auf den ständig gefrorenen Böden Mittel- und Ostsibiriens und des russischen Fernen Ostens bildet sie natürliche Reinbestände. Nach Süden nimmt der Anteil der Kiefern zu. An der Pazifikküste treten vermehrt wieder andere Baumarten in Erscheinung. Bedeutend ist hier die Birke, die z. B. in Kamtschatka, ähnlich wie in Nordeuropa, große Bestände bildet. Auch die breitenabhängigen klimatischen Veränderungen schlagen sich in der Bestockungsdichte und Artenzusammensetzung nieder. …

Die nordamerikanische boreale Waldzone wird von Fichten (Schwarz- und Weißfichte) geprägt. Die relativ anspruchslose Schwarzfichte nimmt zusammen mit der Lärche vor allem die nördliche Zone ein, während nach Süden hin vorwiegend Weißfichten und Balsamtannen vorkommen. Die Tannen treten in den weniger kontinentalen östlichen Provinzen Kanadas verstärkt auf, Kiefern kommen dagegen vornehmlich in Zentralkanada vor. Laubhölzer sind in der gesamten borealen Zone verbreitet. Am östlichen Fuß der Rocky Mountains sowie in Alaska stellt die Pappel z. T. sogar die dominierende Baumart dar; zum Teil treten hier auch größere Birkenbestände auf. Ansonsten beschränkt sich das Verbreitungsgebiet der Laubbäume im Wesentlichen auf Sonderstandorte wie Flussufer und Niederungsmoore sowie als Pionierbestockung auf Brandflächen."

Enquete-Kommission: a. a. O., S. 375 f.

Der Einfluss der borealen Wälder auf das regionale und globale Klima. „… Die Energie- und Strahlungsbilanz wird maßgeblich durch die einfallende Sonneneinstrahlung (Globalstrahlung), den Grad der Rückstreuung und die Wolkenbedeckung beeinflusst.

Die Strahlungsverhältnisse in den nördlichen Breiten sind durch eine relativ geringe Sonneneinstrahlung und eine hohe Rückstreuung *(Albedo)* vor allem durch die winterliche Schnee- und Eisdecke gekennzeichnet. Neuschneeflächen streuen 81 bis 85 % der einfallenden Sonnenenergie zurück, dichte Nadelwälder dagegen nur 6 bis 19 %.

Die borealen Wälder vermindern durch ihre dunkle Farbe also die Strahlungsreflektion und erhöhen die vorherrschenden Temperaturen. Dies gilt insbesondere für die Zeit der Schneeschmelze im Frühjahr, während der die Differenz der Absorption der Sonnenstrahlung zwischen (mit immergrünen Nadelbäumen) bewaldeten und den meist noch schneebedeckten waldlosen Flächen am größten ist.

Im Verlauf des Sommers begrünen sich die waldfreien Flächen und die Lärchenwälder. Im Hinblick auf die Strahlungsbilanz wirken sie dadurch ähnlich wie die übrigen bewaldeten Flächen. Entsprechend ist der relative Einfluss der Waldflächen auf die sommerliche Strahlungsbilanz deutlich geringer als im Frühjahr. Ähnlich ist die Situation im Winter, wenn offene und bewaldete Flächen von Schnee bedeckt sind und sich ihre Albedo kaum unterscheidet. …

Neben der Albedo beeinflussen die Wälder die Verdunstung und die Wolkenbildung. Dies wirkt sich einerseits auf die Strahlungsverhältnisse aus und andererseits auf den Wasserhaushalt. … Es ist jedoch davon auszugehen, dass auch in der Borealen Zone die tatsächliche Verdunstung von den bewaldeten Flächen größer ist als von unbewaldeten. Grundsätzlich fördern die borealen Wälder durch Verdunstung die Wolkenbildung und das Entstehen von Niederschlägen. Es ist jedoch zu bedenken, dass die Niederschläge in der Borealen Zone vornehmlich durch advektive, d. h. horizontale Bewegungen feuchter Meeresluft hervorgerufen werden. Die Evaporation über den Kontinenten spielt dagegen eine untergeordnete Rolle. Die Rolle der borealen Wälder im Wasserkreislauf dürfte entsprechend weniger gewichtig sein als die der Tropenwälder. Wichtiger ist ihre Wirkung gegen Versumpfung bzw. das weitere Vordringen der Tundra.

Neben der Strahlungsbilanz beeinflussen die borealen Wälder über den *Kohlenstoffhaushalt* das Klima. Jüngste Schätzungen beziffern die von der lebenden *borealen Biomasse* gespeicherten Kohlenstoffmenge auf 64 Mrd. t C. Die Menge des Kohlenstoffs in der toten Biomasse und der organischen Substanz im Boden, einschließlich der Moorböden, werden auf 30 Mrd. t C bzw. 620 Mrd. t C geschätzt. Damit weist die Boreale Zone mit rund 700 Mrd. t C die größte gespeicherte Kohlenstoffmenge in einer Landschaftszone auf. Die borealen Waldökosysteme entziehen der Atmosphäre derzeit netto 0,7 Mrd. t C pro Jahr und wirken somit dem anthropogenen Treibhauseffekt aktuell entgegen.

… Eine weitere Zunahme der Waldbrände, der industriellen Schadstoffemissionen und die Ausweitung nicht nachhaltiger Bewirtschaftungsmethoden könnten die borealen Wälder jedoch bereits in absehbarer Zukunft in eine Netto-Quelle für Kohlenstoff umwandeln. Eine derartige Entwicklung würde zu einer noch nicht quantifizierbaren Erhöhung des CO_2-Gehaltes der Atmosphäre und damit zu einer Verstärkung des anthropogenen Treibhauseffektes führen. …"

Enquete-Kommission: a. a. O., S. 380 f.

1. Arbeiten Sie mit den Abbildungen M 1, M 2 und M 5:
a) Begründen Sie den Temperaturverlauf entlang des 60° nördlicher Breite in Eurasien.
b) Vergleichen Sie die Situation in Nordamerika.
2. Vergleichen Sie für beide Kontinente die bestimmenden Baumarten im borealen Nadelwald.
3. Erläutern Sie die bodenbildenden Prozesse und deren Auswirkungen auf das Pflanzenwachstum.

M 6 Die Tundra in Kanada

Polare und Subpolare Zone

Rund die Hälfte der Kalten Zone mit insgesamt 22 Mio. km² ist ständig mit Eis bedeckt (Eiswüste), wovon die Antarktis allein 14 Mio. km² einnimmt. Die eisfreien Gebiete gliedern sich in *Tundra-* und *Frostschuttzone*. Sie unterscheiden sich dadurch, dass in der Frostschuttzone die Mitteltemperatur des wärmsten Monats auch unter 6 °C liegt und hier weniger als ein Zehntel der Fläche von Pflanzen bedeckt ist.

Klima. „Die Jahresmittel der Lufttemperaturen liegen entsprechend der negativen Jahresstrahlungsbilanzen unter 0 °C ... Ökologisch bedeutsamer als dieser Jahreswert sind die Höhe und Dauer der sommerlichen Erwärmung über den Gefrierpunkt und über +5 °C (Schwellenwert für das Pflanzenwachstum): Für die Tundrenzone gilt die Regel, dass sich die Temperaturmittel der wärmsten Monate zwischen +6 °C und +10 °C halten und während maximal drei, in Ausnahmefällen vier Monaten über +5 °C bleiben; polwärts sinken die höchsten Monatsmittel spätestens mit Erreichen der Frostschuttzone unter die +5 °C-Isotherme.

Mit Annäherung an die Pole heben sich auch tageszeitliche Beleuchtungsunterschiede mehr und mehr auf. An die Stelle des täglichen Tag-Nacht-Wechsels tritt der halbjährliche Wechsel von Polarnacht zu Polartag. Es herrscht also ein thermisches und solares *Jahreszeitenklima*.

Die Jahresniederschläge liegen normalerweise unter 300 mm. ... Trotz der geringen Jahresniederschläge herrschen weithin (zumindest in der Tundra) ganzjährig humide Verhältnisse, da (wiederum temperaturbedingt) auch die Verdunstung gering ist. Die winterlich sich bildende Schneedecke erreicht kaum mehr als 20–30 cm Mächtigkeit."

Jürgen Schultz: Die Ökozonen der Erde. Stuttgart: Ulmer 1988, S. 84 ff.

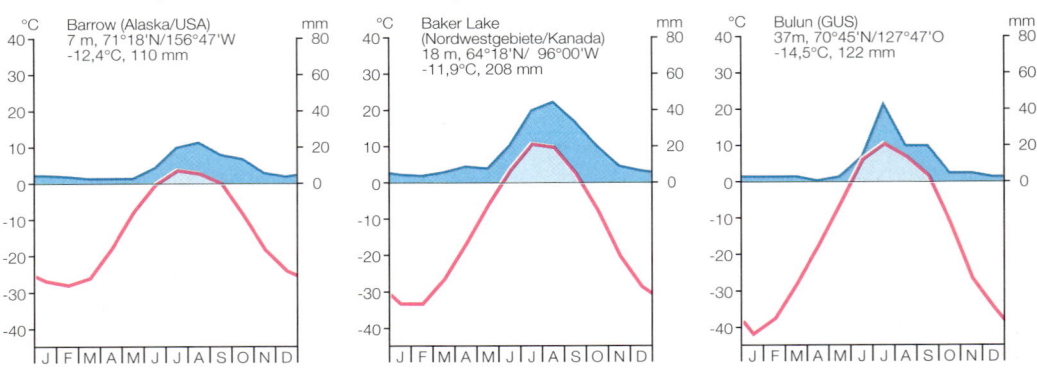

M 7 Klimadiagramme der Polaren und Subpolaren Zone

Barrow (Alaska/USA)
7 m, 71°18'N/156°47'W
-12,4°C, 110 mm

Baker Lake (Nordwestgebiete/Kanada)
18 m, 64°18'N/ 96°00'W
-11,9°C, 208 mm

Bulun (GUS)
37m, 70°45'N/127°47'O
-14,5°C, 122 mm

M 8 Thermo-isoplethendiagramm Framdrift

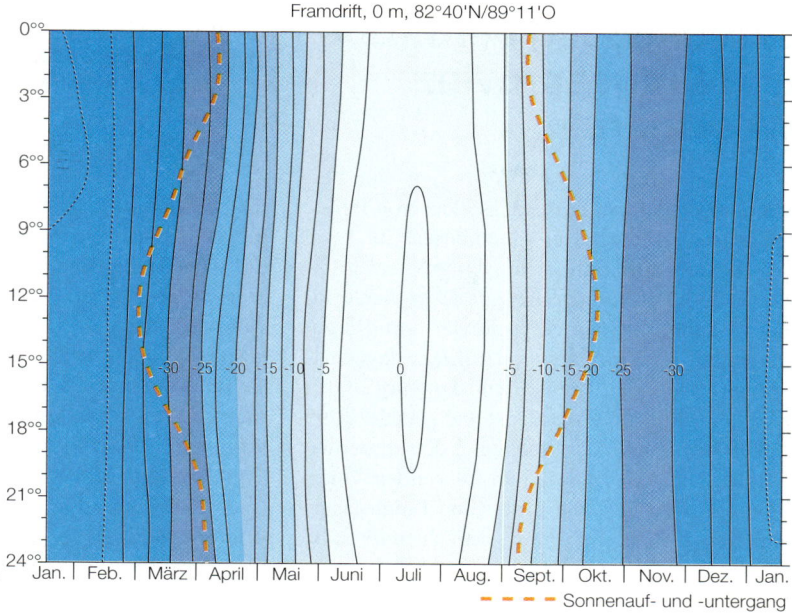

Nach Jürgen Schultz: Die Ökozonen der Erde. Stuttgart: UTB Ulmer 1988, S. 86

M 9 Mächtigkeit des Dauerfrostbodens und der Auftauschicht in Sibirien entlang 135° ö. L.

Nach D. C. Money: Kalte Zonen. Landschaftszonen und Ökosysteme. Stuttgart: Klett 1983, S. 13

Böden. Aufgrund der klimatischen Verhältnisse dominiert die physikalische Verwitterung. Der *Permafrostboden* verhindert während der kurzen sommerlichen Auftauphase das Versickern des Bodenwassers. Es dominiert der *Tundren-Gleyboden*.

Vegetation und Tierwelt. „Im Sommer dienen die Tümpel und Wasserläufe der Tundra unzähligen Wasservögeln als Brutplatz; die Wiesen sind mit den Nestern von Landvögeln übersät und durch die Höhlen der Lemminge untergraben. Über das Land ziehen Herden grasender Tiere. Die Seen wimmeln von Bisamratten, die an saftigen Wasserpflanzen nagen und von Fischen, die sich von Insekten und deren Larven ernähren. ...

Die kurze Wachstumsperiode zwingt die Pflanzen zur Blüte zu kommen, bevor der Frost eintritt, und in schneller Folge entfalten sich ihre leuchtenden Blüten, lassen ihre Samen reifen, erglühen in herbstlichen Farben, welken und fallen wieder in Knospenruhe.

Im Winter erlischt dieses üppige Leben, das Land ist gefroren und verlassen. Was an Schnee fällt, bleibt bis zum Sommer liegen. ..."

Willy Ley: Die Pole. Amsterdam: Time Life International 1974, S. 110f.

1. Beschreiben Sie die Beziehungen zwischen Klima, Boden und Vegetation in der Tundra mit Hilfe einer Struktursklizze.
2. „Die Tundra weist ein höchst labiles ökologisches Gleichgewicht auf." Erläutern Sie dies auf dem Hintergrund dieses Zitats.

Erschließung der Erdöl- und Erdgasprovinz Westsibirien

Mit der Entdeckung des Erdgasfeldes von Berjosowo im westlichen Teil Westsibiriens im Jahre 1953 begann die Erschließung des größten Erdöl- und Erdgasgebietes der Erde. Die großen Erdöllagerstätten im Mittel-Ob-Revier um Surgut wurden ab 1961 und die großen Erdgaslagerstätten von Medwesje, Urengoj und Jamburg in den 70er- und 80er-Jahren entdeckt und genutzt. 1995 und 1996 erfolgt die Ausdehnung der Förderung auf die Jamal-Halbinsel, und es werden Überlegungen angestellt, die Erdöl- und Erdgaslagerstätten in der Kara-See untermeerisch zu fördern. Motive der Erschließungsmaßnahmen waren zum einen die Notwendigkeit, den steigenden Inlandsbedarf zu decken, zum anderen war die Sowjetunion bzw. ist Russland gezwungen, den Devisenbedarf durch steigende Erdöl- und Erdgasexporte zu decken.

In den Beschlüssen des 23. Parteitages der Kommunistischen Partei der Sowjetunion (KPdSU) für den Fünfjahrplan zur Entwicklung der Volkswirtschaft 1966–1970 hieß es dann: „Auf dem Territorium Westsibiriens ist ein großer volkswirtschaftlicher Komplex auf der Basis der neu entdeckten Erdöl- und Erdgasvorkommen sowie auf der Basis der Waldreichtümer zu schaffen. ..."

„Die Presse der Sowjetunion", Ausgabe A, 51/1966, S. 386

„Der Erdöl- und Erdgasindustrie kommt die führende Rolle in der Wirtschaftentwicklung der westsibirischen Senke zu. Doch diese Region besitzt große Vorräte auch an anderen Naturschätzen.
Die Erschließung der Bodenschätze und die Schaffung einer neuen industriellen Basis unseres Landes erfolgen auf einem Territorium von ungefähr zwei Millionen Quadratkilometer. Fast zweitausend Kilometer in nord-südlicher und 1200 Kilometer in west-östlicher Richtung erstreckt sich diese ‚Baustelle' von noch nicht dagewesenem Ausmaß.
Bis zur Gegenwart haben die Geologen schon mehr als hundert Erdöl- und Erdgasvorkommen erkundet. ... Die Fläche der Gebiete, die für die Erdöl- und Erdgasförderung aussichtsreich sind, umfasst mehr als eineinhalb Millionen Quadratkilometer. Den Prognosen der Gelehrten zufolge besteht jeder Grund zur Erwartung, dass hier neue Vorkommen entdeckt werden. ..."

D. Belorusov, V. Varlamov: Der westsibirische Komplex. In: Osteuropa, A 685. Stuttgart: Deutsche Verlagsanstalt 1972

M 1 *Erdöl- und Erdgasförderung in der Sowjetunion bzw. GUS*

	1940	1950	1960	1970	1980	1987	1991	1993	1994
Erdöl (in Mio. t)									
SU/GUS gesamt	31	38	104	353	603	624	515	402	362
davon Westsibirien	–	–	–	9%	52%	66%	66%	ca. 64%	ca. 70%
Wolga-Ural-Gebiet	6%	29%	70,5%	59%	32%	23%	21%	ca. 23%	ca. 16%
übrige Gebiete	94%	71%	29,5%	32%	16%	11%	13%	ca. 13%	ca. 14%
Erdgas (in Mrd. m^3)									
SU/GUS gesamt	3,2	6	45,3	198	435	727	811	761	677
davon Westsibirien	–	–	–	5%	36%	62%	79%	81%	82%
Mittelasien und Kasachstan	0,5%	5%	1,7%	24%	29,6%	19%	17%	15%	15%
übrige Gebiete	99,5%	95%	98,3%	71%	44,4%	19%	4%	4%	3%

Berechnet nach: Theodor Shabad: New Notes. In: Soviet Geography, verschiedene Jahrgänge; BP Statistical Review of World Energy, 1993, 1994, 1995

M 2 Wirtschaftsraum Westsibirien

Erdöl- und Erdgaslagerstätten (große Vorkommen):
- Erdöl
- Erdgas
- Lagerstätten, deren Erschließung künftig vorgesehen ist
- Erdölleitung
- Erdgasleitung

Andere Rohstoffe:
- Steinkohle
- Eisenerz
- Bauxit (Aluminium)
- Blei, Zink
- Gold
- Silber
- Kochsalz
- Kalisalz

Grenze der Wirtschaftsregion Westsibiriens

0 100 200 300 400 km

Industrie:
- Petrochemische Industrie
- Erdölraffinerie
- Erdgasverarbeitung
- Chemische Industrie
- Maschinenbau
- Schienenfahrzeugbau
- Schiffbau
- Metallverarbeitung
- Elektroindustrie
- Baustoffindustrie
- Holz, Zelluloseindustrie
- Textilverarbeitung
- Nahrungsmittelindustrie
- Fischkonserven

Verhüttung:
- Eisen
- Aluminium
- Buntmetall

- Wärmekraftwerk
- Wasserkraftwerk
- Eisenbahn

Dauer der Schneedecke:
- 240 bis 280 Tage
- 200 bis 240 Tage
- 120 bis 200 Tage

Südgrenze des inselhaften Dauerfrostbodens
Januarisothermen in °C
Juliisothermen in °C

133

M 3 Sommer im Gebiet Surgut am Mittleren Ob, Moorsee in der Taiga. Über 100 000 solcher Seen befinden sich in den Nadelwäldern Westsibiriens. Die Wasserspeicherung dieser Seen entspricht dem zweijährigen Abfluss des riesigen Ob-Irtysch-Systems. Die wenig eingeschnittenen Flüsse mäandrieren stark, was den Abfluss hemmt. Das Frühlingshochwasser beginnt am Oberlauf des Ob und Irtysch eineinhalb Monate früher als die Schneeschmelze am Unterlauf, also dann, wenn im Norden die Flüsse noch vom Eis bedeckt sind. Es bilden sich mächtige Eisbarrieren, die zudem das Wasser aufstauen. Praktisch ohne Verzögerung folgt das Sommerhochwasser gespeist durch die Schnee- und Gletscherschmelze des Altai-Gebirges, in dem die Quellen des Ob entspringen. Der hohe Wasserstand der Flüsse (12 m über Niedrigwasser) dauert also praktisch den ganzen sibirischen Sommer an.

M 4 Kosten für einzelne Baubranchen: Vergleich Westsibirien – Region Moskau (europäische Zentralregion = 100)

	Südzone	Naher Norden	Ferner Norden
Industriebauten			
– Energieerzeugung	164–180	220	271
– Brennstoffwirtschaft	165–182	228	265
– Chemie und Petrochemie	177–196	237	296
– Maschinenbau und Metallverarbeitung	180–200	242	300
Pipelinebau	181–200	262	387
Straßenbau			
– Erdarbeiten, Vorbereitung	169–208	254	312
– Fahrbahnbau	154–178	216	268
– Betonpisten	150	183	283
– Wohnungsbau	150–183	225	275

Südzone: Gebiete Tobolsk, Tjumen, Tomsk; Naher Norden: Gebiete Berjosowo, Nisnewartowsk, Aleksandrowskoje; Ferner Norden: Gebiete Nadym, Urengoy, Jamal-Halbinsel

„Im Norden, da werden die normalen Vorstellungen vom Kopf auf die Füße gestellt – biegsames Metall wird spröde, elastisches Gummi bricht wie Glas, Rohrleitungen reißen wie Fäden. Die Ökonomik (des Nordens) überwältigt die Vorstellungskraft. Die Beförderung einer Tonne Last von Salechard (Eisenbahnendpunkt am Nordural) nach dem Gubinsker Erdgasfeld (östlich des unteren Ob) ist vergleichbar mit Transporten auf den Mond. …"

T. Alekseeva: Die Leute die der Norden braucht. In: Osteuropa, A 761. Stuttgart: Deutsche Verlags-Anstalt 1972

◀ Helmut Klüter: Die territorialen Produktionskomplexe in Sibirien. Schriften des Zentrums für regionale Entwicklungsforschung der Justus-Liebig-Universität Gießen. Band 35. Hamburg: Verlag Weltarchiv 1991, S. 118, gekürzt

Der Schriftsteller Jeremj Aipin war einer der ersten, der Mitte der 80er-Jahre in seinem Beitrag „Wohin geht meine Sippe?" auf die Situation der Chanten aufmerksam machte. Der Heimatraum seines 23 000 Menschen zählenden Volkes erstreckt sich in einem nahezu 800 km breiten und 1100 km langen Band, das im Westen am Ural beginnt. Wichtige Orte in dieser Region sind Chanty-Mansisk, Schaim, Surgut und Nishnewartowsk (vgl. dazu M 2).

„Das Land unserer Vorfahren ist verendet. Mein 76-jähriger Vater hatte das längst begriffen, als noch niemand an das Ende des Landes und damit an das Ende der Sippe und des Stammes glaubte. Vielleicht hatte er es an jenem Januarabend begriffen, als sich ein LKW unmittelbar vor ihm auf dem menschenleeren Winterweg querstellte. Da ihm der Weg versperrt war, hielt sein Rentiergespann ebenfalls an. Aus dem LKW stiegen zwei Männer aus und kamen zum Schlitten. Der eine hielt den Alten an den Schultern fest und der Zweite zog ihm die Pelzstiefel aus. Dann stiegen beide in aller Ruhe wieder in den LKW und fuhren weiter. Mein Vater kam in Socken nach Hause.
Das geschah in dem Jahr, als die Arbeiter der Erdölreviere durch den Wald unserer Sippe einen Winterweg von Nischnewartowsk bis zu ihrer Basisbesiedlung Nowoagansk verlegten. Damals begann mein Vater die Zeit auf eine neue Weise zu messen. ...
Er erlebte in den zwanzig bis dreißig Jahren des Erdölbooms zahlreiche solcher Erlebnisse. Im nächsten Winter wurde ihm in einer Holzfällersiedlung sein Rentiergespann gestohlen.
In der Beerenzeit landete neben der Sommersiedlung ein Helikopter und nahm alle Rentierhäute und Pelze für Winterkleidung mit … Auf dem Heiligen Hügel wurde ein Bohrturm aufgestellt und schändete ihn mit Dreck … Holzfäller holzten die Bäume auf dem Sippenfriedhof ab und zerstörten so die ewige Ruhestätte. ...
Mein Vater fühlte sich wie eingekesselt. ...
‚Was brauchst du, Vater? Wie kann ich dir helfen?' fragte ich meinen Vater.
‚Ich brauche nichts', sagte er nach langem Schweigen. ‚Gebt mir nur Land. Gebt mir Land, wo ich meine Rentiere züchten, Tiere und Vögel jagen und Fische fangen kann. Gebt mir Land, wo keine Wilderer und Fahrzeuge meine Jagdpfade zerstören, wo die Flüsse und Seen nicht durch das brennende Fett (Erdöl – Anm. des Autors) verschmutzt sind. Ich brauche Land, wo mein Haus und mein Heiligtum nicht angegriffen und die ewige Ruhestätte nicht zerstört werden. Ich brauche Land, wo ich nicht am helllichten Tag ausgeraubt werde. Gebt mir mein Land, nicht das Land eines anderen. Wenigstens ein Fleckchen meines Landes. ...'"

Haben Chanten und Mansen wieder eine Zukunft? In: Wostok, Nr. 3/95, S. 21 ff.

„Auf Hunderte von Kilometern wird die Taiga von einer geraden Schneise durchzogen. Und wohin man vom Hubschrauber aus blicken mag – ringsum Taiga und Wasser. Der Frühling ist in der hiesigen Gegend spät und regnerisch gekommen. Auch jetzt noch steht die ganze Ob-Niederung unter Wasser. Zwar treten die Flüsse jedes Jahr über ihre Ufer, aber die diesjährige Attacke des Elements hat die Bauleute unvorbereitet getroffen. Etwa siebzig Kilometer Rohrleitungen, die sich aus dem Graben losgerissen haben, schwimmen buchstäblich im Wasser. Das ist das Ergebnis von Verstößen gegen die Technologie der Leitungsverlegung, wie sie im Winter begangen wurden. Die Leitung wurde in den Graben gesenkt, ohne daß man die Betonklötze zum Beschweren hinzufügte, die die Stahllinie am Boden des Grabens festhalten sollen. Fügen wir hinzu, dass man nicht rechtzeitig Wasser in die Leitung gepumpt hat, sodass diese – leer – sich in einen gigantischen Schwimmer verwandelte. ...
Ich bin über dem ganzen nördlichen Abschnitt entlanggeflogen – von Tomsk bis Alexandrowskoje. Auf einem Abschnitt ist der Graben ausgehoben, aber es fehlen die Rohre. Auf einem anderen liegen die Rohre, aber der Graben fehlt. Oder aber es gibt weder Rohre noch Graben, sondern nur die Schneise. An einer anderen Stelle liegen die Rohre, sind schon zusammengeschweißt, und auch der Graben ist ausgehoben, aber das Verlegen hat noch nicht begonnen. ..."

V. Kadzaja: Die Zeit aber vergeht. In: Osteuropa, A 767. Stuttgart: Deutsche Verlags-Anstalt 1972

Georgi Watschnadse war früher Journalist bei TASS und APN, heute ist er Mitglied der Akademie der Wissenschaften in Russland und UNESCO-Mitarbeiter. Er hat seit Aufhebung der Zensur aus frei zugänglichen Quellen eine ökologische, wirtschaftliche und politische Momentaufnahme der Russischen Föderation erstellt.

„**Das vergiftete Sibirien** (…) Der Sozialismus hat die Menschen ausgeplündert, verdorben und zugrunde gerichtet. Alle sechs Stunden ereignet sich auf den Erdölfeldern Russlands eine Katastrophe wie jene des voll beladenen Tankers ‚Exxon Valdez', der vor der Küste Alaskas auf ein Riff auflief; in den Ozean flossen über 11 Millionen Gallonen Rohöl. In Russland aber strömen jeden Tag 38,64 Millionen Gallonen Öl in die Umwelt (1 amerikanische Gallone = 3,7854 Liter). Das amerikanische Magazin U.S. News and World Report teilte mit, dass man in Sibirien schon ein ‚Ölmeer', 1,8 Meter tief und 71,68 Quadratkilometer groß, entdeckt habe, das niemandem gehört.
Beim Transport und der Verarbeitung von Rohöl (beispielsweise bei der Säuberung der Behälter und bei anderen Vorgängen) gelangen Millionen Tonnen Öl, bis zu 7 Prozent der Gesamtmenge, in die Umwelt. Diese Öl-Wasser-Gemische werden in keiner Weise genutzt, man kann sie lizenz- und kostenfrei ausführen; alle Auffangbehälter sind überfüllt. …
Auf den Ölfeldern in Tjumen wird das gesamte Erdölgas einfach abgefackelt: Man beheizt den Himmel mit rund 10 Milliarden Kubikmeter Gas im Jahr. Die Japaner verhandeln seit vielen Jahren mit den politischen Verantwortlichen über die Alternativen: entweder einen Gas-Chemie-Komplex vor Ort zu errichten oder das benzinhaltige Gas in Tankwagen zur Pazifikküste zu bringen und auf japanische Tankschiffe umzuladen. … Nachts ist Tjumen, aus dem Weltraum betrachtet, der am hellsten beleuchtete Fleck der Erde. Indessen stellt man über ganz Russland und besonders über Sibirien eine Verdünnung der Ozonschicht fest. …"

Georgi Watschnadse: Rußland ohne Zensur. Eine Bilanz. Frankfurt am Main: Zweitausendeins, 1993, S. 44 f.

„**Massenabwanderung wegen sozialer Benachteiligung.** Das Gebiet Tjumen hat eine äußerst schlechte soziale Infrastruktur. Es liegt hinsichtlich der Wohnraumversorgung unter den 79 russischen Regionen an 62. Stelle, der Anzahl der Kindergärten nach an 52. Stelle, der Versorgung mit Krankenhäusern und Oberschulen an 67. Stelle und der Anzahl der Telefonapparate nach an 73. Stelle. …
Tjumen lockt Arbeitskräfte vor allem mit hohen Verdiensten und mit der Möglichkeit, vorfristig in Rente zu gehen und in Regionen mit angenehmeren natürlichen Bedingungen zurückzukehren. Da die Erdölförderung sinkt und Personal abgebaut wird, haben in den vergangenen zwei bis drei Jahren immer mehr Menschen das Gebiet um den Mittellauf des Ob verlassen. Die Abwanderung nahm in dem Maße zu, wie die Inflationsraten eskalierten und damit die Ersparnisse entwertet wurden. Durch die Verteuerung der Flugtickets können zudem viele Einwohner des Gebietes ihre Verwandten und nächsten Familienangehörigen im europäischen Teil Russlands nur noch selten besuchen.
Nachdem 1990 aus der Region 9000 Personen mehr weg- als zugezogen waren, verlor das Gebiet auf diese Weise 1991 50 000 Einwohner. Nach vorläufigen Angaben muss man mittlerweile bereits von einer Massenabwanderung aus den Erdöl- und Erdgasprovinzen sprechen. Die Führung des Gebiets Tjumen und der Russichen Föderation wird dazu gezwungen sein, das gesamte Erschließungskonzept für den Norden grundlegend zu revidieren und dort ungeachtet der hohen Kosten langfristige Ansiedlungen zu fördern. …"

Russische Föderation. Das Gebiet Tjumen. In: Wostok Nr. 2/1993, S. 52 f.

„**Schwierige Gasförderung bei 55 Grad Frost** … Auf Jamal, das nördlich des Polarkreises im westlichen Sibirien liegt und von der Kara-See umgeben ist, werden Gasreserven von mindestens 10,4 Billionen Kubikmetern vermutet. Damit befände sich auf der Halbinsel ein Fünftel sämtlicher Vorkommen Russlands. Die lokalisierten Mengen übersteigen bei weitem die Potentiale der bisher größten Gasfel-

M 5 Bruch einer Pipeline

der Russlands in Urengoj (7,4 Billionen Kubikmeter), Jamburg (4,4 Billionen Kubikmeter) und Orenburg. ..."
Sechs parallele Pipelines sollen aus dem Jamal-Gebiet in den Südwesten führen und dort zunächst auf die bereits vorhandene Pipeline ‚Northern Lights' stoßen, die über die Ukraine nach Westeuropa reicht. Um die enormen Kapazitäten transportieren zu können, muss ‚Gazprom' zusätzlich ein eigenes 4200 Kilometer langes Pipeline-Netz installieren, das über Weissrußland und Polen nach Deutschland führt. Die Investitionen für das Leitungssystem betragen 30 Mrd. $, die Aufwendungen für die Exploration auf Jamal werden auf etwa 10 Mrd. $ geschätzt. ...
Rund 3000 Gasarbeiter befinden sich schon jetzt ständig auf Jamal und haben bei dem nordwestlich gelegenen Ort Bowjanenko die ersten Bohrungen abgeteuft. Das geförderte Gas wird bislang zu eigenen Zwecken, wie dem Aufbau der Infrastruktur, eingesetzt. ...
Nikolaj Michailow, Chefingenieur, sieht gerade in der Verlegung der Rohre durch die 67 Kilometer lange und jedes Jahr monatelang zugefrorene Bucht die schwierigste Aufgabe.

Die Bucht weist eine maximale Tiefe von 20 Metern auf. Auf der gesamten Durchquerung muss nach Angaben von Michailow auf dem Meeresgrund ein Graben ausgehoben werden, in den die mit einer 40 Zentimeter dicken Zementschicht ummantelten Rohre eingebettet und beschwert werden können. ...
Michailow kennt allerdings auch die Folgen, die eine Verlegung des gesamten Pipelinestranges auf dem Festland nach sich ziehen würde. Nicht nur, dass dieser Weg 200 Kilometer länger wäre und den Bau zusätzlicher Verdichterstationen bedeuten würde. Der über 600 Meter breite Pipeline-Korridor brächte eine weitere Umweltzerstörung mit sich. Die Futtergebiete der Elche liegen exakt in dieser Trasse. Und eben von der Rentierzucht, der Jagd und dem Fischfang leben die Ureinwohner, die Jamal-Nenzen, deren Zahl außerhalb der Städte auf rund 30 000 geschätzt wird. ...
Beteiligt an der Lösung der technischen Probleme sind über 100 russische Forschungsinstitute. ..."

Markus Ziener: Schwierige Gasförderung bei 55 Grad Frost. In: Handelsblatt, 11. 10. 95, S. 26

"**'Sibirische Forscher können Russland vergolden.'** So betitelte die ‚Istwestija' (vom 2. 6. 1992) ihr Interview mit Iwan Nesterow; Direktor des Westsibirischen Instituts für geologische Forschung und Erdöl, das in Tjumen seinen Sitz hat. Diese Forschungseinrichtung ist für Putidoil berühmt, das ihre Experten erfunden und zu produzieren begonnen haben. Putidoil ist ein Präparat zur Reinigung des Wassers und Bodens von Erdöl, das wirksam wie kein anderes ist. Ausländer aus den USA, Spanien, Kuweit und Argentinien überhäufen das Institut mit Aufträgen. Die Kosten für die Wiederherstellung eines Hektar Bodens liegen weltweit bei 50000 US-Dollar. Die Erdölförderer aus Surgut, Nojabrsk und Nischnewartowsk bieten dem Institut eine Bezahlung von umgerechnet 200 US-Dollar pro Hektar an.

Nesterow hat noch viele andere Ideen parat, die er unter der ineffizienten, primitiven, halbkolonialen Wirtschaftsführung nicht realisieren konnte.

... Russland wäre es besser ergangen, wenn der Grund und Boden, die natürlichen Ressourcen und die Arbeit einen realen Preis gehabt und der Staat die strikte Einhaltung der Gesetze gesichert hätte. Den Experten schenkten die Behörden kein Gehör, wenn diese ihnen vorrechneten, daß 1 Rubel, vorsorglich in Filteranlagen investiert, 2 Rubel ökologische Folgekosten einsparen würde bzw. 1 Rubel Investition in den Gewässerschutz am Ende 4,5 Rubel einsparte. ... Seit 1917 jedoch richtet sich das russische Leben nicht nach dem gesunden Menschenverstand. Die Gesellschaftsordnung unterschied sich von der kolonialen nur dadurch, dass jene fremde Völker ausplünderte, während Russland sich selbst bestahl. ..."

Georgi Watschnadse: a. a. O., S. 46 ff.

Die beiden Focus-Journalisten Jürgen Scriba und Christina Eibl berichten über Pläne, die Förderung von Erdöl und Erdgas unter dem polaren Eismeer durchzuführen. Das Bündnis zwischen dem weltgrößten Gasproduzenten „Gazprom" in Russland und der Elite der russischen Rüstungsindustrie soll dies ermöglichen. Rund ein Fünftel der russischen Industriebeschäftigten arbeiten für die Rüstungsindustrie; dazu kommen noch mehrere Hunderttausende hochqualifizierter Ingenieure und Wissenschaftler, die für den Rüstungssektor entwickeln und planen.

„Schätze unter Eis. Mit 100 Stundenkilometern peitscht der Sturm bei minus 50 Grad über die arktische See. Schroffe Eismonumente türmen sich bis zu 15 Meter hoch auf und zermalmen alles, was sich ihnen in den Weg stellt. In dieser unwirtlichen Packeiswüste soll das Wirtschaftswunder Russlands stattfinden. Unter dem Boden der Meere am Polarkreis lagern etwa 90 Prozent der russischen Öl- und Gasreserven (11 Milliarden Tonnen Öl, 46 Milliarden Kubikmeter Erdgas). Bislang unerreichbar.

Hier Bohrinseln zu errichten wäre ein Himmelfahrtskommando. Doch Wjatscheslaw Kusnezow vom Kurtschatow-Institut in Moskau, das einst die russische Atombombe entwickelte, will den Naturgewalten Paroli bieten. Der Physiker wischt die Bedenken vom Tisch: ‚Wo liegt das Problem? Wir versenken Betriebe und Personal auf den Meeresgrund.' Der Mann ist kein einsamer Phantast. Als einer der Direktoren von ‚Rosshelf' steht er an der Spitze eines schlagkräftigen Bündnisses aus dem weltgrößten Gasproduzenten ‚Gazprom' und der Elite der russischen Rüstungsindustrie. Militärische Technik und Investoren im Goldrausch bereiten den Angriff auf die Schätze unter dem Eis vor.

Die Pläne wirken auf den ersten Blick wie eine Fortsetzung aus Jules Vernes utopischen Romanen: Komplette Bohr- und Förderanlagen sollen in 300 Meter Tiefe auf dem Boden der Kara-See errichtet werden. Tief unter der zerstörerischen Eisschicht werden Öl und Gas getrennt und von Wasser gereinigt. Rohrleitungen verbinden die verschiedensten Teile der Anlagen. Ist der Weg zum Festland für eine Leitung zu weit, speichern große Unterwassertanks die Rohstoffe.

Von Zeit zu Zeit bahnt sich ein eisbrechender Tanker den Weg zu einer der schwimmenden Verladestationen und übernimmt die kostbare

Fracht. U-Boote oder ferngesteuerte Roboter legen Pipelines. Unterseeische Fabriken produzieren die benötigten Bauteile. Zur Versorgung und zum Personalwechsel landen Hubschrauber auf pilzförmigen Plattformen, die bei Bedarf von der Unterseestadt durch die Eisschicht gebohrt werden. …

Mit den Milliardengewinnen, so hat ‚Rosshelf' versprochen, entstehen auch 250 000 neue Arbeitsplätze. Ein Hoffnungsträger für die marode russische Wirtschaft. Über mögliche Umweltschäden spricht man da nicht. … "

Scriba, Jürgen, Eibl, Christina: Schätze unter Eis.
In: Focus 17/1994, S. 141

M 6 *Schema: Ökologische Probleme und deren mögliche Vernetzung*

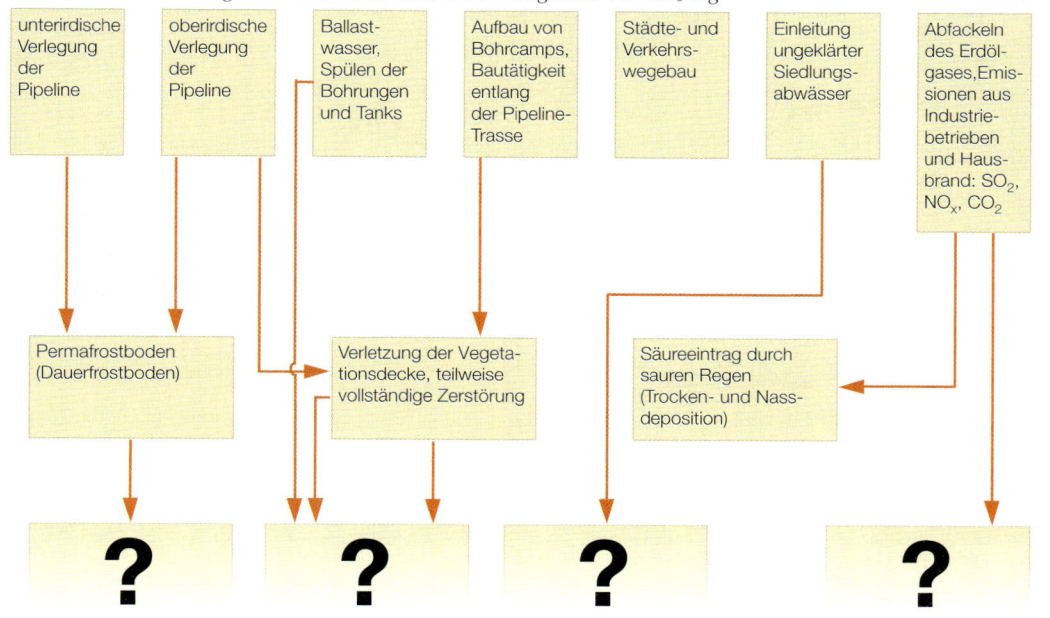

| unterirdische Verlegung der Pipeline | oberirdische Verlegung der Pipeline | Ballastwasser, Spülen der Bohrungen und Tanks | Aufbau von Bohrcamps, Bautätigkeit entlang der Pipeline-Trasse | Städte- und Verkehrswegebau | Einleitung ungeklärter Siedlungsabwässer | Abfackeln des Erdölgases, Emissionen aus Industriebetrieben und Hausbrand: SO_2, NO_x, CO_2 |

| Permafrostboden (Dauerfrostboden) | | Verletzung der Vegetationsdecke, teilweise vollständige Zerstörung | | Säureeintrag durch sauren Regen (Trocken- und Nassdeposition) | |

? ? ? ?

1. Hauptfördergebiet des Erdöls ist die Region um Surgut. Stellen Sie mit Hilfe der vorliegenden Materialien die Merkmale des Naturpotentials zusammen.

2. Die Erschließung der Halbinsel Jamal ist in vollem Gange. Erarbeiten Sie die wichtigsten Merkmale des dortigen Naturraumes. Stellen Sie dies in Form einer Strukturskizze dar.

3. Stellen Sie anhand der Materialien die Auswirkungen der Erschließungsmaßnahmen auf Natur und Menschen in Westsibirien zusammen. Berücksichtigen Sie bei den Texten die Stellung des Autors/der Autoren, seine/ihre Intention(en), die Textart sowie Zeitpunkt und Ort der Veröffentlichungen.

4. Abbildung M 6 (unvollständiges Strukturschema) enthält wesentliche Eingriffe in den Naturhaushalt. Übernehmen Sie diese Abbildung in Ihr Heft und erläutern Sie mit Hilfe von entsprechenden Pfeilen die Folgen dieser Eingriffe auf die Ökosysteme Taiga und Tundra. Ergänzen und verändern Sie, wo es Ihnen sinnvoll erscheint.

5. Wie wird sich möglicherweise das marine Ökosystem Kara-See bei der untermeerischen Erschließung der Erdgasfelder verändern?

6. Bewerten Sie abschließend die „planmäßige Eroberung des Westsibirischen Tieflandes" (so die sowjetische Bezeichnung aus den 70er- und 80er-Jahren) unter ökologischen und ökonomischen Gesichtspunkten.

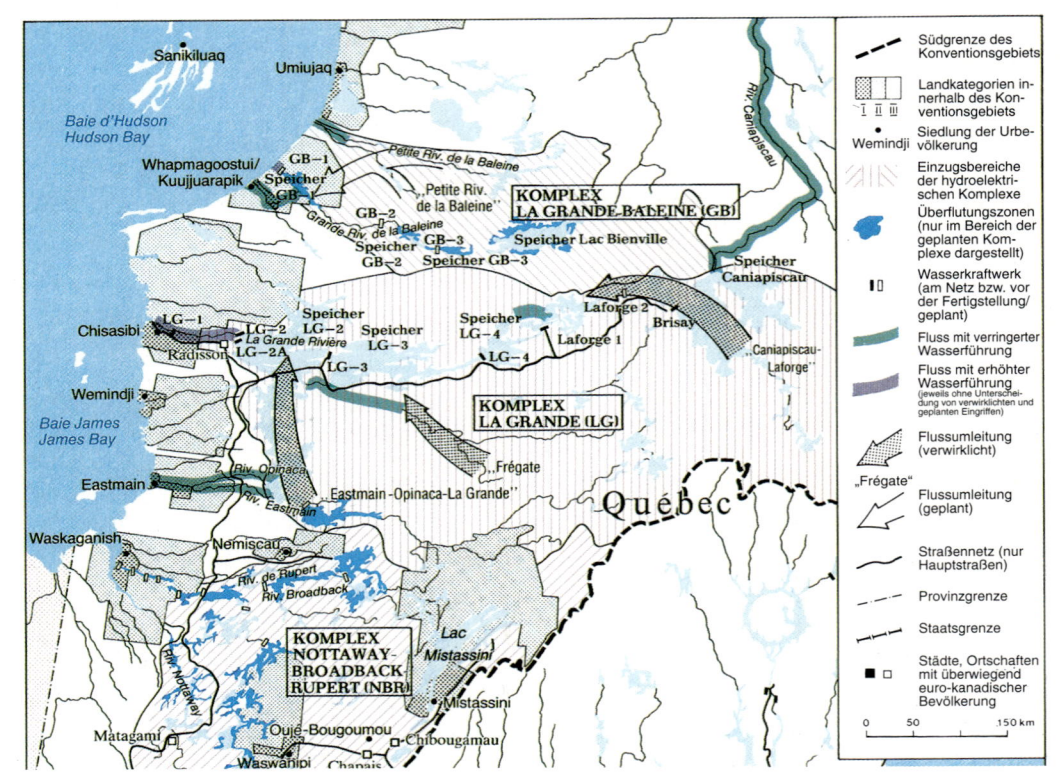

M 1 Baie James – Übersicht

Zur Wahrung der Interessen der Cree-Indianer und anderer Ethnien wurde 1975 eine Konvention abgeschlossen. Diese sieht für die autochthonen Volksgruppen folgende Rechte vor:
– das alleinige Recht der Nutzung und weitgehende Selbstverwaltung in den Gebieten der Kategorie I,
– das exklusive Recht auf Jagd, Fischfang und Fallenstellen in den Gebieten der Kategorie II,
– das Recht, allerdings in Abstimmung mit anderen euro-kanadischen Nutzern, im restlichen Konventionsgebiet ihren traditionellen Aktivitäten nachzugehen.

Dietrich Soyez: Hydro-Energie aus dem Norden Quebecs. In: Geographische Rundschau 1992, H. 9, S. 495

Hydroenergie aus der Waldtundra Kanadas

M 2 Hydroelektrische Komplexe an der Baie James

Komplex	Kraftwerke	Leistung (MW)	Speicher (km²)	Überflutetes Land (km²)
Verwirklicht				
La Grande I	3	10 282	13 520	10 400
La Grande II	6	5 437	2 039	1 105
In der Planung				
La Grande Baleine	3	3 168	3 576	1 786
In der Vorplanung				
Nottaway-Broadback-Rupert (NBR)	8	8 400	6 500	3 900

Dietrich Soyez: a. a. O., S. 496

An der Hudson Bay im Norden Quebecs wird gegenwärtig ein Energieprojekt verwirklicht, das zu den bedeutendsten hydroelektrischen Entwicklungsvorhaben nicht nur Kanadas zählt, sondern weltweit: das Baie-James-Projekt.
Die Erschließung des hydroelektrischen Potentials in dem bis dahin fast unberührten Waldtundrengebiet Kanadas begann im Frühjahr 1971. Ziele des Projekts:
– Sicherung der Energieversorgung der Provinz Quebec und Bedienung der Märkte im Nordosten der USA,
– Schaffung einer Basis für die Ansiedlung von vor allem energieintensiven Industriebranchen (z. B. Aluminiumhütten) in dieser Region.

***M 3** La Grande Rivière: Flusslauf unterhalb des Hauptdamms von La Grande 2*
Zur optimalen Ausnutzung der Fallhöhe wird das Wasser unterirdisch zu den Turbinen des einige Kilometer entfernten Kraftwerks LG-2 geleitet. Erst danach tritt dieses Wasser wieder in den urprünglichen Flusslauf ein. Das Zwischenstück zwischen Damm und Eintrittstelle fällt nahezu trocken. Um den negativen visuellen Eindruck solcher Flussabschnitte zu mildern, werden in der Regel künstliche Schwellen eingebaut, die selbst bei Niedrigstwasser die Illusion eines Flusses hervorrufen.

„Hinzu trat jedoch als treibende Kraft ein Motiv, das sich nur aus der speziellen historischen und psychologischen Situation der Provinz Quebec im Rahmen des kanadischen Bundesstaates erklären lässt: der Wille zur nationalen frankophonen Selbstbehauptung in einem anglophonen Politik- und Wirtschaftsraum. ‚Baie James' ist somit ... zu einem Symbol der Emanzipations- und Unabhängigkeitsbestrebungen der Frankokanadier geworden – ein Sachverhalt, der eine rationale Auseinandersetzung mit den Projekten ungemein erschwert."

Dietrich Soyez: a.a.O., S. 496

Von den Baumaßnahmen und den dadurch verursachten hydrographischen Auswirkungen ist ein Raum von über 360 000 km² betroffen, also ein Gebiet etwas größer als die Bundesrepublik Deutschland. Es wird fast ausschließlich von Cree-Indianern und einigen Hundert Inuit (Eskimos) bewohnt, die sich von den Projekten existenziell beeinträchtigt fühlen.

Abgesehen von den Staudämmen und Infrastruktureinrichtungen, wie Straßen, Siedlungen oder Flugplätze, werden umfangreiche Landschaftsveränderungen durch die großflächige Entnahme von natürlichen Baumaterialien und vor allem durch die Stauseen verursacht. Aufgrund des relativ ausgeglichenen Reliefs sind großvolumige und räumlich eng begrenzte Speicherseen wie z. B. in den Alpentälern hier im Bereich des Kanadischen Schildes nicht möglich. So wurden allein im Gebiet des Grande Rivière sechs Stauseen mit einer Gesamtfläche von 11 410 km² angelegt (zum Vergleich: Größe des Bodensees 539 km²).

1. Untersuchen Sie die naturräumlichen Gegebenheiten im Projektgebiet Baie James (Atlas).
2. Beschreiben Sie anhand der Karte M 1 die Maßnahmen, die im Zusammenhang mit dem Projekt verwirklicht bzw. geplant sind.
3. Bewerten Sie das Projekt unter ökonomischen und ökologischen Gesichtspunkten.
4. Stellen Sie die mit den Eingriffen in das Natur- und Sozialgefüge verbundenen Folgen in einem Wirkungsgeflecht dar.

Stadtökologie

Lärmbelastung
1 Straßen- und Schienenverkehrslärm
2 Industrie- und Gewerbelärm
3 Fluglärm
4 Freizeitlärm

Luftverunreinigung
5 Luftvorbelastung aufgrund weit entfernter Schadstoffquellen
6 Luftbelastung durch Hausbrand, Industrie und Gewerbe, Kraftwerke, Müllverbrennungsanlagen u. a.
7 Luftbelastung durch Abgase des motorisierten Straßenverkehrs
8 Behinderung des Luftaustausches durch Verbau von „Frischluftschneisen"
9 Smog-Bildung bei Inversions-Wetterlagen
10 Überwärmung der Luft durch Kraftwerke, Industriebetriebe, Hausfeuerungen u. a.
11 Geruchsbelästigung durch Kläranlagen

Gefährdung der Wasserversorgung
14 Grundwasserabsenkungen, mangelnde Infiltration infolge Überbauung und Flächenversiegelung
15 Grundwasserabsenkungen durch Flussbegradigung
16 Schadstoffeinsickerung in das Grundwasser
17 Schadstoffbelastetes Uferfiltrat
18 Grund- und Oberflächengewässer-Verunreinigung durch Ölunfälle u. a.

Abwasserbeseitigung
19 Verschmutzung der Gewässer durch unzureichende Reinigung der kommunalen Abwässer
20 Einleitung umweltgefährdender Stoffe durch Gewerbe und Industrie in die kommunale Kanalisation und Kläranlage
21 Verunreinigung der Oberflächengewässer durch direkte Abwassereinleitungen aus Industriebetrieben

Abfallbeseitigung
22 Wachsende Abfallmengen; Energieverbrauch und Emissionen durch aufwendige Sammlung und Transport
23 Beanspruchung und Belastung von Flächen für die Ablagerung von Abfällen
24 Wachsende Umweltbelastung durch neue Stoffgemische in Produktion und Konsum (u. a. Chemisierung des Haushalts)
25 Boden- und Grundwassergefährdung durch Emissionen von Altablagerungen

Schädigung von Natur und Landschaft
26 Nitratbelastung des Bodens durch Überdüngung
27 Massiver Einsatz von Pflanzenschutzmitteln in der Landwirtschaft
28 Freiflächenverlust durch Zersiedlung
29 Aufschüttung von Materialhalden (Schadstoffeinsickerungen u. a.)
30 Vernichtung ökologisch empfindlicher Standorte
31 Landschaftszerstörung durch großflächige Verkehrsbauten, Überlandleitungen u. a.
32 Landschaftsschäden durch Gesteinsabbau u. a.

Nach Büro für Kommunal- und Regionalplanung, Aachen

M 1 Thermalscanneraufnahme vom 1. 7. 1993; Nachtsituation, Überfliegung 02.13–03.15 Uhr MESZ, Aufnahme im Infrarotbereich (8,5–13,5 µm)

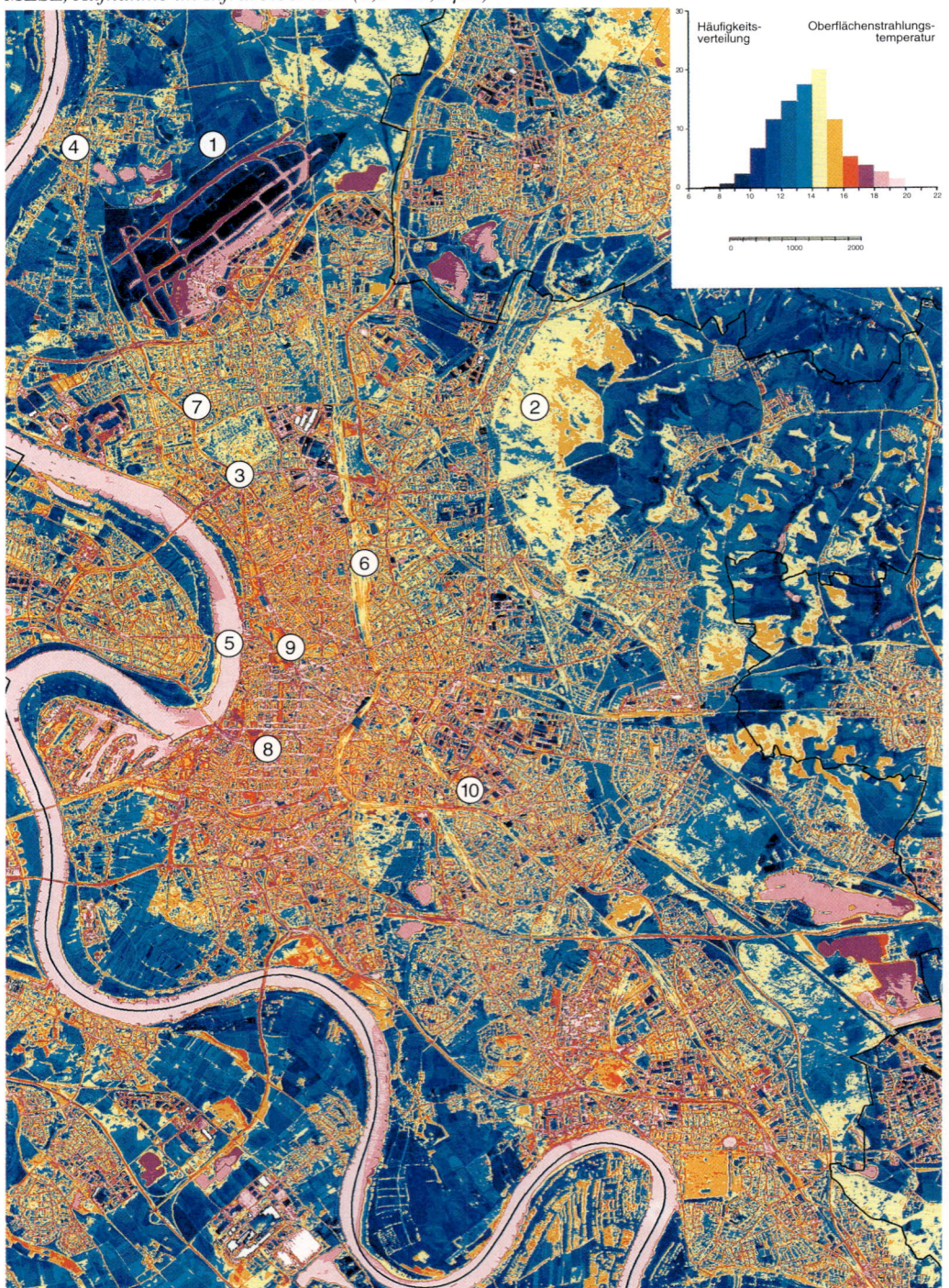

Klimaanalyse der Landeshauptstadt Düsseldorf. Umweltamt der Landeshauptstadt Düsseldorf 1996, Kartenanhang

Stadtklima:
Das Beispiel Düsseldorf

Bei Thermalbildaufnahmen wird mit Hilfe von Messgeräten die Temperatur der Bodenoberflächen (Straßen, bebaute Flächen, Freiflächen) gemessen.

Die im Thermalbild dargestellten Oberflächenwerte geben nicht die Lufttemperatur wieder. Sie wird aber durch die Abstrahlung erheblich beeinflusst. So wird beispielsweise über den dicht bebauten Flächen die Luft stark erwärmt und steigt auf. Über den Freilandflächen hingegen bildet sich vergleichsweise kühle Luft.

M 2 Temperaturen verschiedener Oberflächen an einem Hochsommertag

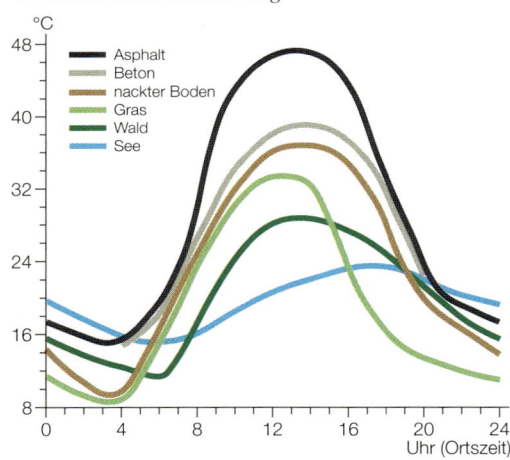

Oberflächen und ihre unterschiedlichen Funktionen für das Klima der Stadt

① **Freilandklima** (Wiesen- und Ackerflächen, Flächen mit lockerem Gehölzbestand). Diese Flächen weisen einen extremen Tages- und Jahresgang der Temperatur und Feuchte sowie eine sehr geringe Windströmungsveränderung auf. Damit ist eine intensive nächtliche Frisch- und Kaltluftproduktion verbunden. Außerdem führt die absinkende schwere Kaltluft zu hohem Luftdruck am Boden.

② **Waldklima.** Es zeichnet sich durch einen stark gedämpften Tages- und Jahresgang der Temperatur und der Luftfeuchtigkeit aus. Relativ niedrige Temperaturen bei hoher Luftfeuchtigkeit kennzeichnen diese Flächen am Tage, während nachts, im Vergleich zum Freiland, relativ milde Temperaturen auftreten. Sie wirken deshalb nur in abgeschwächter Form als nächtliche Kaltluftproduzenten. Von großer Bedeutung ist ihre Filterfunktion für Schadstoffe und Staub; so enthält die Waldluft bis zu 1000-mal weniger Staub- und Rußpartikel als die Luft in den Innenstädten. Außerdem sind die Waldflächen als Sauerstoffproduzent und als Kohlenstoffdioxidkonsument (CO_2) für den städtischen Klimahaushalt von Bedeutung.

③ **Parkklima.** Meist handelt es sich um innerstädtische Rasenflächen mit lockerem Baumbestand. Es ergeben sich hier abgeschwächte Eigenschaften des Waldklimas.

④ **Dörfliches Klima.** Kennzeichen der Flächennutzung sind der hohe Anteil an Einfamilienhäusern und der geringe Grad der Versiegelung (< 30 %). Insgesamt sind diese Gebiete gut durchlüftet und die mittlere Windgeschwindigkeit wird nur leicht verringert. Häufig tritt ein geringer Wärmeinseleffekt auf.

⑤ **Gewässerklima.** Gewässer, insbesondere großflächige Gewässer, haben einen ausgleichenden thermischen Einfluss durch schwach ausgeprägte Tages- und Jahresgänge. Aufgrund der Windoffenheit und der geringen Rauigkeit ist die Rheinaue der am besten belüftete Standort im Stadtgebiet (Windgeschwindigkeiten tags: 4 m/s, nachts: 2,2 m/s). Sie übernimmt damit eine wichtige Belüftungsfunktion für die Stadt.

⑥ **Bahnflächen.** Sie erwärmen sich am Tage intensiv und kühlen in der Nacht rasch ab. Die Gleiskörper sind aufgrund ihrer geringfügigen Überbauung windoffen und dienen in bebauten Gebieten oftmals als Luftleitbahnen bzw. Luftaustauschflächen.

⑦ **Siedlungsklima.** Kennzeichen sind eine aufgelockerte Bebauung, eine geringe Dichte mit Ein- und Mehrfamilienhäusern, ein hoher Grünflächenanteil und eine mäßige Versiegelung (bis 60%). Hier erfolgt tagsüber eine geringe Aufheizung und nachts eine starke Abkühlung. Die weitstehenden Einzelhäuser sind schwache Windhindernisse, sodass lokale Windausgleichsströmungen und die Frischluftzufuhr aus dem Freiland möglich sind. Hausbrand und Kraftfahrzeugverkehr erzeugen geringe Emissionsmengen. Die Filterfunktion der Bäume verringert zudem die Luftbelastung.

⑧ **Innenstadtklima.** Die dichte und hohe Bebauung (Asphalt und Beton) mit meist geringen Grünanteilen führt tagsüber zu starker Aufheizung und nachts zur Ausbildung einer deutlichen *Wärmeinsel* bei durchschnittlich geringer Luftfeuchtigkeit. Folge der aufsteigenden Warmluft (vertikale Luftbewegung) am Boden ist hier niedrigerer Luftdruck. Die in der Regel über 20 Meter hohen Gebäude verändern das *Windfeld* (regionale und überregionale Winde) entscheidend; vor allem die Flurwinde werden abgebremst bzw. abgelenkt. Das sehr hohe Verkehrsaufkommen (Straßenanteil hier > 40%) ist Ursache der hohen Schadstoffbelastung, die in den Straßenschluchten mit geringer Luftdurchmischung Extremwerte erreichen kann. Staub- und Lärmbelastung erreichen hier ebenfalls Höchstwerte.

⑨ **Stadtklima.** Diese Fläche ist häufig durch Blockbebauung mit relativ hohen Häusern, engen Straßen, einem hohen Versiegelungsgrad und wenig Grünfläche gekennzeichnet. Häufig sind die langen Straßenschluchten Leitbahnen des Windes. Auf dieser Fläche bildet sich der typische Wärmeinseleffekt mit geringer Luftfeuchtigkeit heraus. Hausbrand (Heizungen), Industrie und besonders der Verkehr führen bei verringertem Luftaustausch zu hoher Luftbelastung.

⑩ **Industrie- und Gewerbeflächen.** Die Flächen der *Gewerbegebiete* entsprechen in vielen Teilen derjenigen der Innenstadt (starke Wärmeabstrahlung, geringe Luftfeuchtigkeit, hoher Anteil an versiegelter Oberfläche, erhebliche Störungen des Windfeldes). Ausgedehnte Zufahrtsstraßen und Stellplatzflächen sowie erhöhte Emissionen sind weitere Eigenschaften. *Industrieflächen* weisen eine dichte Bebauung mit großen Industrieanlagen auf, die durch starke Abwärme der Produktionsgebäude gekennzeichnet sind. Tagsüber erfolgt zusätzlich eine starke Aufheizung durch die Einstrahlung, nachts bildet sich hier eine deutliche Wärmeinsel aus. Weitere Eigenschaften sind der hohe Versiegelungsgrad und die erheblichen Emissionen von Abgasen, Schwermetallen, Staub und Wasserdampf.
Oberflächen mit ähnlichen mikroklimatischen Eigenschaften werden zu *Klimatopen* zusammengefasst.

M 3 Blockbebauung; Pempelfort

M 4 Gewerbegebiet Derendorf

M 5 Düsseldorf

Ausschnitt aus der Topographischen Karte 1 : 25 000, Blatt 4706, Zusammensetzung aus der Topographischen Karte 1:100 000, vervielfältigt mit Genehmigung des Landesvermessungsamtes Nordrhein-Westfalen vom 20.6.1996, Nr. 223/96

Luftaustausch und Schadstoffbelastung

Die Intensität des *horizontalen Luftaustausches* wird bestimmt durch Großwetterlagen in Mitteleuropa. Meist guten Luftaustausch bewirken Tiefdruckgebiete bei Westwetterlagen. Sie weisen überwiegend höhere Windgeschwindigkeiten auf. Ungünstiger dagegen sind Hochdruck-Wetterlagen, die häufig durch östliche Windrichtungen gekennzeichnet sind. In ca. 40 % der Fälle prägen schwache Winde diese Wetterlagen. Beide Wetterlagen dominieren jeweils zu etwa 40 % das Wettergeschehen.

Der *vertikale Luftaustausch* wird im Wesentlichen durch auf- und absteigende Luftmassen aufgrund thermischer Konvektion bestimmt. Diese wird durch die städtische Wärmeinsel intensiviert. Folge davon ist niedrigerer Luftdruck am Boden. Er ist die Voraussetzung für das Einströmen kalter Frischluft, die v. a. nachts im Freiland entsteht. Die vergleichsweise schwere Kaltluft bewirkt dort höheren Luftdruck am Boden. Die aufgrund dieser Druckunterschiede entstehenden Flurwinde bringen große Mengen an Frischluft entlang der Belüftungsbahnen wie Täler, Bahntrassen und großen Straßen ins Stadtgebiet und sorgen für die Durchmischung bzw. den Abtransport der durch Schadstoffe angereicherten Luft im dicht bebauten Stadtgebiet.

Austauscharme Wetterlagen. Zu gesundheitsgefährdenden Zuständen kommt es vor allem bei austauscharmen Wetterlagen *(Inversionswetterlagen)*, die hauptsächlich im Winter auftreten (winterliche Smogwetterlage). Sie sind gekennzeichnet durch eine niedrige Inversionshöhe, geringe Windgeschwindigkeiten und eine Dauer von meist mehreren Tagen. All diese Faktoren tragen dann zu einer hohen Konzentration von Luftschadstoffen bei, die bei Überschreitung von bestimmten Grenzwerten zu Fahrverbot und Produktionsdrosselung führen können. In Düsseldorf kommen allerdings diese extremen winterlichen Smogwetterlagen sehr selten vor.

M 6 Vereinfachte Darstellung einer Inversionswetterlage

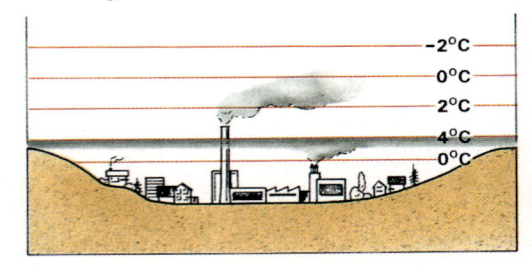

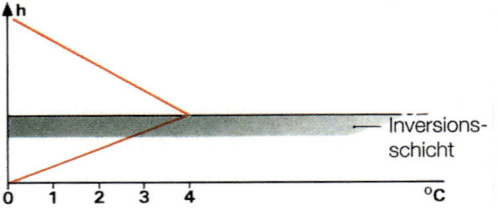

M 7 Schadstoffbelastung bei verschiedenen Stationen im Stadtgebiet von Düsseldorf

Jahresmittelwerte in µg/m³ (kontinuierliche Messungen)

Station	Schwefeldioxid (SO$_2$)			Stickstoffdioxid (NO$_2$)		
	1984	1990	1995	1984	1990	1995
Lörick	49	21	11	49	34	21
Mörsenbroich[2)]	40[1)]	36	21	64[1)]	64	63
Reisholz	57	21	13	58	42	44
Gerresheim	60	29	15	46	38	38

[1)] 1989 [2)] 600 m südöstlich der Messstation „Derendorf", Kreuzung der Hauptverkehrsstraßen „Heinrichstraße/Münsterstraße"

Mittel- und Höchstwerte Stickstoffdioxid 1995 in µg/m³

	MW	98%-Wert	HW
Mörsenbroich	63	123	187 (Mai)
Gerresheim	38	77	139 (Oktober)
Corneliusstraße[1)]	71	159	229 (August)

MW = Mittelwert, 98%-Wert = Messwert, der von 98% aller einzelnen Messwerte eines Messzeitraums erreicht oder unterschritten wird. HW = Höchstwert
[1)] ca. 1000 m südöstlich der Station „Karlstadt"

Ozon-Trends an der Station Lörick

	1984	1988	1992	1995
Jahresmittel	21	28	32	37,5
98%-Wert	97	122	133	162,4
Höchstwert	185	235	253	281,7

M 8 Klimaanalyse – Düsseldorf

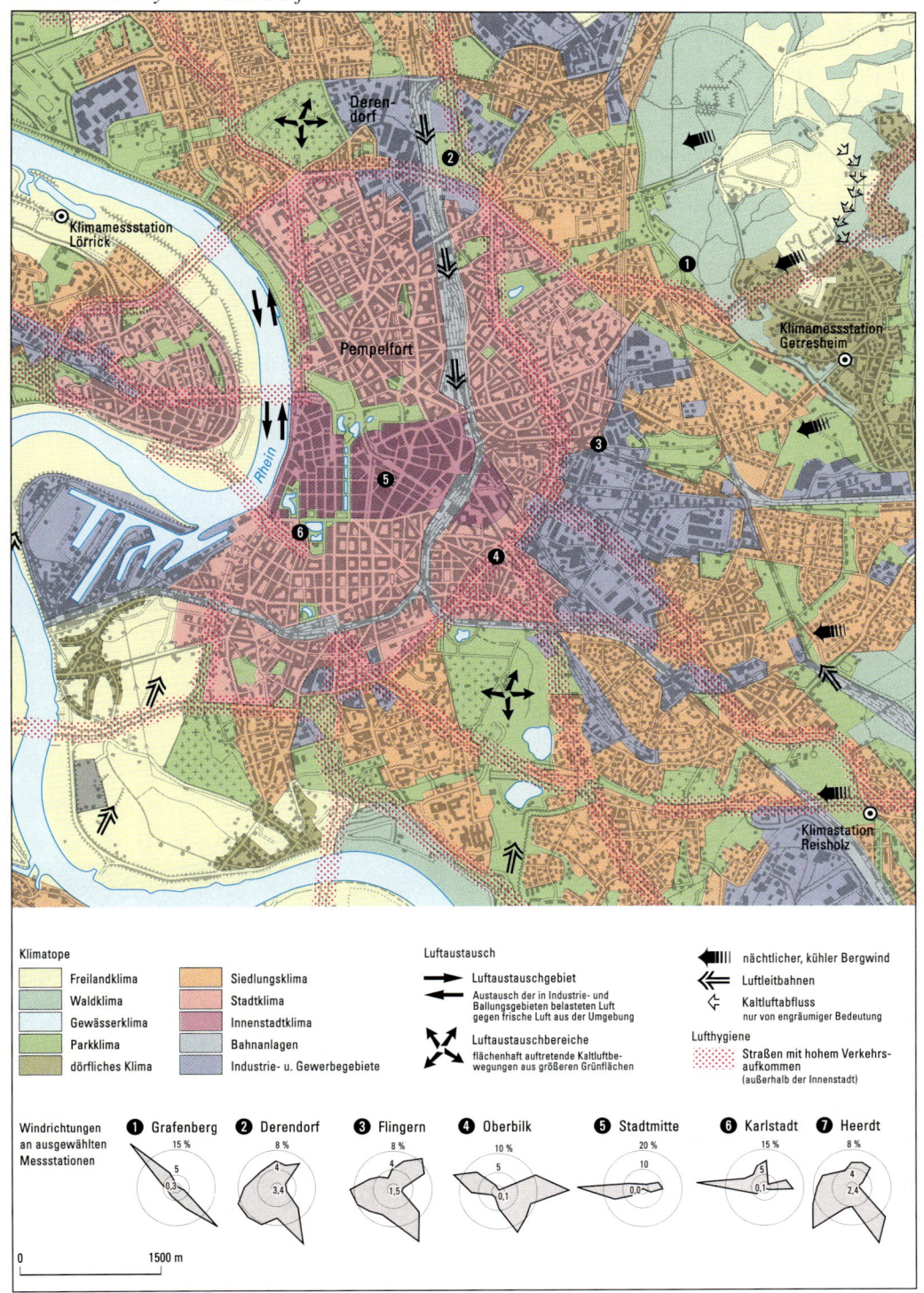

Klimatope
- Freilandklima
- Waldklima
- Gewässerklima
- Parkklima
- dörfliches Klima
- Siedlungsklima
- Stadtklima
- Innenstadtklima
- Bahnanlagen
- Industrie- u. Gewerbegebiete

Luftaustausch
- Luftaustauschgebiet
- Austausch der in Industrie- und Ballungsgebieten belasteten Luft gegen frische Luft aus der Umgebung
- Luftaustauschbereiche flächenhaft auftretende Kaltluftbewegungen aus größeren Grünflächen

- nächtlicher, kühler Bergwind
- Luftleitbahnen
- Kaltluftabfluss nur von engräumiger Bedeutung

Lufthygiene
- Straßen mit hohem Verkehrsaufkommen (außerhalb der Innenstadt)

Windrichtungen an ausgewählten Messstationen

① Grafenberg 15 % · 5 · 0,3
② Derendorf 8 % · 4 · 3,4
③ Flingern 8 % · 4 · 1,5
④ Oberbilk 10 % · 5 · 0,1
⑤ Stadtmitte 20 % · 10 · 0,0
⑥ Karlstadt 15 % · 5 · 0,1
⑦ Heerdt 8 % · 4 · 2,4

0 — 1500 m

Nach Klimaanalyse der Landeshauptstadt Düsseldorf: a.a.O., Kartenanhang

149

Planungsempfehlungen für Teilräume der Stadt Düsseldorf

① **Hochverdichtete Innenstadt und**
② **hochverdichtete Innenstadtrandgebiete**
Förderung des Anteils hoher Vegetation/ Baumpflanzungen, Entsiegelung und Begrünung der Blockinnenhöfe, Zufahrten und Plätze, Verkehrsbeschränkung ① bzw. Verkehrsberuhigung ②; Neuordnung des ruhenden Verkehrs; Straßenraum-, Dach- und Fassadenbegrünung; Minderung der Hausbrandemissionen; Erhalt und Förderung der Belüftungsfunktion der Bahnanlage (DB-Strecke Düsseldorf–Duisburg) ①
Priorität in der Planung: ① hoch, ② mittel bis hoch

Hauptverkehrsstraßen außerhalb der hoch verdichteten Innenstadtgebiete:
Reduktion von Emissionen durch Geschwindigkeitsbegrenzung, randliche Begrünung der Straßen
Priorität in der Planung: mittel bis hoch

Gewerbe- ① **und Industriegebiete** ②
zu ①: Verbesserung des Bioklimas durch Begrünung von Stellplätzen, Abstands- und Randflächen sowie Anreicherung insbesondere mit hoher Vegetation, Reduzierung des Kfz-Verkehrs
zu ②: Reduktion von Emissionen und Abwärme, Begrünung besonders im Bereich der Verwaltungsbauten, auf ungenutzten Flächen, an Straßen und Stellplätzen
Priorität in der Planung: mittel

Locker und offen bebaute Wohngebiete
Erhalt der offenen Siedlungsstrukturen und einer starken Durchgrünung, Förderung des Anteils hoher Vegetation/Baumpflanzungen, Entsiegelung und Begrünung von Stellplätzen und Zufahrten, Verkehrsbeschränkung, Neuordnung des ruhenden Verkehrs, Minderung der Hausbrandemissionen
Priorität in der Planung: gering bis mittel

Städtische Grünzüge mit bioklimatischer und immissionsklimatischer Bedeutung
Erhaltung, versiegelte Flächen entsiegeln und begrünen, Anteil an Grünflächen ausdehnen und vernetzen, Ventilation/Luftaustausch mit der Umgebung fördern, Reduktion vorhandener Schadstoffquellen, Belüftungsbahnen freihalten
Priorität in der Planung: mittel bis hoch, langfristiger Erhalt und Ausbau

Waldgebiete: großräumige Erhaltung
Priorität in der Planung: mittel bis hoch

Gewässerflächen: Sicherung der Belüftungsfunktionen, Riegelbildungen und dichte Bepflanzungen vermeiden
Priorität in der Planung: mittel bis hoch, langfristiger Erhalt und Ausbau

Regional bedeutsame Ausgleichsräume (Freilandflächen): großräumige Erhaltung, Festschreibung von Bebauungsgrenzen, keine Zerschneidung durch Straßenneubau, keine Aufforstung auf Flächen mit ausgleichswirksamer Kaltluftproduktion, Erhalt von Belüftungsbahnen, Reduktion vorhandener Schadstoffquellen
Priorität in der Planung: mittel, langfristiger Erhalt

Nach Klimaanalyse der Landeshauptstadt Düsseldorf: a.a.O., S. 202 f.

M 9 Entsiegelung und Begrünung

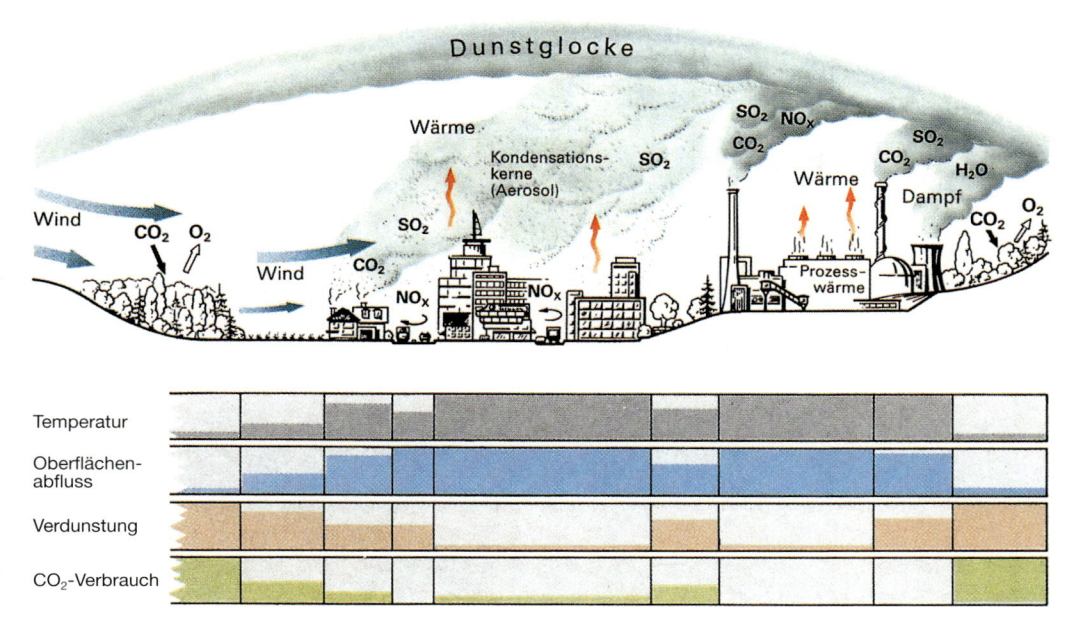

M 10 Modell zur Stadtökologie

1. Beschreiben Sie für die im Text (S. 145–146) beschriebenen Flächen die nächtliche Oberflächentemperatur (M 2). Wie sieht dort der tägliche Temperaturgang aus?

2. Arbeiten Sie mit M 8:
a) Beschreiben Sie die Hauptwindrichtungen der Messstationen und erläutern Sie, wie es zu den Unterschieden kommen kann.
b) Erläutern Sie den großräumigen Luftaustausch im dargestellten Kartenausschnitt.
c) Beschreiben Sie, welche Gebiete für die Frischluftproduktion eine Rolle spielen. Wie gelangt diese Frischluft ins Stadtgebiet?
d) Beschreiben Sie für verschiedene Stadtklimatope die Belastung mit Schadstoffen. Begründen Sie, wie es dazu kommen kann.

3. „Belüftungsbahnen (Luftleitbahnen) sollten nicht dicht bebaut oder bepflanzt werden." Begründen Sie diese Planungsempfehlung und beschreiben Sie, für welche Teile des Stadtgebiets dies zuträfe.

4. Beschreiben und begründen Sie, warum sich bei Inversionswetterlagen die Luftbelastung in Städten erhöht. Ziehen Sie dazu M 6 und M 7 heran und differenzieren Sie nach Verursachergruppen.

5. Arbeiten Sie mit M 10:
a) Erläutern Sie, wie es zur Ausbildung der städtischen Wärmeinsel kommt.
b) Die feinen Staubpartikel (Aerosole) sowie die emittierten Schadstoffe führen zur Ausbildung einer Dunstglocke über den Stadtgebieten. Welche Wirkung hat diese auf die Ein- und Ausstrahlung?

6. Diskutieren Sie die aufgeführten Planungsempfehlungen (Text S. 150).

7. Versuchen Sie Teile Ihrer Heimatstadt nach Stadtklimatopen zu gliedern. Verwenden Sie dabei topographische Karten (1 : 50 000/1 : 25 000) und Materialien städtischer Ämter (z. B. Flächennutzungsplan, Luftbilder, Klimawerte, Windrosen, Verkehrszählungsergebnisse usw.). Welche Luftleitbahnen existieren in Ihrem Stadtteil/Ihrer Stadt? Wie verlaufen die Hauptverkehrsstraßen im Vergleich zu den Hauptwindrichtungen? Welche Industrie- und Gewerbebetriebe emittieren welche Schadstoffe? Wie hoch sind die dafür verwendeten Kamine?
Wie sehen Ihre Planungsempfehlungen für einzelne Stadtflächen (Klimatope) aus? Begründen Sie!

Energieversorgung der Städte

M 1 *Kohlendioxidemission und Minderungsziel der Bundesregierung*

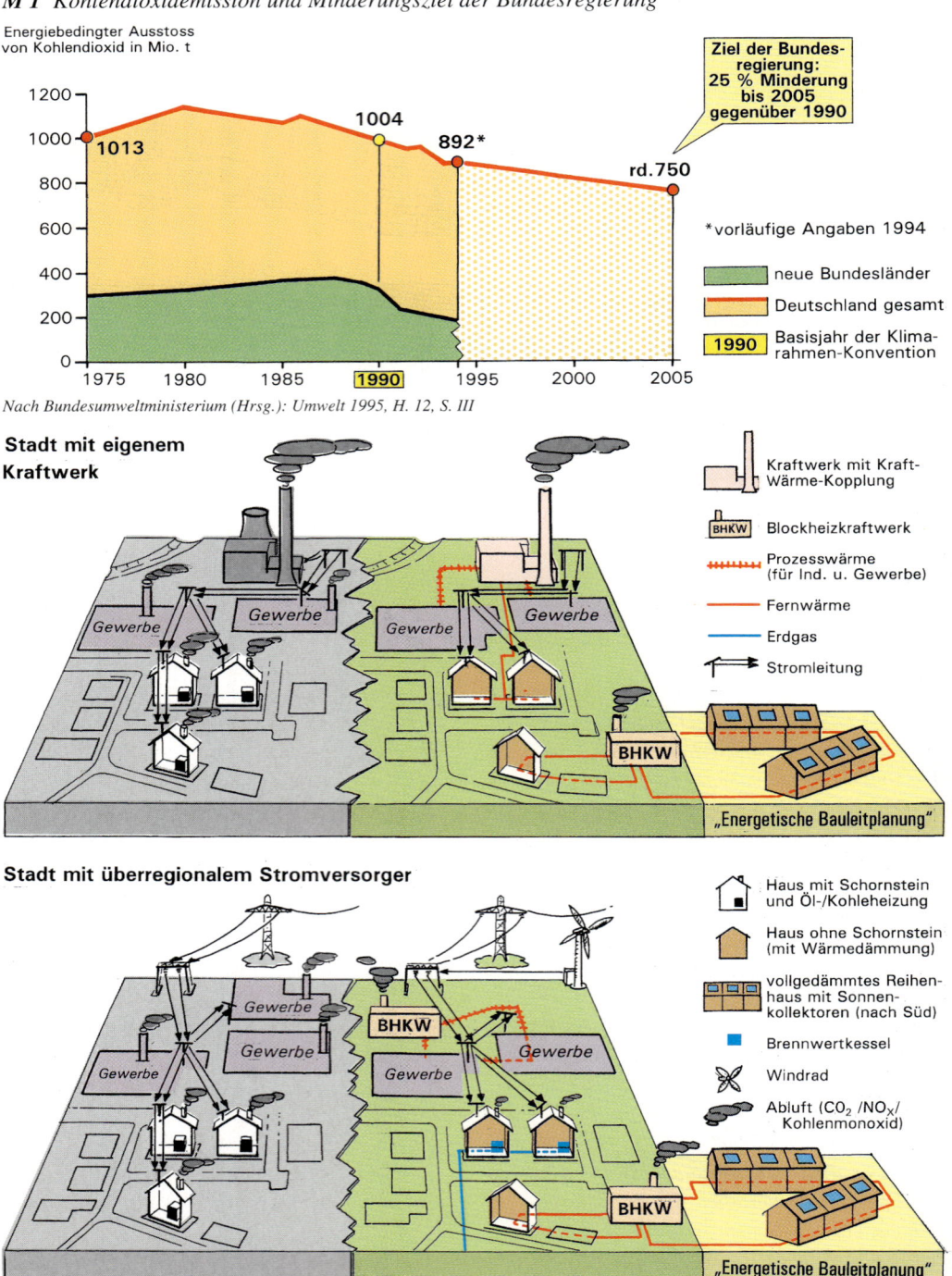

Energiebedingter Ausstoss von Kohlendioxid in Mio. t

Ziel der Bundesregierung: 25 % Minderung bis 2005 gegenüber 1990

1013 — 1004 — 892* — rd. 750

*vorläufige Angaben 1994

- neue Bundesländer
- Deutschland gesamt
- 1990 Basisjahr der Klimarahmen-Konvention

Nach Bundesumweltministerium (Hrsg.): Umwelt 1995, H. 12, S. III

Stadt mit eigenem Kraftwerk

Stadt mit überregionalem Stromversorger

Legende:
- Kraftwerk mit Kraft-Wärme-Kopplung
- BHKW Blockheizkraftwerk
- Prozesswärme (für Ind. u. Gewerbe)
- Fernwärme
- Erdgas
- Stromleitung
- Haus mit Schornstein und Öl-/Kohleheizung
- Haus ohne Schornstein (mit Wärmedämmung)
- vollgedämmtes Reihenhaus mit Sonnenkollektoren (nach Süd)
- Brennwertkessel
- Windrad
- Abluft (CO_2/NO_x/Kohlenmonoxid)

„Energetische Bauleitplanung"

M 2 *Energieversorgung der Städte: gestern – heute – morgen*

M 3 *Funktionsschema der Kraft-Wärme-Kopplung*

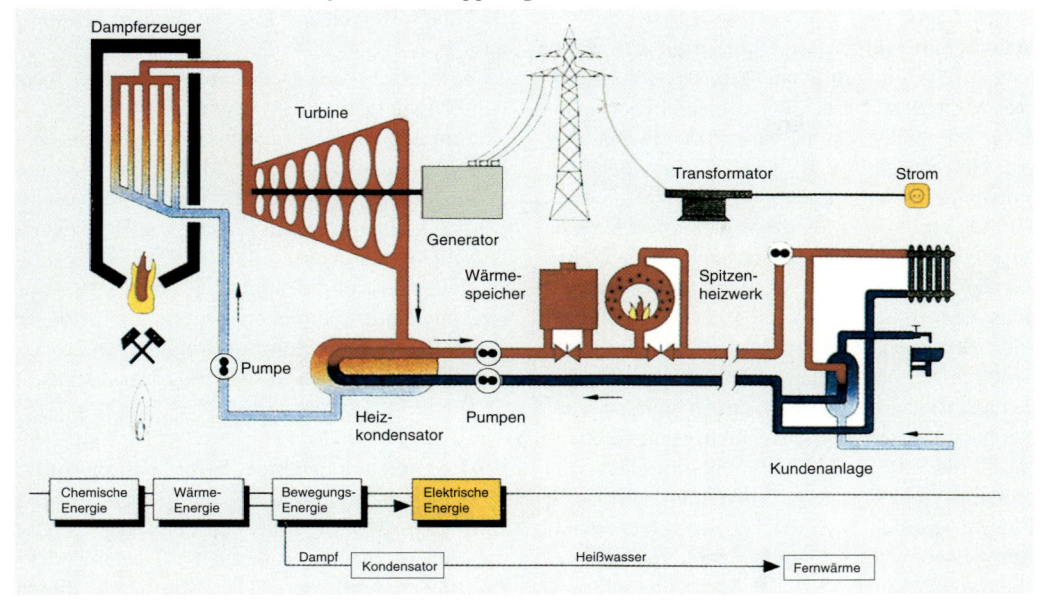

Kraft-Wärme-Kopplung (KWK). Bei der Stromerzeugung durch Kraftwerke unterscheidet man Kondensationskraftwerke und Heiz-Kraftwerke mit Kraft-Wärme-Kopplung. Bei *Kondensationskraftwerken* wird nur Strom erzeugt. Ein erheblicher Teil der Energie geht über die Kühltürme als Wasserdampf verloren. Der Wirkungsgrad beträgt 35–50 Prozent.
Bei der *Kraft-Wärme-Kopplung* wird ein Teil des Wasserdampfes für die Wärmeerzeugung als Prozesswärme in Industriebetrieben oder für ein *Fernwärmenetz* verwendet. Der Wirkungsgrad von Kraftwerken mit Kraft-Wärme-Kopplung beträgt (im Winterhalbjahr!) 88–92 Prozent. Übers Jahr gerechnet kommt man auf Wirkungsgrade von 55–60 Prozent. Für kleine Wärmenetze *(Nahwärme)* z. B. in einem neuen Wohngebiet oder in einem Geschäftszentrum lohnen sich kleine *Block-Heiz-Kraftwerke (BHKW)* mit Kraft-Wärme-Kopplung.

M 4 *Brennstoffausnutzung bei Kraft-Wärme-Kopplung (in %)*

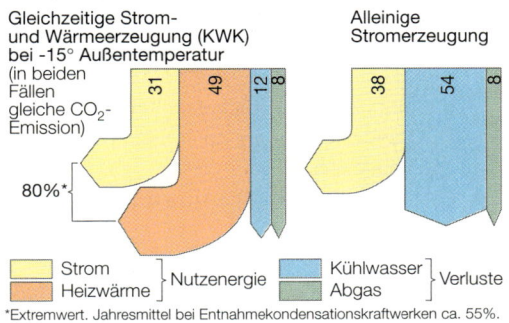

*Extremwert. Jahresmittel bei Entnahmekondensationskraftwerken ca. 55%.

Nach Informationszentrale der Elektrizitätswirtschaft (Hrsg.): Strom BASISWISSEN Nr. 100, S. 3

Brennwerttechnik. Auch bei modernen Feuerungskesseln wird ein nicht unerheblicher Wärmeanteil mit den Abgasen ungenutzt an die Luft abgegeben. Hier setzt die *Brennwerttechnik* an. Der Brennwertkessel macht zusätzliche Wärme aus den Abgasen verfügbar. Außerdem nutzt er die Energie, die bei der Kondensation des in den Abgasen enthaltenen Wasserdampfes frei wird. Gasbrennwertkessel sind wichtig v. a. für private Haushalte zur Energieeinsparung.

Energiesparmöglichkeiten

Wärmedämmung. Die Endenergie im Haushalts- und Kleinverbraucherbereich wird zu etwa drei Vierteln zur Deckung des Raumwärmebedarfs verwendet. Damit kommt der Einsparung von Heizenergie – z. B. durch *Wärmedämmung* eine hohe Bedeutung zu.
Für Neubauten schreibt die Wärmeschutzverordnung von 1995 einen gewissen Wärmedämmstandard vor. Dieser liegt jedoch noch erheblich unter dem in Schweden seit 1991 verbindlichen Anforderungen. Da die Wärmedämmung der heutigen Neubauten deren Heizenergiebedarf in den nächsten 20 Jahren bestimmen wird, ist jeder Neubau, der anstelle des Niedrigenergie-Standards nur die verbindliche Wärmeschutzverordnung einhält, eine auf Jahrzehnte verpasste Chance, die sich in den Heizkosten niederschlagen wird. Bei den Altbauten kann durch Wärmedämmmaßnahmen eine Heizenergieminderung bis zu 70 Prozent erreicht werden.

Energetische Bauleitplanung. Der Einsatz umweltverträglicher Energietechniken ist im Gebäudebereich in starkem Maße von einer *„energetischen Bauleitplanung"* abhängig, die Energie sparende Techniken ermöglicht oder festsetzt.

Die Planung der Grundstückserschließung, z. B.
– die Gebäudeausrichtung nach Süden,
– die Gebäudehöhe,
die Vorgabe kompakter Baukörper sollte so erfolgen,
– dass passive Sonnenenergienutzung (Sonnenwärmespeicherung in nach Süden gerichteten Bauteilen)
– und aktive Sonnenenergienutzung (Kollektoren für die Warmwassergewinnung und Fotovoltaikanlagen zur Stromgewinnung) möglich sind. Es kann auch
– die Nutzung von Fern- oder Nahwärmesystemen vorgeschrieben werden.

Wesentliche Grundlage für die kommunalen Festsetzungen in Bebauungsplänen ist das Baugesetzbuch (§ 9 Absatz 1, (23), (24)).
Zunehmend wird dieses so interpretiert, dass sich daraus weit reichende Kompetenzen für die Kommunen ableiten lassen. Ein Rechtsgutachten der Stadt Heidelberg kommt zu dem Schluss, dass
1. bestimmte Brennstoffe ausgeschlossen werden können (z. B. Ölheizungen),
2. zum örtlichen Immissionsschutz auch schärfere Emissionsgrenzwerte sowie sehr niedrige Wärmedurchgangswerte (k-Werte) festgesetzt werden können (die den Einsatz von Brennwertkesseln voraussetzen).
In Heidelberg und Frankfurt/M. gibt es Bebauungspläne mit Energiekennwerten, die niedriger als die der Wärmeschutzverordnung sind.

Nach Bundesumweltministerium (Hrsg.): Kommunaler Klimaschutz in der Bundesrepublik Deutschland, Bonn 1995

Städte machen Dampf beim Klimaschutz.
1992 haben sich eine Reihe europäischer Städte zum *„Klimabündnis der europäischen Städte mit den indigenen Völkern der Regenwälder"* zusammengeschlossen. Die Mitglieder dieses Bündnisses verpflichten sich, den Ausstoß des Klimagiftes Kohlenstoffdioxid (CO_2) bis zum Jahr 2010 um 50 Prozent zu vermindern und auf Tropenholz sowie die Verwendung von Fluor-Chlor-Kohlenwasserstoffen (FCKW) vollständig zu verzichten. Bis Ende 1995 sind dem Klimabündnis 492 europäische Kommunen beigetreten, darunter 273 aus Deutschland (Nordrhein-Westfalen: 48, Niedersachsen: 36).
Dem Beitritt ging jeweils eine häufig kontroverse Diskussion voraus, ob man eine kommunale Klimaschutz-, d. h. Energiepolitik betreiben und sich zur Verminderung des CO_2-Ausstoßes verpflichten solle. Um glaubwürdig zu bleiben, müssten dem Beitritt auch Taten folgen.
Im ersten Schritt muss ein Gutachten über den durch den Energieverbrauch von Bürgern und Gewerbe verursachten Ausstoß an Treibhausgasen angefertigt werden. Dies lässt sich heute durch Eingabe der lokalen Energiedaten in vorhandene Computerprogramme relativ kostengünstig erstellen.
Je nach dem Ergebnis der Energiebilanz und den örtlichen Gegebenheiten werden sich ortsspezifische Einsparpotentiale ergeben.

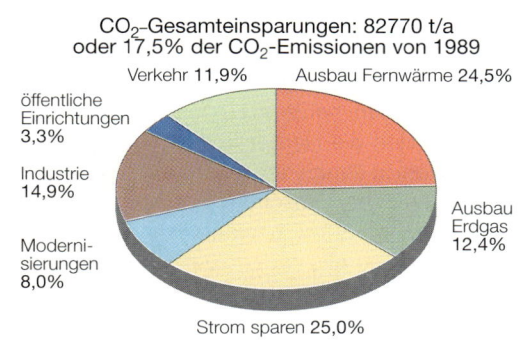

M 5 CO_2-Einsparpotential der Stadt Herten für das Jahr 2000

Nach Zeitschrift für Kommunale Wirtschaft 1992, Nr. 10

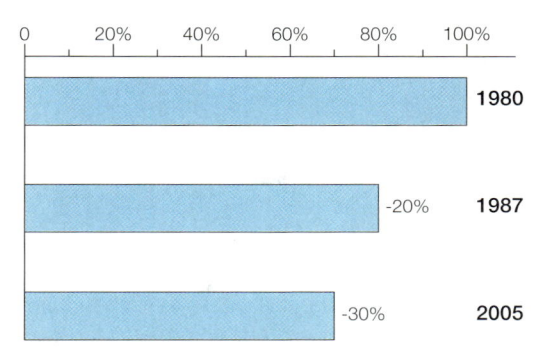

M 6 Rückgang der CO_2-Emissionen in Saarbrücken

Verband kommunaler Unternehmen (Hrsg.): Umweltschutzbeiträge der Stadtwerke-Agenda 21, Köln o. J.

Viele kleine Schritte, die Mut machen

– Beispiel 1: Das Aachener Modell. Die Stadt Aachen zahlt den Betreibern von Fotovoltaik-Anlagen 2,00 DM pro Kilowattstunde Solarstrom. Die Betreiber von Windkraftanlagen erhalten abhängig vom Standort bis zu 0,25 DM pro kWh zusätzlich zu den bundesweiten Einspeisungsvergütungen. Damit wird ein besonderer Anreiz gegeben, in regenerative Energiequellen zu investieren. Natürlich fragt man sich: „Woher haben die Aachener das Geld?" Beim Aachener Modell wird die Förderung der Solar- und Windenergie durch Umlegung der Kosten auf die Stromverbraucher finanziert. Die Erhöhung der Strompreise ist jedoch auf maximal 1 Prozent begrenzt, sodass der einzelne Stromverbraucher dies kaum bemerkt. Die rechtliche Genehmigung des Aachener Modells ist nicht nur für Nordrhein-Westfalen, sondern auch für Niedersachsen erfolgt. In kurzer Zeit wurden in Aachen 500 Kilowatt in einer Windkraftanlage und 90 kW in 30 Fotovoltaikanlagen installiert.

– Beispiel 2: Wärmeversorgung in Köln. Seit 1984 konnte der CO_2-Ausstoß aus der Wärmebereitstellung in Köln um mehr als 16 Prozent vermindert werden. Erreicht wurde dies durch „leitungsgebundene" Energieversorgung: Vier Fernwärmenetze und Erdgasleitungen versorgen mehr als 3/4 der Haushalte Kölns.

– Beispiel 3: „Zukunftskonzept Energie" der Stadt Saarbrücken. In Saarbrücken wurde schon 1980 mit der Energieeinsparung Ernst gemacht. In der Aktion „Dr. Hell" wurden in 50 000 Haushalten, die Strom fressenden Glühbirnen gegen Energiesparlampen ausgetauscht. Damit wurde der Bau eines 10 Millionen DM teuren Fünf-Megawatt-Kraftwerkes überflüssig.

1. Vergleichen Sie M 2 mit Ihrer örtlichen Situation und stellen Sie fest, welche Energieversorgungsstruktur Ihre Kommune aufweist, welche Einsparmaßnahmen umgesetzt und welche noch möglich sind.
2. Vergleichen Sie ein Kondensationskraftwerk mit einem Heiz-Kraftwerk (Kraft-Wärme-Kopplung) im Sommer- und Winterbetrieb (M 3 u. 4).
3. Erkundigen Sie sich in Ihrem Gemeindeamt (Dorf, Kleinstadt) oder dem Stadtplanungsamt (größere Stadt), ob bei der Ausweisung von Baugebieten eine „energetische Bauleitplanung" berücksichtigt wird.
4. Besorgen Sie sich die aktuelle Liste der Klimabündnismitglieder Ihres Bundeslandes (Klimabündnis, Philipp-Reis-Str. 84, 60486 Frankfurt), und klären Sie, ob Ihre Kommune (Stadt, Landkreis) Klimabündnis-Mitglied ist und ein Energiesparkonzept hat. Dieses können Sie mit M 5 und M 6 und dem Text oben vergleichen.

Grundwasserbelastung und Wasserversorgung

Das Beispiel Herne

„Die Stadt Herne besitzt eine inzwischen 130-jährige Tradition im Steinkohlenbergbau. Neben zahlreichen Schachtanlagen befanden sich im Stadtgebiet 12 Kokereien, zum Teil in mehreren Generationen. Im Zuge der Nordwanderung des Bergbaus, beginnend an der Ruhr im Süden, heute im Lipperaum im Norden tätig, zählten die Herner Schachtanlagen und Kokereien zu denen der ‚mittleren' Generation. Sie liegen in der Emscherregion und zeichnen sich durch zum Teil beeindruckende Produktionszahlen bereits in den 20er- und 30er-Jahren mit einem vergleichsweise bescheidenen Stand an Emissionsschutzmaßnahmen aus."

Josef Küper: Altlasten und Bebauung. Vortrag 1995

M 1 *Altlastenverdachtsflächen in Herne*

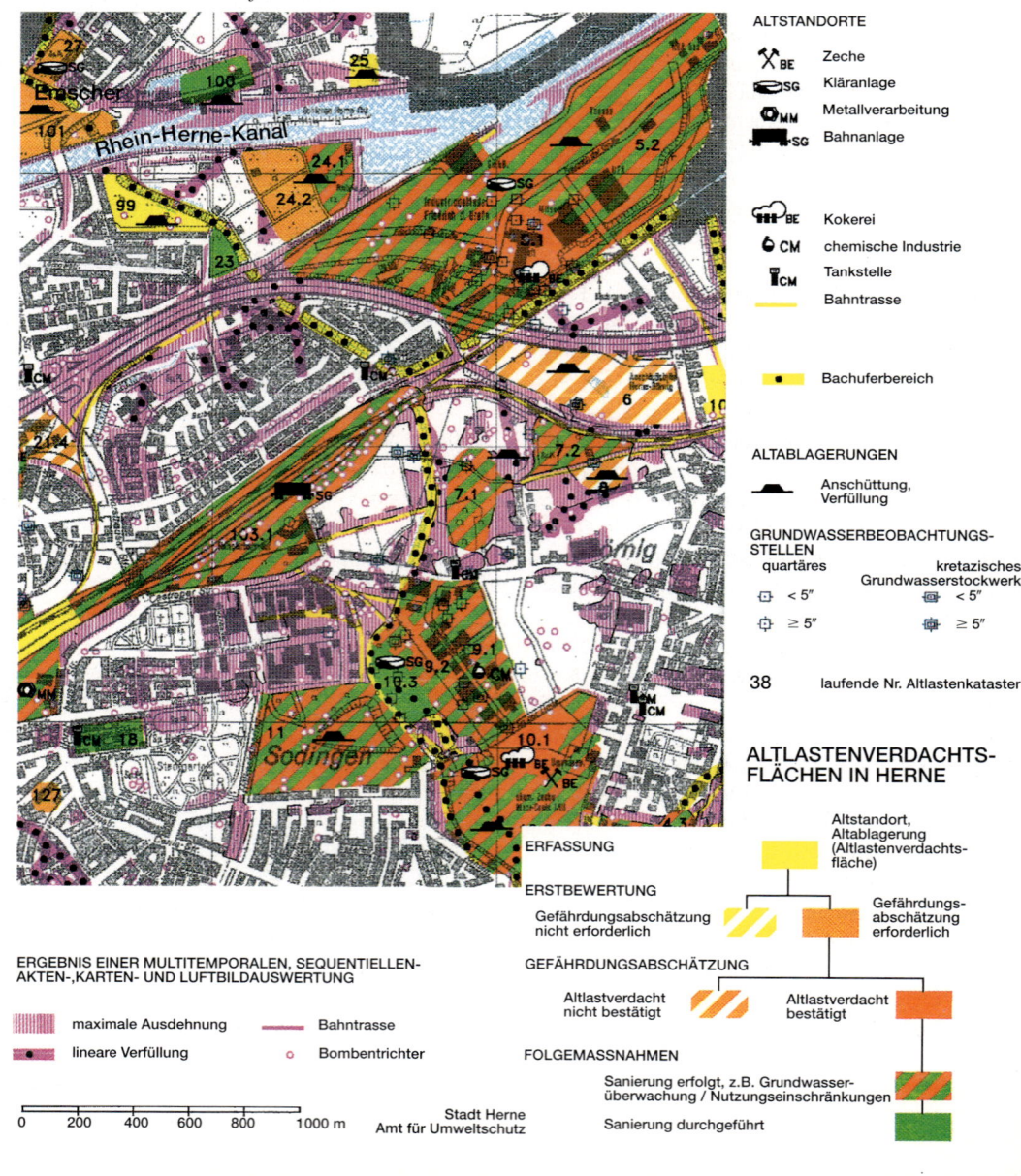

Das gesamte Einzugsgebiet der Emscher ist seit der Industrialisierung dadurch gekennzeichnet, dass alle häuslichen und industriellen Abwässer ungeklärt in offenen Kanälen bzw. in den natürlichen Bachläufen zur Emscher transportiert werden. Deren biologische und chemische Reinigung erfolgt erst unmittelbar vor der Einmündung in den Rhein.

Aufgrund dieser enormen Belastung des Oberflächen- und Grundwassers durch die Einleitung und Versickerung organischer und anorganischer Schadstoffe erfolgt seit 1908 die Trinkwasserversorgung hauptsächlich durch den Ruhrverband (ehemals Ruhrtalsperrenverband).

Herne ist seit 1993 eine der drei ökologischen Modellstädte in Nordrhein-Westfalen. Zusätzlich zu der landesweit üblichen Erfassung der Altlastenflächen werden hier in aufwendiger wissenschaftlicher Kleinarbeit durch Akten-, Karten- und Luftbildauswertung weitere potentiell mögliche Altlastenflächen erfasst (lila Farbe in der Karte).

Nr. 5: Ehemalige Kokerei auf der Schachtanlage Friedrich der Große 3/4

1907: Inbetriebnahme der Schachtanlage 3/4, Bau der Kokerei, Größe: 9 ha, Stilllegung 1978, Abriss der Tagesanlagen, Auffüllung mit einer 6 m hohen Gesteinsschicht.

„Die Ergebnisse der chemischen Untersuchung von Boden und Grundwasser zeigen, dass Schadstoffe kokereispezifischer Art in hoher und teilweise sehr hoher Konzentration vorhanden sind …

Da das ausströmende kontaminierte Wasser nur einen geringen Abstand zur Oberfläche aufweist, ist anzunehmen, dass der Landwehrbach im Süden einen großen Teil des belasteten Wassers aufnimmt. Nicht auszuschließen ist, dass es unter dem Bach hindurchströmt und damit der Schadstoffaustrag in weiter entfernt liegende Gebiete stattfindet.

Sanierungsmöglichkeiten: Der Schadstoffaustrag mit dem Grundwasser kann durch Abdichtungsmaßnahmen an der Geländeoberfläche verringert oder in Verbindung mit einer dichten Ummantelung ausgeschlossen werden. Außerdem kann durch Abpumpen eine kontrollierte Erfassung und Ableitung des kontaminierten Grundwassers erfolgen. Ob noch weitergehende Maßnahmen erforderlich werden können, hängt davon ab, ob eine größere Schadstoffanreicherung im tieferen Grundwasser stattfindet und vermieden werden muss."

Auszug aus dem Gutachten, September 1987

Nr. 9: Industriegebiet Gewerkenstraße

Teilweise werden die in den 20er-Jahren errichteten Gebäude heute noch zur Produktion genutzt. Frühere Nutzung: Gasverarbeitungsgesellschaft, Einstellung des Betriebs in den 60er-Jahren; weiteres Chemieunternehmen produzierte bis 1965; heute noch in Produktion: chemische Fabrik (Lackherstellung).

„Bei der chemischen Analytik wurden an insgesamt 14 Proben hohe Schadstoffkonzentrationen an Schwermetallen (Arsen, Blei, Quecksilber) nachgewiesen …

Im Randbereich des Gewerbegebietes wurde in einer Erdsenke eine Teerablagerung festgestellt, die eine Verunreinigung des umgebenden Bodens verursacht hat. Die Konzentration der polycyclischen aromatischen Kohlenwasserstoffe (PAK) sind sehr hoch und liegen bei rund 10% für die Teerrückstände selbst sowie bei 0,3–2% für den untersuchten Boden. Hier ist eine Sanierung erforderlich, da von dieser Fläche eine Gefahr ausgeht …

Die Grundwasseruntersuchungen zeigen, dass vom Anstromgebiet der ehemaligen Zeche/Kokerei Mont Cenis (Nr. 10.1) Schadstoffe ausgetragen werden. Weiterhin wurden auf den früheren Standorten der Sulfatfabrik und des Kunststoffwerkes ebenfalls hohe Schadstoffgehalte nachgewiesen. Ein Austrag von Schadstoffen mit der Grundwasserfließrichtung nach Nordwest über das Gelände des Gewerbegebietes hinaus wurde nicht festgestellt.

Es kann nicht ausgeschlossen werden, dass von dem Gelände Mont Cenis auch weiterhin kokereitypische Schadstoffe in umweltgefährdender Konzentration in das Grundwasser gelangen und sich weiter ausbreiten. Hier entsteht somit ein Handlungsbedarf. …"

Auszug aus dem Gutachten, November 1993

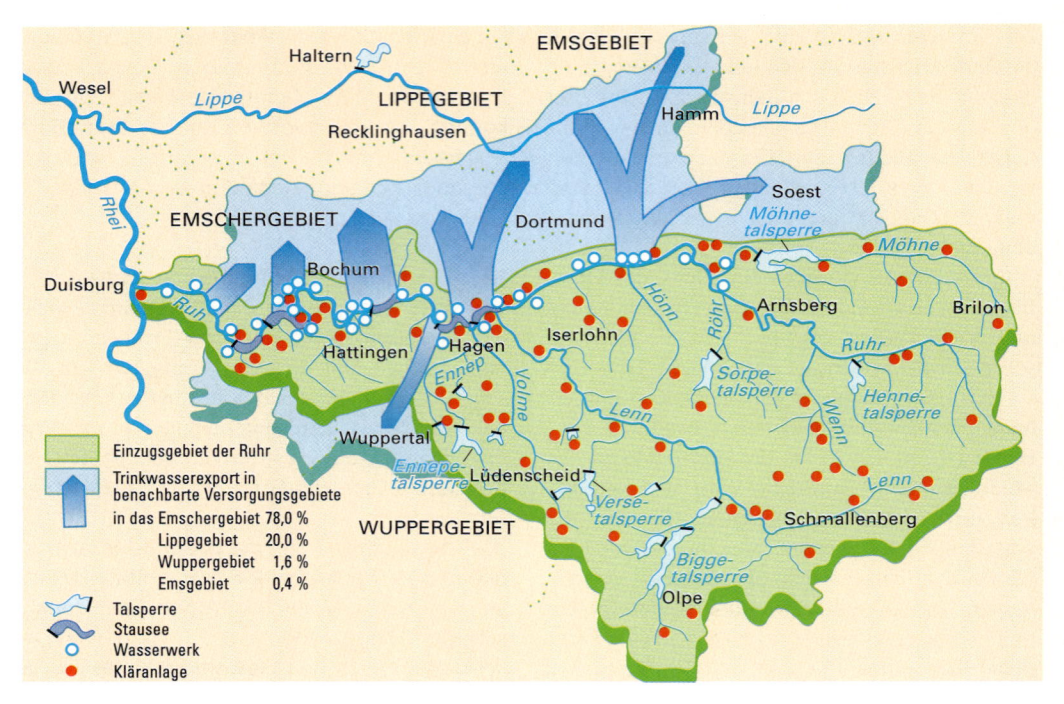

M 2 Wasserlieferung von der Ruhr und Einrichtungen des Ruhrverbandes

Wasserversorgung des Ruhrgebietes

Das Ruhrgebiet weist nicht nur die stärkste Ballung von Industrie und Siedlungen in der Bundesrepublik auf, sondern ist auch ein einzigartiger Schwerpunkt wasserwirtschaftlicher Aufgaben. Wasserverbrauch und Abwasseranfall liegen hier je Flächeneinheit etwa siebenmal so hoch wie im Bundesdurchschnitt. Deshalb wurde hier auch schon sehr früh eine großräumig geordnete Wasserwirtschaft betrieben.

Die Wasserversorgung und -entsorgung erfolgt im Wesentlichen über die drei Flüsse Ruhr, Emscher und Lippe. Wasserwirtschaftlich erfüllen sie jeweils unterschiedliche Aufgaben. Während die Ruhr den größten Teil des gesamten Trink- und industriellen Brauchwassers liefert, ist die Emscher der zentrale Abwasserkanal des Reviers. Trinkwasser kann wegen der hohen Verschmutzung des Grundwassers und der bergbaubedingten Senkungssümpfe aus ihrem Einzugsbereich nicht gewonnen werden. Auch die Lippe eignet sich nur begrenzt für die Trinkwassergewinnung. Durch die Einleitung von Grubenwässern sowie von kommunalen und betrieblichen Abwässern ist sie stark salzhaltig und verschmutzt. Deshalb dient ihr Wasser vor allem als Kühl- und Brauchwasser für Wärmekraftwerke, Bergwerke und Industriebetriebe sowie zur Speisung des westdeutschen Kanalnetzes.

Wasserlieferant Ruhr. Als natürlicher Vorfluter des niederschlagsreichen Sauerlandes reicht die Gesamtwassermenge der Ruhr in der Regel aus, um den Bedarf in ihrem Einzugsbereich zu decken und darüber hinaus Wasser an andere Räume abzugeben. Infolge der starken jährlichen und jahreszeitlichen Schwankungen (die jährliche Niederschlagshöhe liegt im Einzugsbereich zwischen 640 und 1400 mm, im Durchschnitt bei 1048 mm) muss jedoch künstlich für Ausgleich gesorgt werden. Dies geschieht hauptsächlich durch Talsperren.

M 3 *Schematische Darstellung der Wassergewinnung im Ruhrtal und der Versorgung der Gebiete nördlich der Ruhr*

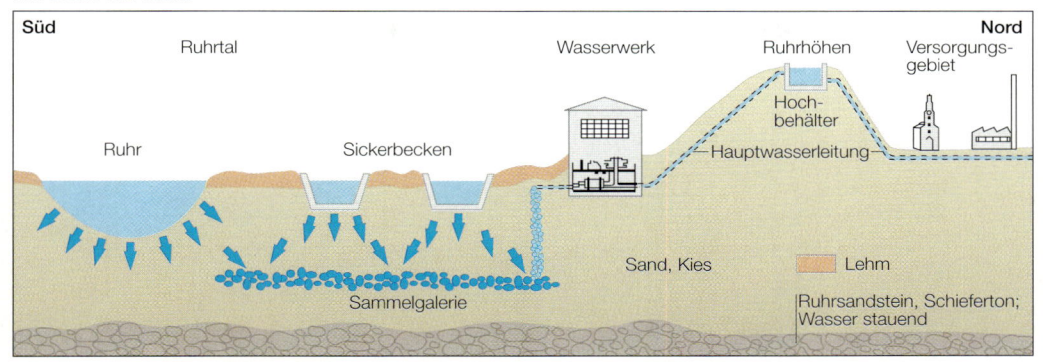

Nach Wilhelm Dege und Wilfried Dege: Das Ruhrgebiet. Kiel: Hirt 1980, S. 123

Stauseen. Um die Trinkwasserqualität der Ruhr zu gewährleisten, war zusätzlich der Bau von Stauseen und Kläranlagen erforderlich. Die *Stauseen* (nicht zu verwechseln mit den Talsperren) dienen als natürliche Flusskläranlagen. Infolge der Verringerung der Fließgeschwindigkeit setzen sich in ihnen Sink- und Schwebstoffe aus dem Wasser ab. Gleichzeitig tragen sie zur Auffüllung der Grundwasservorräte bei.

Die vielfältigen Maßnahmen zur Verbesserung der Gewässergüte finden ihren Ausdruck darin, dass die Ruhr heute als einer der saubersten Flüsse im weltweiten Vergleich der Industrieregionen gilt.

M 4 *Stauseen der Ruhr*

Stausee/Fertigstellung		Hengsteysee/1929	Harkortsee/1931	Kemnader See/1979	Baldeneysee 1933	Kettwiger See/1950
Stauinhalt bei Ersteinstau	Mio. m³	3,3	3,1	3,0	8,3	1,4
Oberfläche des Sees	km²	1,36	1,37	1,25	2,64	0,55
Länge	km	4,2	3,2	3,0	7,8	5,2
mittlere Breite	m	296,0	335,0	420,0	355,0	130,0
mittlere Tiefe	m	1,94	2,21	2,40	3,14	2,54
Stauziel	m ü. NN	96,30	89,30	72,00	51,75	43,00
Stauhöhe	m	4,6	7,8	2,8	8,7	6,0
mittlere Jahresarbeit der Kraftwerke	Mio. kWh	13,3	24,0	–	28,0	16,0

Nach Angaben des Ruhrverbandes

M 5 *Talsperren im Einzugsgebiet der Ruhr*

Talsperre (Fertigstellung)	Speicherraum Mio. m³	Mittl. jährl. Zuflusssumme Mio. m³	Mittl. jährl. Gesamterzeugung Mio. kWh
Bigge (1965)	171,7	225,3	24,0
Möhne (1913)	134,5	204,5	14,8
Sorpe (1935)	70,0	45,3	11,5
Henne (1955)	38,4	54,9	5,8
Verse (1951)	32,8	22,0	1,4
kl. Talsperren	23,7	76,8	–

Nach Angaben des Ruhrverbandes

1. Beschreiben und erklären Sie die Aufgabenteilung der Flüsse im Ruhrgebiet.

2. In dem mit Ruhrwasser versorgten Gebiet leben 5,1 Mio. Menschen, das sind 6,4 % der Bevölkerung Deutschlands. Erläutern Sie, wie deren Trinkwasserversorgung gewährleistet wird.

3. Informieren Sie sich, wie Ihr Schulort mit Trinkwasser versorgt wird und wie dessen Qualität sichergestellt ist.

Abfallwirtschaft in Deutschland

M 1 Abfallmengen nach Abfallarten in Deutschland (in Mio. t)

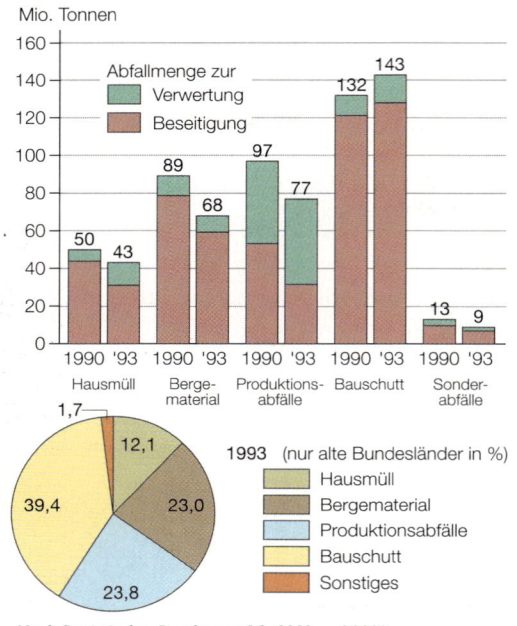

Balkendiagramm:
- Hausmüll: 1990: 50; '93: 43
- Bergematerial: 1990: 89; '93: 68
- Produktionsabfälle: 1990: 97; '93: 77
- Bauschutt: 1990: 132; '93: 143
- Sonderabfälle: 1990: 13; '93: 9

Abfallmenge zur Verwertung / Beseitigung

Kreisdiagramm 1993 (nur alte Bundesländer in %):
- Hausmüll: 1,7
- Bergematerial: 12,1
- Produktionsabfälle: 23,0
- Bauschutt: 39,4
- Sonstiges: 23,8

Nach Statistisches Bundesamt 96–0002 und 0003

M 2 Zusammensetzung des Hausmülls

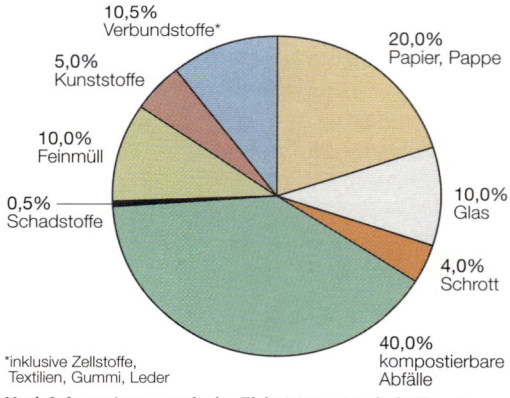

- 20,0% Papier, Pappe
- 10,0% Glas
- 4,0% Schrott
- 40,0% kompostierbare Abfälle
- 0,5% Schadstoffe
- 10,0% Feinmüll
- 5,0% Kunststoffe
- 10,5% Verbundstoffe*

*inklusive Zellstoffe, Textilien, Gummi, Leder

Nach Informationszentrale der Elektrizitätswirtschaft (Hrsg.): Strombasiswissen Nr. 114, S. 2

M 3 Öffentliche Entsorgung in der Bundesrepublik Deutschland 1990, alte und neue Bundesländer

144,5 Mio. t Abfälle

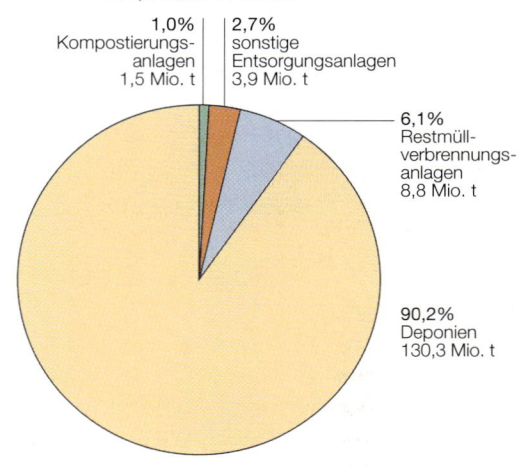

- 1,0% Kompostierungsanlagen 1,5 Mio. t
- 2,7% sonstige Entsorgungsanlagen 3,9 Mio. t
- 6,1% Restmüllverbrennungsanlagen 8,8 Mio. t
- 90,2% Deponien 130,3 Mio. t

Nach Informationszentrale der Elektrizitätswirtschaft (Hrsg.): Foliensammlung Abfallwirtschaft 7.3, 1/94

M 4 Deponiearten

Öffentliche Deponien	
Hausmülldeponien	270
Bodenaushub- und Bauschuttdeponien	1 552
Bodenaushubdeponien	692
sonstige Deponien	82
gesamte öffentliche Deponien	2 596
Betriebseigene Deponien	874

Statistisches Bundesamt 1996

M 5 Voraussichtliche Restlaufzeiten der Hausmülldeponien in Deutschland

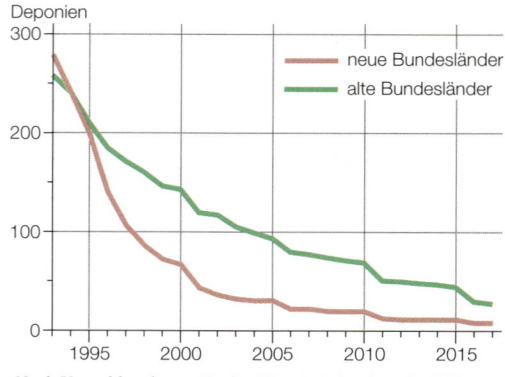

Liniendiagramm (Deponien, 1995–2015): neue Bundesländer, alte Bundesländer

Nach Umweltbundesamt Berlin (Hrsg.): Jahresbericht 1993. Berlin 1994, S. 267

Deponierung

Sickerwasser. Der auf eine Deponie fallende Regen durchsickert diese und nimmt dabei unterschiedliche Stoffe auf. Im Sickerwasser spiegeln sich die vielen chemischen und biologischen Prozesse und das Deponiestoffgemisch wider. Etwa 35 bis 40 Prozent des Niederschlagswassers werden über Drainagerohre als Sickerwasser an der Basis der Deponie aufgefangen und abgeleitet. Damit dieses hoch kontaminierte Sickerwasser nicht ins Grundwasser gelangt, müssen Deponien unten abgedichtet sein. Die älteren Deponien wurden mit einer Folie abgedichtet, bei den neueren wurde schon eine Tondichtung verlangt. Da das Sickerwasser so stark mit Schadstoffen angereichert ist, kann es nicht ohne vorherige Reinigung in einen Bach oder auch nur in eine kommunale Kläranlage eingeleitet werden. Es sind im Wesentlichen zwei Stoffgruppen, die das Sickerwasser belasten:
Stickstoffverbindungen entstehen durch die Zersetzung von organischem Müll. Sie werden in der biologischen Stufe einer Sickerwasserkläranlage mehr oder weniger vollständig abgebaut.
Organische Kohlenwasserstoffe und *Schwermetalle* stammen aus dem weiten Spektrum von Problemabfällen wie Farben, Lacken, Batterien, Kunststoffen. Ihre Entfernung aus dem Sickerwasser ist schwierig und teuer. Sie erfolgt in der chemisch-physikalischen Stufe der Sickerwasser-Kläranlage. Wäre der abzulagernde Müll frei von organischen Bestandteilen, d. h. würde der Biomüll vollständig abgetrennt, dann könnte die Kommune erhebliche Kosten bei der Sickerwasserreinigung einsparen.

Deponiegas. Durch die Zersetzung organischen Materials (Biomülls) entsteht im Deponiekörper ein Gasgemisch aus Kohlenstoffdioxid und dem brennbaren Methan. Das Deponiegas wird über ein im Deponiekörper verlegtes Röhrensystem gesammelt und abgesaugt. Es kann in einem Blockheizkraftwerk energetisch genutzt werden. Auf vielen Deponien wird es aber ohne Energiegewinn „abgefackelt", d. h. bei hohen Temperaturen in einer sogenannten Deponie-Gasfackel verbrannt.
Auch hier werden die Kosten für die Abfackelung vor allem durch den Anteil des im Restmüll verbliebenen Biomülls bestimmt. Je mehr Biomüll der Kompostierung zugeführt wird, desto geringer sind die Kosten für die Deponiegasbeseitigung und damit die Hausmüllentsorgung.

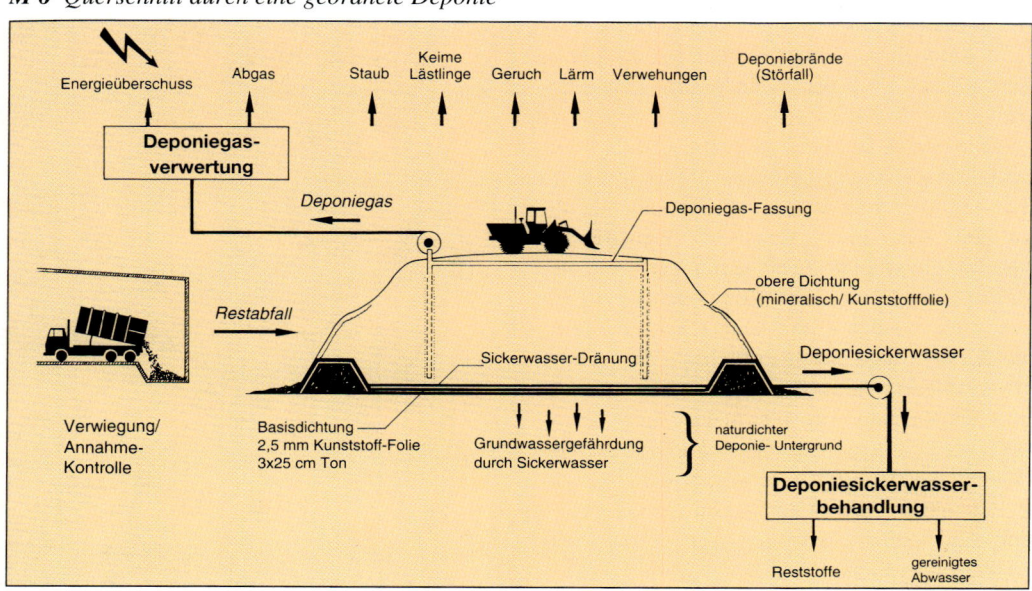

M 6 Querschnitt durch eine geordnete Deponie

Heiko Doedens: Abfallwirtschaft. In: Praxis Geographie 1993, H. 5, S. 9

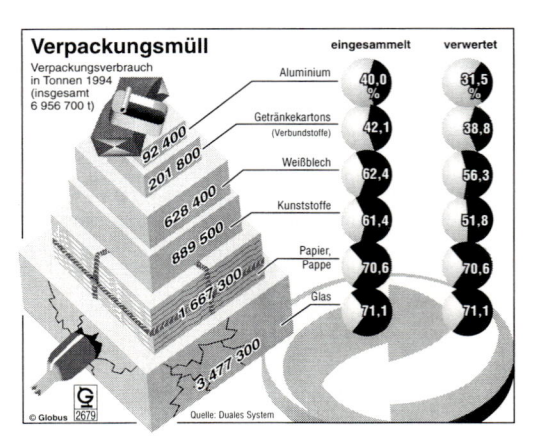

M 7 *Verpackungsverbrauch und Wiederverwertung 1993*

Verpackungsabfall

Die Verpackungsverordnung von 1991 schreibt vor, dass der Handel Verkaufsverpackungen im Laden zurücknehmen muss, um sie der Wiederverwertung zuzuführen. Der Handel kann dieses vermeiden, wenn die Wirtschaft neben der kommunalen Abfallentsorgung ein zweites Abfallentsorgungssystem für Verpackungen einrichtet („Duales" = zweites System). Das *Duale System Deutschland* (DSD) ist ein Zusammenschluss von Unternehmen des Handels der Konsumgüterindustrie und der Verpackungsindustrie. Das DSD sammelt durch Subunternehmer in „gelben Säcken" oder „gelben Tonnen" die Leichtverpackungen. In Sortieranlagen werden sie in verschiedene Materialien getrennt. Nach Verpackungsverordnung (Novelle 1996) sollen ab 1.1.1996 verwertet werden: Weißblech und Glas zu 70%, Aluminium, Kunststoff, Papier/Pappe und Kartonverbunde zu 50%. Bei Verbundmaterial soll mindestens eine Komponente stofflich verwertet werden. Man unterscheidet „werkstoffliches" und „rohstoffliches" Recycling. *Werkstoffliches Recycling* bedeutet, dass aus Altglas Neuglas, aus Altpapier neues Papier hergestellt wird. *Rohstoffliches Recycling* bedeutet die Gewinnung der Rohstoffe aus dem Sortiergut: Z. B. kann aus Kunststoffflaschen ein Syntheseöl zurückgewonnen werden oder aus Trinkpäckchen der Papieranteil.

Duales System Deutschland, Stand: Juni 1995

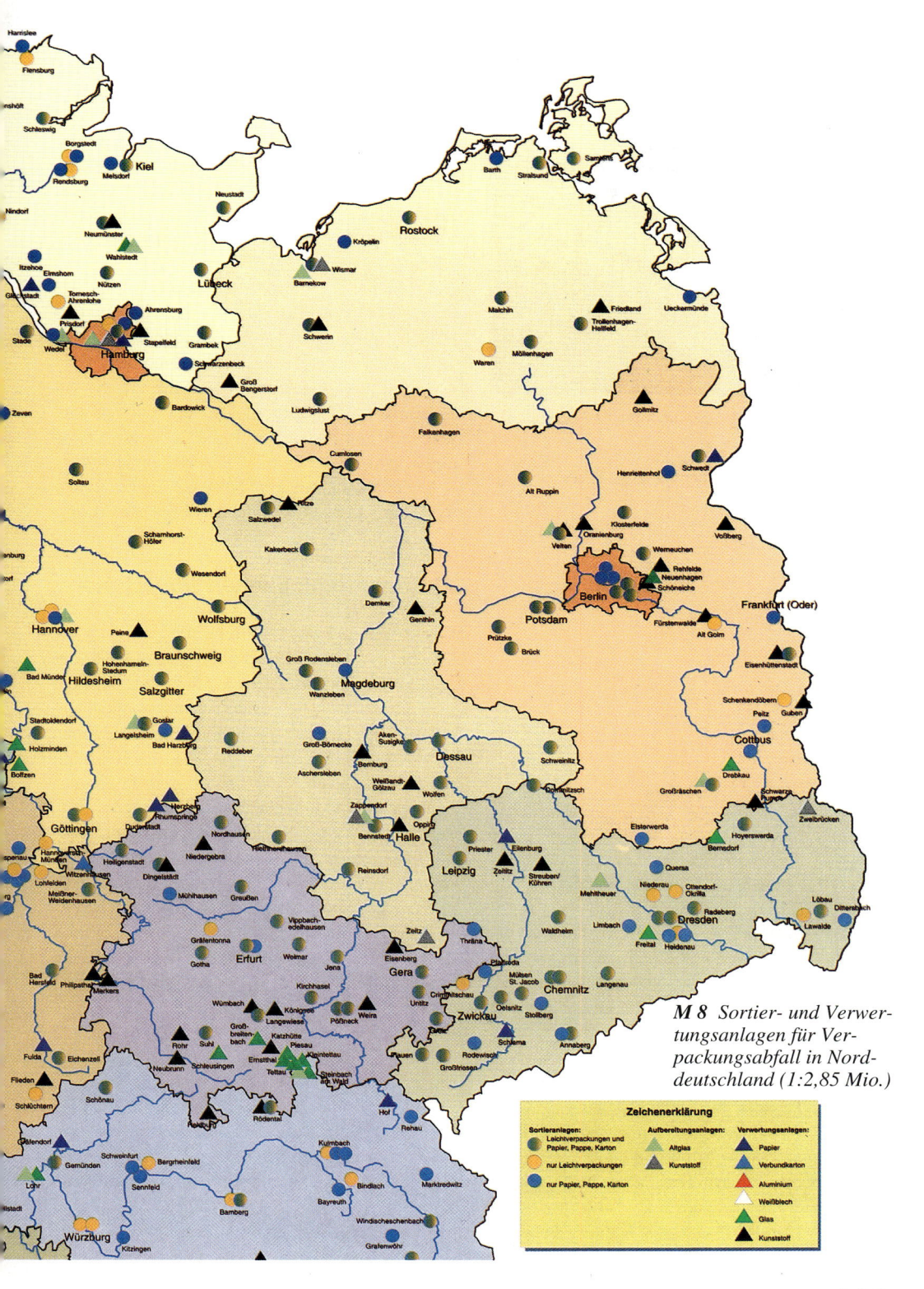

M 8 Sortier- und Verwertungsanlagen für Verpackungsabfall in Norddeutschland (1:2,85 Mio.)

Zeichenerklärung

Sortieranlagen:
- ● Leichtverpackungen und Papier, Pappe, Karton
- ● nur Leichtverpackungen
- ● nur Papier, Pappe, Karton

Aufbereitungsanlagen:
- ▲ Altglas
- ▲ Kunststoff

Verwertungsanlagen:
- ▲ Papier
- ▲ Verbundkarton
- ▲ Aluminium
- ▲ Weißblech
- ▲ Glas
- ▲ Kunststoff

163

M 9 Sortierband für Leichtverpackungen mit „Grünen Punkten"

M 10 Ökologischer Vergleich zwischen Mehrwegflasche und Dose

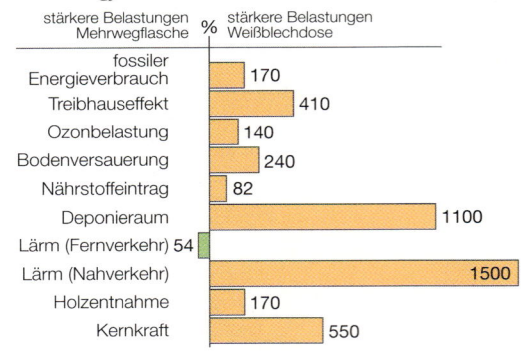

stärkere Belastungen Mehrwegflasche	%	stärkere Belastungen Weißblechdose
fossiler Energieverbrauch		170
Treibhauseffekt		410
Ozonbelastung		140
Bodenversauerung		240
Nährstoffeintrag		82
Deponieraum		1100
Lärm (Fernverkehr)	54	
Lärm (Nahverkehr)		1500
Holzentnahme		170
Kernkraft		550

Nach BUND (Hrsg.): In: Natur und Umwelt 1995

Pro und contra „Grüne Punkte"

„Grüner Punkt" bedeutet: Der Hersteller zahlt für diese Verpackung an DSD einen Beitrag zur Sammlung, Trennung und Verwertung. An dem DSD und den „Grünen Punkten" gibt es massive Kritik von den Umweltverbänden:
– Die Wahl des „Grünen" Punktes signalisiere dem Käufer Umweltfreundlichkeit der Verpackung, die aber gar nicht gegeben sei, wenn man die Weißblechdose mit dem „Grünen Punkt" mit der umweltfreundlichen Pfandflasche ohne „Grünen Punkt" vergleiche. Damit werde eine Verdrängung des umweltfreundlichen Mehrweg(Pfand)-systems durch die Einwegverpackungen gefördert.

– Das System diene nicht der Müllvermeidung.
– Der „Grüne Punkt" verheiße Recycling der Verpackung, obwohl dies bei Kunststoff und Verbundmaterial nur zum Teil gewährleistet sei.
– Mangelnde Absatzchancen für die vergleichsweise teuren Recyclingstoffe (Syntheseöl statt Erdöl) könnten notgedrungen zur „thermischen Verwertung", d. h. zur Verbrennung der Verpackungen führen.

Demgegenüber betont die Bundesregierung:
– Ein Rückgang des Mehrweganteils bei Getränkeverpackungen werde verhindert.
– Der Packmitteleinsatz werde durch den „Grünen Punkt" verteuert und damit ein Anreiz zur Verminderung gegeben. Zwischen 1991 und 1993 sei der Packmitteleinsatz aus Haushalten und Kleingewerbe um 7,7% zurückgegangen.
– In naher Zukunft könnten nahezu alle Kunststoffverpackungen im Inland verwertet werden.

Aktionsmöglichkeiten für Schüler

Besichtigung der Abfalldeponie

Da die Abfallentsorgung Angelegenheit der Landkreise oder kreisfreien Städte ist, befindet sich eine Entsorgungsanlage (überwiegend Deponie) meist in guter Erreichbarkeit, sodass man an einem Schulvormittag eine Exkursion dorthin durchführen kann. Dort könnte man Folgendes beobachten und untersuchen:
– Welche Wertstoffe können von Kleinanlieferern (Bürgern, Handwerksbetrieben) dort getrennt abgegeben werden (z. B. Styroporverpackungen, Eisen- und Elektronikschrott)?
– Wird Biomüll kompostiert?
– Wie wird die Müllanlieferung kontrolliert und dokumentiert, sodass z. B. kein Sondermüll angeliefert wird?
– Besonders interessant ist es, auf ein Müllfeld zu gehen, einen Quadratmeter abzustecken und mit Müllzangen noch Verwertbares in getrennte Gefäße zu sammeln. Damit bekommt man einen guten Einblick, in welchen Bereichen die getrennte Sammlung noch nicht gut funktioniert.
– Wie wird das Deponiesickerwasser gereinigt? (Deponiesickerwasser-Kläranlage)
– Was geschieht mit dem Deponiegas?
– Wie ist die Deponie nach unten abgedichtet?

M 11 Eine Schulklasse untersucht den Müll

Besichtigung der Sortieranlage für Leichtverpackungen

Sortieranlagen für Leichtverpackungen (Dosen, Getränkeverbundverpackungen, Kunststoffe) können ebenfalls besichtigt werden. Man könnte erfragen, wie hoch der Anteil der Sortierreste (d. h. der Fehlwürfe und nicht verwertbaren Materialien) ist, wohin die einzelnen Fraktionen geliefert werden, und eine Karte über die Transportwege der „Grüne-Punkt-Verpackungen" anfertigen.

Abfallwirtschaftsberater

Alle Entsorgungsunternehmen der Landkreise und kreisfreien Städte haben Abfallwirtschaftsberater, die man in die Schule einladen und nach dem Entsorgungskonzept befragen kann. Ein Vergleich mit Pro-Kopf-Müllmengen und Recyclingquoten anderer Kommunen könnte Defizite und Chancen für eine Verbesserung aufzeigen.

1. Stellen Sie stichwortartig die wichtigsten Herkunftsbereiche und den Verbleib des deutschen Abfallaufkommens dar (M 1 – M 4).

2. Welche Konsequenzen könnte man aus M 5 für die deutsche Abfallwirtschaft ziehen?

3. Analysieren Sie, welches die drei kostentreibenden Bestandteile einer Mülldeponie sind und wodurch die Kosten vermindert werden können (M 6 und Text S. 161).

4. Legen Sie dar, wie das Hausmüllaufkommen vermindert werden könnte (M 2, M 7).

5. Erörtern Sie (schriftlich) die Pro- und Contra-Argumente zur Verpackungsverordnung und zum „Grünen Punkt" und begründen Sie eine eigene Meinung (M 10).

6. Notieren Sie in Frageform, was Sie über die Abfallwirtschaft Ihrer Stadt gern erfahren würden und machen Sie Vorschläge für entsprechende Untersuchungen.

Abfallaufkommen und -entsorgung in Nordrhein-Westfalen

M 1 *Abfallaufkommen in NRW 1993 und Entsorgungswege der Abfälle*

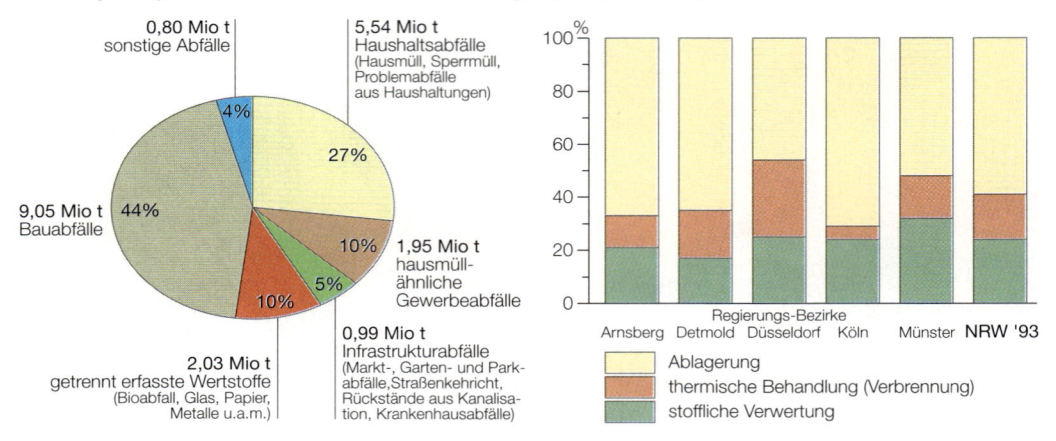

- 0,80 Mio t sonstige Abfälle (4%)
- 5,54 Mio t Haushaltsabfälle (Hausmüll, Sperrmüll, Problemabfälle aus Haushaltungen) (27%)
- 1,95 Mio t hausmüllähnliche Gewerbeabfälle (10%)
- 0,99 Mio t Infrastrukturabfälle (Markt-, Garten- und Parkabfälle, Straßenkehricht, Rückstände aus Kanalisation, Krankenhausabfälle) (5%)
- 2,03 Mio t getrennt erfasste Wertstoffe (Bioabfall, Glas, Papier, Metalle u.a.m.) (10%)
- 9,05 Mio t Bauabfälle (44%)

Regierungs-Bezirke: Arnsberg, Detmold, Düsseldorf, Köln, Münster, NRW '93
- Ablagerung
- thermische Behandlung (Verbrennung)
- stoffliche Verwertung

Nach Ministerium für Umwelt, Raumordnung und Landwirtschaft des Landes Nordrhein-Westfalen (MURL) (Hrsg.): Abfallbilanz NRW 1993 für Siedlungsabfälle. Düsseldorf 1995, S. 5, 9

Restmüllverbrennung

M 2 *Hausmüllverbrennungsanlagen in NRW 1993*

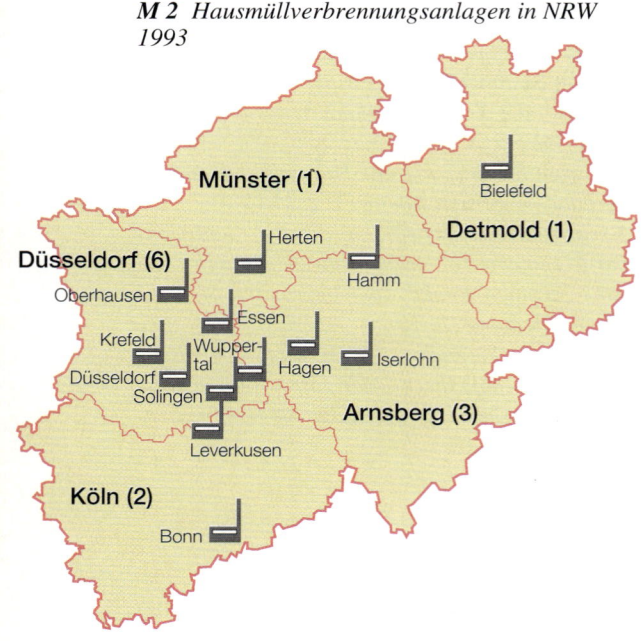

- Münster (1)
- Bielefeld
- Herten
- Detmold (1)
- Düsseldorf (6): Oberhausen, Krefeld, Essen, Wuppertal, Düsseldorf, Solingen, Hamm, Hagen, Iserlohn, Leverkusen
- Arnsberg (3)
- Köln (2): Bonn

Nach MURL (Hrsg.): a.a.O., S. 11

Der bislang praktizierte Umgang mit Abfällen genügt den Ansprüchen einer ökologischen Abfallwirtschaft und den zukünftigen gesetzlichen Anforderungen in aller Regel nicht mehr. Das Ende der derzeit zur Verfügung stehenden Entsorgungsmöglichkeiten auf den vorhandenen Deponien ist vielfach abzusehen. Gleichzeitig erweisen sich die notwendigen Entscheidungs- und Genehmigungsverfahren für neue bzw. alternative Wege als immer langwieriger.

Auch nach der getrennten Sammlung und Verwertung von Wertstoffen bzw. der Kompostierung von organischen Abfällen bleibt ein zu entsorgender Restmüll. Die „Technische Anleitung Siedlungsabfall" (TASi) schreibt vor, dass ab dem Jahre 2005 nur noch solche Stoffe abgelagert werden dürfen, die inert (erdähnlich) sind, also kein Sickerwasser und kein Deponiegas bilden. Nach Meinung vieler Experten ist dies am leichtesten und problemlosesten durch eine thermische Behandlung, also Verbrennung, zu erreichen oder durch eine mechanisch-biologische Vorbehandlung des Restmülls.

M 3 *Schema einer Müllverbrennungsanlage*

Dargestellt ist das im Bau befindliche „Müllheizkraftwerk" Weisweiler bei Aachen. Die Anlage ist ausgelegt auf einen jährlichen Durchsatz brennbarer Abfälle in Höhe von 305 000 t. Bei der Verbrennung reduziert sich diese Menge auf ca. 104 000 t. Der bei der Verbrennung entstehende Dampf wird dem Braunkohlenkraftwerk Weisweiler zur Stromerzeugung zugeführt. Der überwiegende Anteil der Asche (ca. 65 %) soll beim Straßenbau eingesetzt werden.

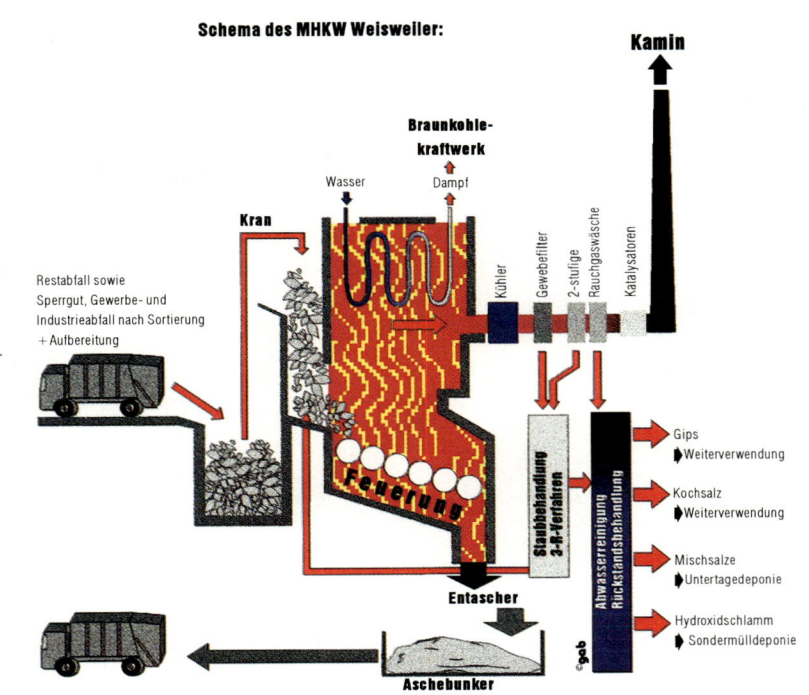

gab – gesellschaft für abfallwirtschaft und biologische technik mbh

Argumente der Befürworter der Restmüllverbrennung
– Die „thermische Verwertung" nutzt einen Teil der im Abfall steckenden Energie, die bei fehlender (Teil-)Verbrennung verloren ginge.
– Die Emissionen aus der Abfallverbrennung spielen mit Ausnahme von Cadmium und Quecksilber im Rahmen der Gesamtemissionen aus Kraftwerken, Industrie, Verkehr und Haushalten eine untergeordnete Rolle.
– Neue MVAs (Müllverbrennungsanlage), die die verschärften Grenzwerte einhalten, haben hochwirksame Abgasreinigungsanlagen, ihre Emissionen sind gesundheitlich unbedenklich.
– Die MVA ist zur Zeit die einzige Großtechnologie, die eine Inertisierung, das heißt ein weitgehendes Unschädlichmachen des Restmülls ermöglicht. Dabei kommt es auch zur Zerstörung organischer Schadstoffe.
– Es geht nicht an, dass die Entsorgung der von uns heute produzierten Abfälle den nachfolgenden Generationen als Altlast übertragen wird.

Argumente der Gegner der Restmüllverbrennung
– Weil eine Unterauslastung aus MVAs die Entsorgungskosten in die Höhe treibt, werden nach der Errichtung einer Verbrennungsanlage Müllverminderungsmaßnahmen nicht mehr konsequent durchgeführt, möglicherweise ganz aufgegeben, weil die Müllmenge für die ökonomische Verbrennung nicht ausreicht. Der Zwang zur Abfallverminderung und -verwertung entfällt.
– Eine Gesundheitsgefährdung durch Emissionen ist nicht auszuschließen. Die Emission von Schwermetallen und Dioxin ist belegt.
– Bei der MVA entsteht unter anderem (2–3 Gew.-%) hochgiftiger Sondermüll (Filteraschen).
– Auch die Schlacke, der wichtigste Reststoff der Verbrennung, muss überwiegend deponiert werden. Eine Verwendung als Straßenbaumaterial ist wegen der hohen Salz- und Schwermetallgehalte nicht unbedenklich.
– Eine intensive Forschung im Bereich mechanisch-biologischer Restmüllbehandlungsverfahren (siehe S. 168) würde weitere Fortschritte in dieser umweltentlastenden Technologie bringen.
– Die Müllverbrennung ist mit Abstand die teuerste Restmüllentsorgung. Sie erfordert zentrale, große Anlagen, zu denen der Müll über weite Strecken transportiert werden muss.

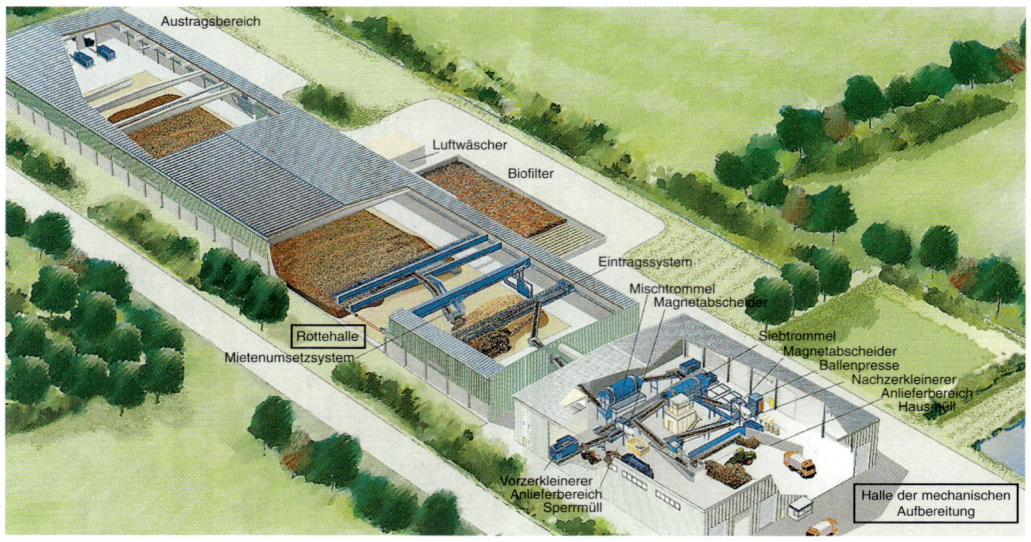

Gesellschaft für Abfallwirtschaft Lüneburg
M 4 *Mechanisch-biologische Restmüll-Vorbehandlungsanlage (MBV) Lüneburg*

Mechanisch-biologische Vorbehandlung (MBV) des Restmülls

In der MBV wird in einem ersten Schritt der angelieferte Restmüll mechanisch zerkleinert. Wertstoffe (Magnetabscheider) und Störstoffe werden entfernt. In einem zweiten, dem biologischen Schritt verrotten die noch enthaltenen organischen Bestandteile. Unter Zusatz von Wasser und bei guter Belüftung werden diese durch Bakterien zu Kohlendioxid und Wasser und z. T. zu kompostähnlichen Huminstoffen abgebaut. Der Vorgang gleicht der Kompostierung. Das Endprodukt enthält aber auf Grund seiner Herkunft (Restmüll statt Biomüll) noch zahlreiche Stoffe und hat daher nicht die Qualität und Verwendbarkeit eines Kompostes. Der Rotteprozess erfolgt in einer Halle innerhalb von 4 Monaten. Dabei kommt es zur Gewichtsverminderung um ca. 40 Prozent. Das Volumen vermindert sich um über 50 Prozent. Durch die MBV wird die Laufzeit der Restmülldeponie also mindestens verdoppelt.

Entwicklungspotentiale

Das deponierte Rottematerial lässt sich relativ leicht in eine gröbere kunststoff- und textilreiche Fraktion und eine feinere erdähnliche Fraktion trennen. Die feinere Fraktion ist allein nicht brennfähig und könnte deponiert werden. Die heizwertreiche Fraktion könnte in einem normalen Kohlekraftwerk mitverbrannt werden und auf diese Weise Kohle substituieren (ersetzen).
Durch MBV könnte man den Restmüll drastisch vermindern und anschließend trennen für eine teilweise Deponierung und teilweise Verbrennung. Damit würde die benötigte Verbrennungskapazität reduziert.

M 5 *Stoffströme in der MBV-Anlage Lüneburg*

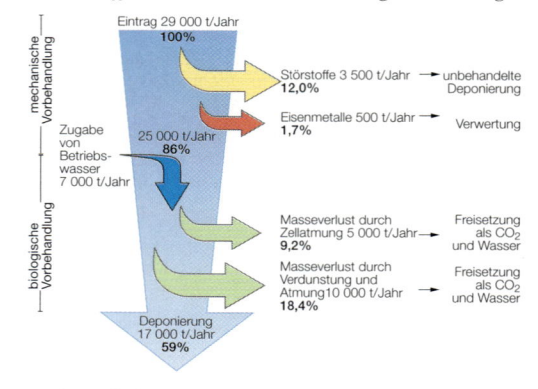

mechanische Vorbehandlung:
- Eintrag 29 000 t/Jahr 100%
- Störstoffe 3 500 t/Jahr 12,0% → unbehandelte Deponierung
- Eisenmetalle 500 t/Jahr 1,7% → Verwertung
- 25 000 t/Jahr 86%
- Zugabe von Betriebswasser 7 000 t/Jahr

biologische Vorbehandlung:
- Masseverlust durch Zellatmung 5 000 t/Jahr 9,2% → Freisetzung als CO_2 und Wasser
- Masseverlust durch Verdunstung und Atmung 10 000 t/Jahr 18,4% → Freisetzung als CO_2 und Wasser
- Deponierung 17 000 t/Jahr 59%

Nach Gesellschaft für Abfallwirtschaft Lüneburg

M 6 Schülerinnen- und Schüleraktion „Total tote Dose"

M 7 3500 Schülerinnen und Schüler verhängen mit 20 000 Getränkedosen das Göttinger Rathaus

Am 6. 5. 1992 demonstrierten an vielen Orten in Deutschland Jugendliche für eine Eindämmung der Verpackungsflut – das Brandenburger Tor verschwand hinter einem Dosenvorhang.
Ein Jahr später waren erste Erfolge zu verzeichnen. In Berlin stellte eine Brauerei unter Bezug auf die Aktionen auf Mehrweg um; in Göttingen wurden zwei „dosenfreie" Stadtteile eingerichtet. Diese Idee fand bundesweit Nachahmer von anderen Schülergruppen. Inzwischen gibt es rund 100 dosenfreie Zonen im Bundesgebiet.

1. Werten Sie die Materialien zum Abfallaufkommen und zur Abfallentwertung in NRW (M 1) aus und erörtern Sie vor diesem Hintergrund die Notwendigkeit alternativer Entsorgungswege.
2. Vergleichen Sie die Anlagen zur Restmüllverbrennung und zur mechanisch-biologischen Restmüllvorbehandlung. Erörtern Sie deren Vorzüge und Nachteile.
3. Die Kreise und kreisfreien Städte in NRW sind gesetzlich verpflichtet, für ihre Gebiete Abfallwirtschaftskonzepte aufzustellen. Informieren Sie sich anhand des Abfallwirtschaftskonzeptes Ihrer Heimatstadt bzw. Ihres Heimatkreises über Abfallaufkommen und Entsorgungswege.

M 1 Verkehr in der Innenstadt

Innerstädtischer Verkehr: „Dicke Luft"

M 2 Anteil des Straßenverkehrs an den Schadgasemissionen in Deutschland 1990

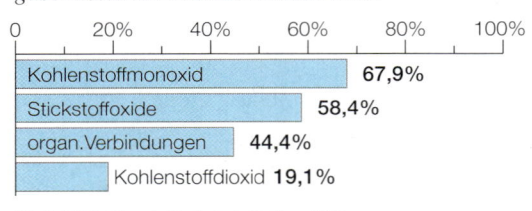

- Kohlenstoffmonoxid: 67,9%
- Stickstoffoxide: 58,4%
- organ. Verbindungen: 44,4%
- Kohlenstoffdioxid: 19,1%

Nach BMV (Hrsg.): Verkehr in Zahlen 1995

M 3 Kraftstoffverbrauch auf Kurzstrecken

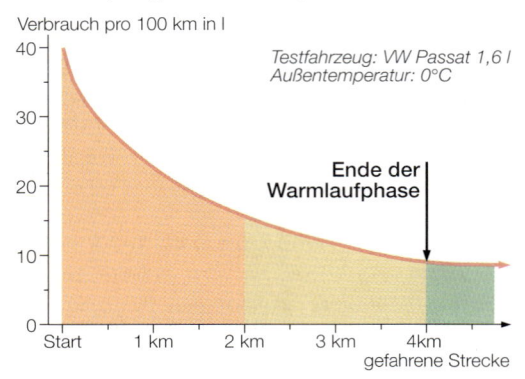

Verbrauch pro 100 km in l
Testfahrzeug: VW Passat 1,6 l
Außentemperatur: 0°C
Ende der Warmlaufphase
gefahrene Strecke

Nach ADAC-Umwelt-Tip

M 4 Anteil der PKW-Fahrten nach der Länge der Fahrtstrecken

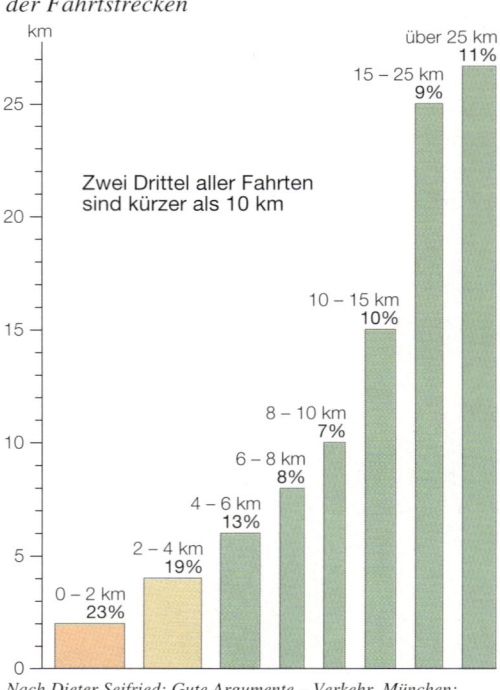

Zwei Drittel aller Fahrten sind kürzer als 10 km

- 0 – 2 km: 23%
- 2 – 4 km: 19%
- 4 – 6 km: 13%
- 6 – 8 km: 8%
- 8 – 10 km: 7%
- 10 – 15 km: 10%
- 15 – 25 km: 9%
- über 25 km: 11%

Nach Dieter Seifried: Gute Argumente – Verkehr. München: Beck 1990, S. 28

Die Bedeutung von Kurzstrecken für die Abgasbelastung in den Innenstädten liegt in den hohen Abgasmengen. Da der Katalysator erst seine Arbeitstemperatur von ca. 700 °C erreichen muss, bevor er seine volle Wirksamkeit erreicht, ist bei Kurzfahrten mit kaltem Motor (M 3) der Unterschied zwischen Fahrzeugen mit und ohne Katalysator geringfügig. Kurzfahrten erzeugen überproportional hohe Schadgasemissionen.

Schadstoffkonzentrationen in PKW-Innenräumen. „Schon seit 1972 untersucht die Pilotstation Frankfurt (des Umweltbundesamtes) die Schadstoffbelastung im Innenraum von fahrenden PKW und LKW. Die Station verfügt über ein Messfahrzeug, das eigens für diese Untersuchungen umgerüstet wurde. Die Ergebnisse sind zum Teil Besorgnis erregend: Die Schadstoffbelastungen im PKW-Innenraum sind durchweg höher als die am Straßenrand gemessenen Werte … Der Grund für diese Werte ist, dass die Fahrzeuge ständig in der noch nicht sonderlich verdünnten Abgasfahne des vorangehenden Fahrzeugs fahren. Die Konzentrationen erreichen teilweise gesundheitlich bedenkliche Werte, was insbesondere für Personen, die sich beruflich bedingt lange in Fahrzeugen aufhalten, von Bedeutung ist. Die Kfz-Insassen sind in besonders hohem Maße Konzentrationen an Krebs erzeugendem Benzol ausgesetzt. Die Werte lagen zwischen 15 und 54 Mikrogramm pro Kubikmeter. Für Innenstädte ist ab 1995 als Jahresmittelwert ein Schwellenwert zur Einleitung von verkehrlichen Maßnahmen von 15 Mikrogramm/m³ und ab 1998 von 10 Mikrogramm/m³ vorgesehen (M 7). Auch Stickoxide wurden in hohen Konzentrationen gemessen. Bei Kohlenmonoxid, einem Atemgift, wurden Konzentrationen bis zur Hälfte des für Arbeitsplätze gültigen Grenzwertes festgestellt."

Presseinformation des Umweltbundesamtes vom 23. 9. 1994

M 5 *Immissionsbelastung von Kfz-Insassen und Fahrradfahrern. Beispiel: Stark befahrene Pendlerrouten in Frankfurt*

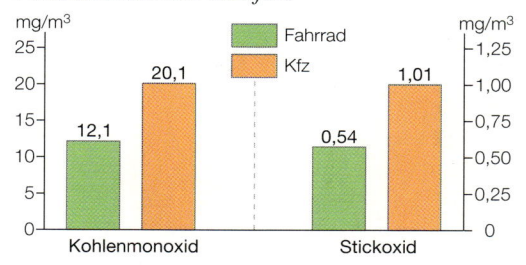

Nach Wolfgang Mücke: Zur Beurteilung gesundheitlicher Auswirkungen von Luftverschmutzungen in Kraftfahrzeugen. In: Haury u. a. (Hrsg.): Dicke Luft in Innenräumen. Neuherberg 1991, S. 26

M 6 *Kohlenmonoxid (CO)- und Stickoxid (NO)-Konzentration im Straßenraum/Frankfurt*

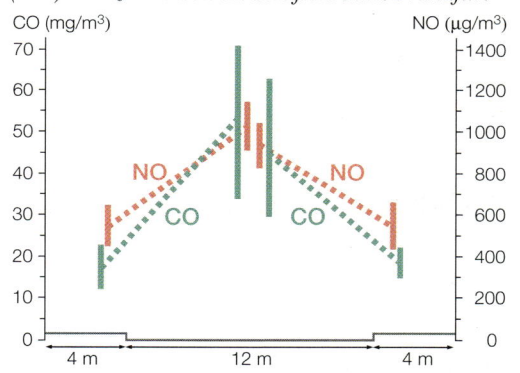

Wolfgang Mücke: a.a.O.
Die Unterschiede von rechter und linker Straßenseite erklären sich durch unterschiedliche Meßzeiten.

M 7 *Benzolgehalt in und außerhalb von Kraftfahrzeugen*

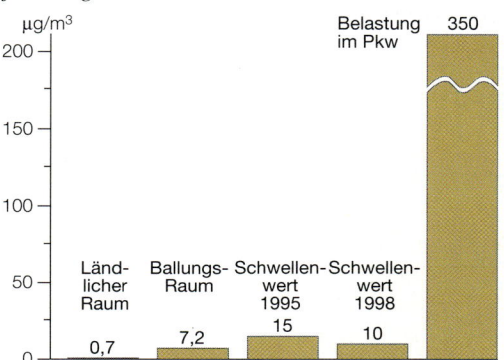

Umweltbehörde Hamburg (Hrsg.): Autoverkehr und Umwelt. Hamburg 1993 und Christoph Stein: Dicke Luft im Auto. In: Praxis Geographie 1994, H. 7/8, S. 46

M 8 Wege nach Verkehrszwecken im Laufe eines Tages. Beispiel Wolfsburg 1992

Anzahl der Wege in Tausend (kumuliert)

- Freizeit, Erholung
- Einkauf
- Ausbildung
- dienstl./geschäftl. Erledigung
- Arbeit sonst
- Arbeit VW

Nach Verkehrsentwicklungsplan Wolfsburg. Erläuterungsbericht März 1995, Teil I

M 9 PKW-Fahrten nach Verkehrszweck, Deutschland 1993 (Personen-km in %)

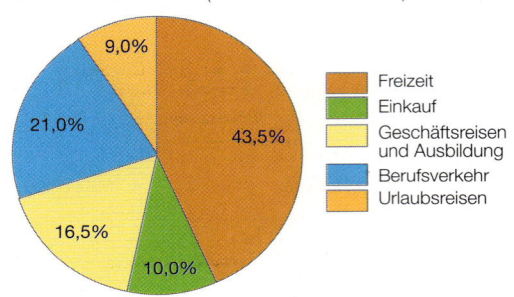

- Freizeit: 43,5%
- Einkauf: 10,0%
- Geschäftsreisen und Ausbildung: 16,5%
- Berufsverkehr: 21,0%
- Urlaubsreisen: 9,0%

Nach Christoph Stein: Die Fahrt ins Wochenende – ein Problem für die Umwelt. In: Praxis Geographie 1994, H. 7/8, S. 42

M 10 Verkehrsmittelwahl (modal split) in Prozent

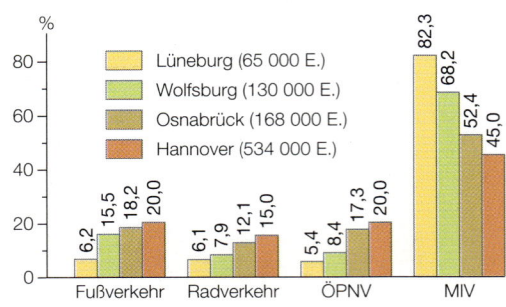

- Lüneburg (65 000 E.)
- Wolfsburg (130 000 E.)
- Osnabrück (168 000 E.)
- Hannover (534 000 E.)

	Fußverkehr	Radverkehr	ÖPNV	MIV
Lüneburg	6,2	6,1	5,4	82,3
Wolfsburg	15,5	7,9	8,4	68,2
Osnabrück	18,2	12,1	17,3	52,4
Hannover	20,0	15,0	20,0	45,0

Nach eigenen Erhebungen

Einige wichtige Begriffe:

Emission: Die Schadstoffkonzentration an der Ausstoß-(Emissions-)quelle, d.h. die am Auspuff oder am Schornstein gemessen wird.

Immission: Die Schadstoffkonzentration an einem Ort abseits der Emissionsquelle, d.h. die Konzentration, die z. B. eingeatmet wird.

MIV: Motorisierter Individualverkehr, d.h. der private PKW- und Kraftradverkehr.

ÖPNV: Öffentlicher Personen-Nahverkehr, d.h. in den Städten der Bus-, U-Bahn-, Straßenbahn-Verkehr.

modal split: Der Anteil der Wege nach Verkehrsarten (Fuß-, Radverkehr, ÖPNV, MIV) in Prozent.

Benzol gehört zu den Krebs fördernden Stoffen. Es wird im Körper umgewandelt, gespeichert und angereichert. Die Abbauprodukte schädigen u. a. das Knochenmark und können 5 bis 30 Jahre nach der Aufnahme des Benzols zu Leukämie (Blutkrebs) führen.

Kohlenmonoxid (CO) blockiert als Atemgift den Sauerstofftransport der roten Blutkörperchen. Unverdünnte (!) Autoabgase führen bei längerem Einatmen zu Bewusstlosigkeit oder Tod. Zur Verdünnung des Kohlenmonoxids werden große Luftmengen benötigt, wie das Foto M 16 zeigt.

Eine stark befahrene Großstadtstraße. In der Göttinger Straße in Hannover steht seit 1989 ein Luftmesscontainer des LÜN (Lufthygienisches Überwachungssystem Niedersachsen). Die automatisch messenden LÜN-Container stehen an 33 Orten in Niedersachsen. Ihre Werte sind öffentlich zugänglich. Die Diagramme M 11 charakterisieren die Verkehrs- und Schadstoffsituation in dieser Großstadtstraße; in anderen Städten mit gleich stark befahrenen Straßen ist die Schadstoffbelastung ähnlich.

Die Luftschadstoffkonzentrationen weisen neben der Abhängigkeit von der Kfz-Zahl einen deutlichen Tagesgang bedingt durch die täglichen Witterungserscheinungen auf. Im Sommerhalbjahr bewirkt das temperaturbedingte Aufsteigen der sich erwärmenden Luft vor allem mittags und z. T. nachmittags eine Durchlüftung der Straßen.

M 11 Mittlerer Tagesgang an Werk- und Sonntagen der Kfz-Zahlen, der Benzol- und Kohlenmonoxid-Immission am Straßenrand einer stark befahrenen Einfallstraße in Hannover (Göttinger Straße)

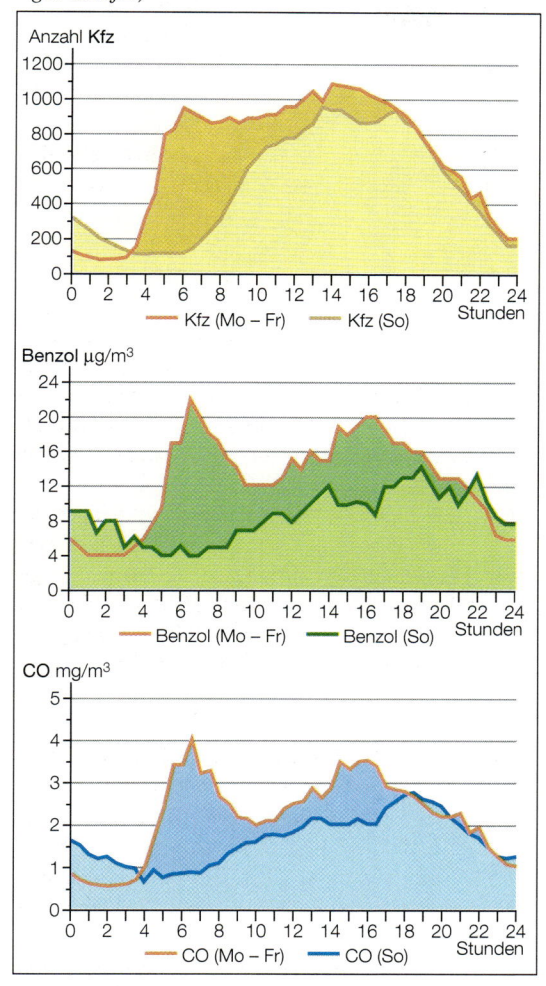

Nach Niedersächsisches Landesamt für Ökologie (Hrsg.): Lufthygienisches Überwachungssystem Niedersachsen, Luftschadstoffbelastung in Straßenschluchten. Hildesheim 1994, S. 62–64

Mit ca. 71 Dezibel (A) am Vormittag ist der Verkehrslärm an der Göttinger Straße 7 Dezibel über der Verkehrslärmschutzverordnung. In der Dezibel-(dB A)-Messskala entspricht einer Zunahme von 10 dB (A) eine Verzehnfachung der Kfz-Zahl. Vom menschlichen Ohr wahrgenommen wird diese Änderung nur als Verdopplung. Die gute Nachricht ist also: „Eine Verzehnfachung des Verkehrs wird nur als Verdopplung des Lärms empfunden." Die schlechte Nachricht ist: „Will man an einer Straße den Lärm halbieren, muss man die Zahl der Kfz nicht nur halbieren, sondern um 90% (!) reduzieren."

Beispiel: Kfz-Zahl-Halbierung an der Göttinger Straße bedeutet Änderungen von 71 auf 68 dB (A). Der Grenzwert der Verkehrslärmschutzverordnung für Mischgebiete beträgt tags 64 dB (A).

1. Bodennahes Ozon („Sommersmog") entsteht bei Strahlungswetter im Wesentlichen durch das Zusammentreffen von Stickoxiden und Kohlenwasserstoffen (= organische Verbindungen). Erläutern Sie die Rolle des Straßenverkehrs bei der Entstehung des „Sommersmogs" (M 2).

2. Erläutern Sie die Bedeutung von Kurzstreckenfahrten für die Schadstoffbelastung von innerörtlichen Straßen (M 3 – M 4).

3. Stellen Sie dar, wodurch die Gesundheit von Autofahrern besonders gefährdet wird (Text und M 5 – M 7). Berücksichtigen Sie dabei, dass das Schadgas Kohlenmonoxid (CO) selbst bei Gesunden zur Blockierung des Blutfarbstoffes Hämoglobin führt und über die Beschränkung des Sauerstofftransportes im Blut die Fahrtauglichkeit einschränkt (M 2). Vergleichen Sie M 6 mit M 11.

4. Vergleichen Sie die Verkehrsmittelwahl in vier unterschiedlich großen Städten (M 10).

5. Beschreiben Sie die Verteilung der Ortsveränderungen im Laufe eines Tages, d.h. zu welchen Tageszeiten welche Verkehrsfunktionen bedeutsam sind, und erläutern Sie die Bedeutung des Freizeitverkehrs (M 8/9).

6. Charakterisieren Sie den Tagesverlauf an Werk- und Sonntagen in der Göttinger Straße in Hannover (M 11).

7. Das Bundesumweltministerium äußerte sich 1992 zur Innenraumbelastung von Kfzs: „Es ist aber anzunehmen, dass selbst ein nur einstündiger täglicher Aufenthalt in einem Kraftfahrzeug einen nicht zu vernachlässigenden Beitrag zur Gesamtdeposition (Belastung) vor allem durch organische Verbindungen (z. B. Benzol) leisten kann." Erläutern Sie diese Aussage am Beispiel eines Pendlers, der täglich die Göttinger Straße (M 11) oder eine ähnlich belastete Straße mit dem PKW fahren muss. Vergleichen Sie dazu M 11 mit M 5 – M 7.

Was Schülerinnen und Schüler im Erdkundeunterricht zum Thema „Verkehr" unternommen haben:

M 12 Abgasmessung mit der Gasspürpumpe

M 15 Wie Motorabgase sauren Regen erzeugen

M 13 Verkehrszählung

M 16 Darstellung des Luftvolumens, das bei einer PKW-Fahrt von 1,6 Metern zur Verdünnung der dabei entstehenden Abgase benötigt wird

M 14 Flächenverbrauch durch MIV

M 17 Flächenverbrauch durch ÖPNV

Was Sie als Schülerinnen und Schüler im Erdkundeunterricht, in einer Projektwoche oder privat tun können:

– Verkehrszählungen durchführen
– Befragung von Passanten zu einer geplanten Verkehrsberuhigung
– Schallpegelmessungen
– eine Ausstellung über die Verkehrssituation am Schulstandort
– Verbesserungsmöglichkeiten für den ÖPNV den Verkehrsbetrieben vortragen
– Beteiligung an der jährlichen Aktion „Mobil ohne Auto", Zusammenarbeit mit den örtlichen Umweltverbänden
– Stadtplan mit den Wegstrecken der Lehrer zur Schule aushängen, unterteilt nach PKW-, Bus- und Fahrradbenutzung
– Projektwoche „Verkehr und Umwelt"
– kreative, provokative Darstellung der Umweltgefahren des Verkehrs
– auf Fahrradwegen falsch geparkte PKWs mit scheinbaren „Strafzetteln" versehen
– Entsiegelung und Begrünung eines Parkplatzes vor der Schule
– falls er noch fehlt: einen Verkehrsentwicklungsplan für den Schulstandort einfordern (Unterschriftenliste, Podiumsdiskussion)

Einige Themen, die Jugendliche beim Bundesumweltwettbewerb bearbeitet haben (ab Klasse 9, bis 21. Lebensjahr)

– Verkehrslärm in Berlin-Zehlendorf: eine Bestandsaufnahme und Verbesserungsvorschläge
– Hilbeck – oder die Probleme eines Durchfahrts-Dorfes. Entwicklung und Folgen des Verkehrs
– Verkehrskonzept für die Stadt Paderborn zur Entlastung der Umwelt: Robert Dübbers (damals 18 Jahre) und Silvia Schulte (damals 17 Jahre) haben als Alternative zur derzeitigen kommunalen Verkehrspolitik ein eigenes Verkehrskonzept für die Paderborner Innenstadt entwickelt. Das Konzept wurde als Bürgerantrag in den Haupt- und Finanzausschuss der Stadt eingereicht und in Ausstellungen der Öffentlichkeit präsentiert.

M 18 Demonstration für eine bessere Luft

M 1 Aachen – Lage in einem Talkessel. Mit 254 000 Einwohnern ist Aachen die westlichste Großstadt Deutschlands, Oberzentrum der europäischen Maas-Rhein-Region und Standort einer der großen Universitäten der Bundesrepublik. Die Stadt zieht zahlreiche Pendler aus dem In- und Ausland an. Daraus resultieren hohe Verkehrsströme, die besonders bei austauscharmen Wetterlagen zu gravierenden Immissionsbelastungen führen.

Aachen – ökologisch orientierte Verkehrspolitik

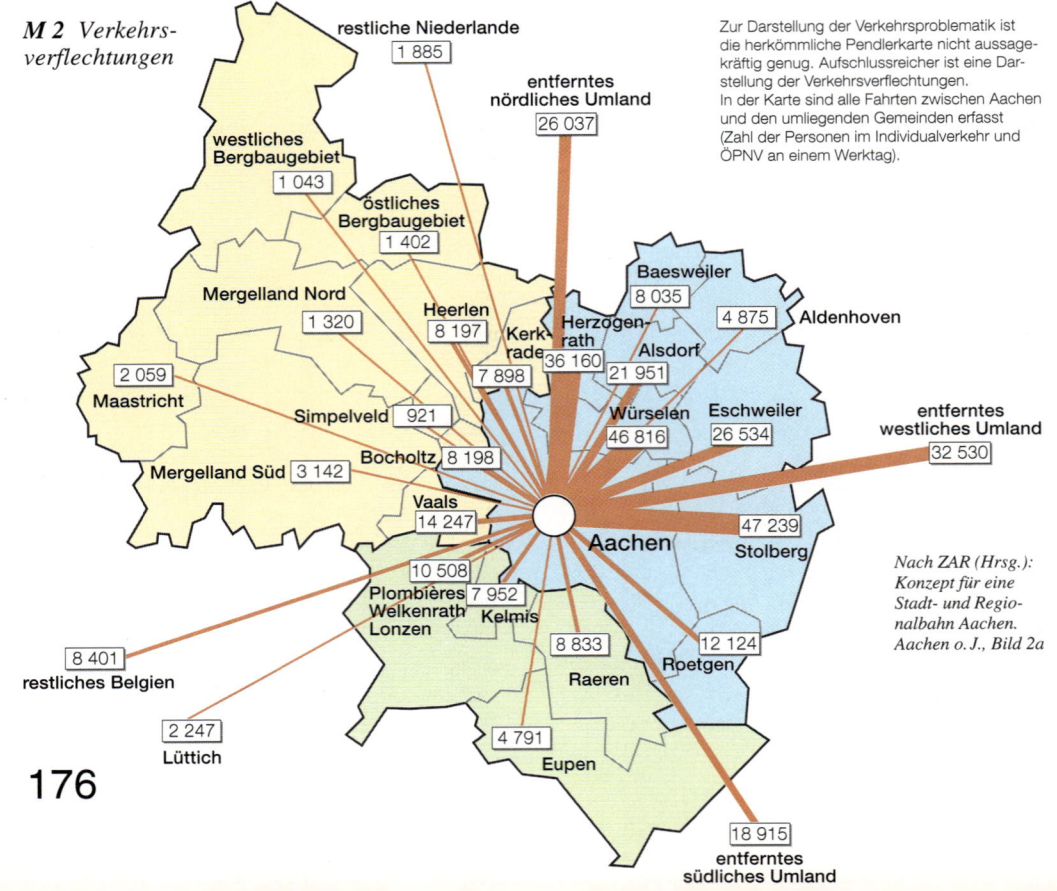

M 2 Verkehrsverflechtungen

Zur Darstellung der Verkehrsproblematik ist die herkömmliche Pendlerkarte nicht aussagekräftig genug. Aufschlussreicher ist eine Darstellung der Verkehrsverflechtungen. In der Karte sind alle Fahrten zwischen Aachen und den umliegenden Gemeinden erfasst (Zahl der Personen im Individualverkehr und ÖPNV an einem Werktag).

restliche Niederlande 1 885
entferntes nördliches Umland 26 037
westliches Bergbaugebiet 1 043
östliches Bergbaugebiet 1 402
Mergelland Nord 1 320
Heerlen 8 197
Kerkrade 7 898
Herzogenrath 36 160
Alsdorf 21 951
Baesweiler 8 035
Aldenhoven 4 875
Maastricht 2 059
Simpelveld 921
Würselen 46 816
Eschweiler 26 534
entferntes westliches Umland 32 530
Mergelland Süd 3 142
Bocholtz 8 198
Vaals 14 247
Aachen
Stolberg 47 239
restliches Belgien 8 401
Plombières Welkenrath Lonzen 10 508
Kelmis 7 952
Raeren 8 833
Roetgen 12 124
Lüttich 2 247
Eupen 4 791
entferntes südliches Umland 18 915

Nach ZAR (Hrsg.): Konzept für eine Stadt- und Regionalbahn Aachen. Aachen o. J., Bild 2a

Ökologischer Stadtumbau

„Die traditionelle Stadtentwicklungspolitik reicht nicht mehr aus, um den Umweltproblemen in den Städten wirksam zu begegnen ... Die Begriffe ‚Ökologischer Stadtumbau' oder ‚Ökologisch orientierte Stadtentwicklung' stehen für eine veränderte, an ökologischen Prinzipien ausgerichtete Stadtentwicklungsplanung, die sich der Verbesserung der Umweltsituation und der Lebensbedingungen für Mensch und Natur in den Städten verschreibt. ... Auch wenn sich kommunaler Umweltschutz heute nicht mehr allein auf die Beseitigung eingetretener Umweltschäden beschränkt, so mangelt es den einzelnen Ansätzen zu Umweltvorsorge und -planung zumeist an der Verknüpfung und Integration."

Ministerium für Umwelt, Raumordnung und Landwirtschaft und Ministerium für Stadtentwicklung und Verkehr des Landes Nordrhein-Westfalen (Hrsg.): Ökologische Stadt der Zukunft. Düsseldorf 1994, S. 4

Mit dem Modellprojekt „Ökologische Stadt der Zukunft" will die Landesregierung Nordrhein-Westfalen einen neuen, richtungsweisenden Weg einschlagen. Mit Hilfe eines umfangreichen Förderprogramms sollen in drei ausgewählten Städten des Landes (Aachen, Hamm, Herne) unterschiedliche Ansätze eines ökologischen Stadtumbaus in einen kommunalpolitischen Gesamtzusammenhang gestellt und erprobt werden. Ziel des Modellprojektes ist es, diese drei Städte zu „ökologischen Modellstädten" zu entwickeln, die durch die Erarbeitung und Umsetzung innovativer Ideen eine Vorbildfunktion für andere Städte übernehmen sollen.

Aachen wurde als eine der drei Städte ausgewählt, weil es bereits zahlreiche Erfahrungen auf dem Gebiet der „ökologischen Stadtentwicklung" vorweisen kann und weil es aufgrund seiner Lage und Funktion besonders geartete ökologische Probleme zu bewältigen hat, die vielseitige und individuelle Lösungsansätze erfordern.

Als Leitlinie für die ökologische Entwicklung erstellte die Stadt ein Rahmenkonzept, das einen Katalog mit Maßnahmen für alle relevanten stadtökologischen Handlungsfelder enthält: Flächennutzung, Verkehr, Energie, Bauen, Wohnen, Wohnumfeld, Abfall- und Abwasserentsorgung.

M 3 Parkleitsystem in Aachen

Handlungsfeld Verkehr

Im Mittelpunkt des Rahmenkonzeptes steht das Ziel der Luftverbesserung in der Stadt ‚Bad Aachen'. Außer durch Maßnahmen zur Verringerung des Schadstoffausstoßes bei der Erzeugung von Strom und Wärme hofft die Stadt dieses Ziel vor allem durch eine Reduzierung der Verkehrsmengen zu erreichen. Dazu musste sie ein Gesamtkonzept erstellen, das alle Verkehrsmittel gleichermaßen berücksichtigt und alle Konzeptansätze integriert.

Dieses Verkehrskonzept nennt für die Aachener Innenstadt vier Hauptziele:
– Eindämmung des Autoverkehrs,
– Vorrang der Linienbusse vor Autoverkehr,
– Förderung des Radverkehrs,
– Verbesserung der Situation für die Fußgänger.

Zur Eindämmung des Autoverkehrs wurden inzwischen große Bereiche der Innenstadt zu Tempo-30-Zonen bzw. zu Anwohnerparkzonen erklärt. Für die wenigen übrigen Stellplätze müssen Parkgebühren entrichtet werden.

Sechs Park-and-Ride-Plätze mit ca. 10 000 Stellplätzen sollen die Autofahrer von der Fahrt in die City abhalten und zum Umsteigen in die Linienbusse bewegen. Die Park-and-Ride-Plätze wurden alle auf bereits bestehenden Stellplätzen eingerichtet, sodass eine zusätzliche Flächenversiegelung vermieden wurde. Computergesteuerte Anzeigetafeln informieren über Buslinien und Taktfolgen; Autofahrer, die dieses Informationsangebot zum Umsteigen nicht nutzen wollen, werden mit einem automatischen Verkehrsleitsystem zu freien Parkmöglichkeiten gelotst.

Der Vorrang für Linienbusse soll u. a. gewährleistet werden durch die konsequente Bevorrechtigung an Ampeln sowie die Anlage spezieller Busspuren, z. T. in der Mitte der Fahrbahn, um so Behinderungen durch parkende Autos zu unterbinden; gleichzeitig wird der Straßenraum so aufgeteilt, dass die Busse zu einem späteren Zeitpunkt (ca. ab dem Jahre 2002) durch eine Straßenbahn ersetzt werden können. Tarifvergünstigungen und eine schnelle Taktfolge auf allen Linien in der Innenstadt sind weitere Maßnahmen zur Steigerung der Attraktivität des ÖPNV.

Zur Förderung des Radverkehrs werden an fast allen Hauptverkehrsstraßen spezielle Radspuren ausgewiesen, Einbahnstraßen z. T. in beide Richtungen für Radfahrer geöffnet, ein gesamtstädtisches Wegweisesystem aufgebaut und B+R-Anlagen (B+R = Bike and Ride) errichtet. Wegweisend war die Einrichtung der ersten Fahrradstraße im März 1994, auf der Radfahrer grundsätzlich Vorrang vor dem Auto haben. Seit ihrer Einführung wuchs der Fahrradverkehr auf dieser Strecke um nahezu 50 %, der Kraftfahrzeugverkehr ging um ein Sechstel zurück.

Eine Verbesserung der Fußgängersituation wurde durch folgende Maßnahmen erreicht:
– Aufstellung eines Fußwegeplans mit einer speziellen Beschilderung, mit deren Hilfe Ortsfremde durch die Stadt geführt werden,
– Ausweitung bzw. Einrichtung von Fußgängerbereichen,
– Anlage von Überquerungshilfen,
– „Rundumgrün" für Fußgänger an vielen Kreuzungen; d. h. alle Fahrbahnen können gleichzeitig, Kreuzungen auch diagonal überquert werden, ohne dass sich Fahrzeuge im Kreuzungsbereich aufhalten.

Bahnbrechend in NRW ist das Projekt „Fußgängerfreundliche Innenstadt", das im Oktober 1991 eingeführt wurde. An Samstagen ist von 10 bis 17 Uhr die City für private Fahrzeuge gesperrt. Freie Zufahrt haben nur Linienbusse, Taxen, Notdienste, Anwohner (mit entsprechendem Ausweis), Hotelgäste und Radfahrer. Die innerstädtischen Parkhäuser mit 6000 Stellplätzen (zwei Ausnahmen) bleiben über Zufahrtsschleusen anfahrbar.

Die Auswirkungen der „Fußgängerfreundlichen Innenstadt" sind heftig umstritten. Insgesamt ist eine Zunahme von Besuchern der Innenstadt festzustellen. Nach Angaben der Stadt lagen die Umsatzeinbußen des Einzelhandels durch schlechte Erreichbarkeit bei nur 2 %, der Einzelhandel spricht jedoch von 25 %.

M 4 Verkehrsmittelwahl: Besucherbefragungen in der Aachener Innenstadt an verschiedenen Samstagen vor und nach der Einführung der „Fußgängerfreundlichen Innenstadt".

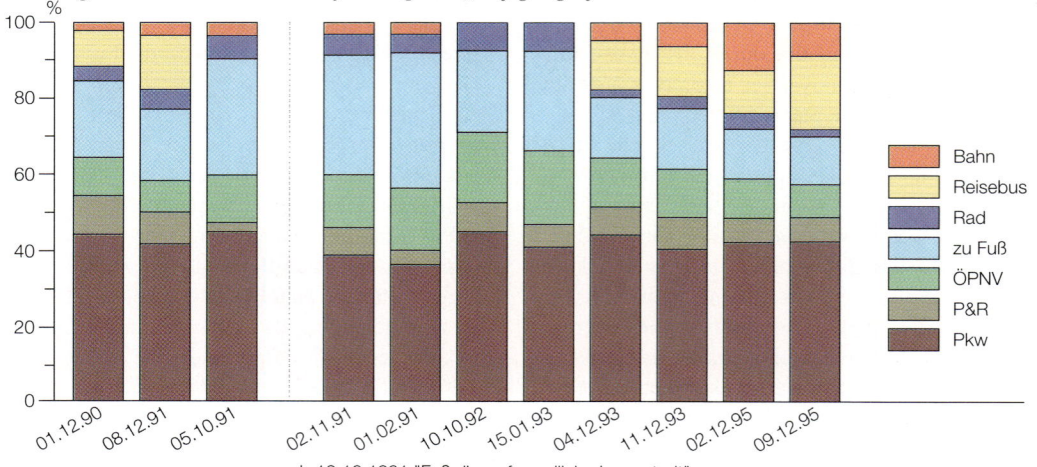

ab 12.10.1991:"Fußgängerfreundliche Innenstadt"

Nach Rudolf Juchelka, Axel Bloyinski: Aachen – Einkaufsstadt mit Verkehrsproblemen. Im Druck, ergänzt durch Erhebungen des Geographischen Institus der RWTH Aachen

Projekt „Stadt- und Regionalbahn Aachen"

Städtische Verkehrsplanung kann nicht an der Stadtgrenze aufhören, sondern muss die regionalen Verflechtungen mit einbeziehen. Um den Ansprüchen einer „ökologischen Stadt der Zukunft" gerecht zu werden, haben sich die Stadt Aachen und die umliegenden Gemeinden im „Zentralverband Aachener Region" (ZAR) zusammengeschlossen und ein Konzept zur Einführung einer Stadt- und Regionalbahn erarbeitet.

Das Konzept sieht die Einführung eines schienengebundenen Nahverkehrssystems vor, das zum einen das Rückgrat des ÖPNV im Stadtgebiet von Aachen bildet und zum anderen die Städte der Region Aachener Nordraum und der benachbarten Niederlande mit Aachen verbindet. Auf den Fahrplan der Stadtbahn abgestimmt, dienen in Aachen Stadtteilbusse als Zubringer. In der Region übernehmen Ortsbusse diese Funktion.

Neben der ökologischen Dringlichkeit ist die schnelle Realisierung des Einstiegkonzeptes aus zwei Gründen möglich:

1. Mit der Regionalisierung des Schienenpersonennahverkehrs der DB ab dem Jahre 1996 ging die Planungs- und Finanzhoheit im Nahverkehr vom Bund über die Länder an die Gebietskörperschaften über. Besteller von Nahverkehrsleistungen der Bahn ist ab 1996 der Aachener Verkehrsverbund.

2. Das Land NRW subventioniert die Maßnahmen zu 75–90 %, hat aber zeitlich enge Grenzen für Planung und Umsetzung gesetzt.

Eine Renaissance der 1974 aus politischen Gründen abgeschafften Straßenbahn in Aachen ist somit sehr wahrscheinlich.

Handlungskonzepte und Wirkungen

M 5 Maßnahmen im Verkehrssystem und Szenarien

„Trend" („Analyse 2010")	„Pull"	„Push+Pull"	„Einstiegskonzept"
Verbesserung im bestehenden Bussystem, Anpassung der Regionalbuslinien an die neuen Ortsbuslinien im Aachener Nordraum	**Variante Bus:** Einführung eines neuen Bussystems mit Schnellbussen und Stadtteilbussen, Verdichtung des Taktes **Variante Bahn:** Einführung einer Stadtbahn, Einrichtung eines darauf abgestimmten Bussystems	Einführung der Stadtbahn, Einrichtung eines darauf abgestimmten Bussystems mit Schnellbussen und Stadtteilbussen	Realisierung von zunächst 2 Strecken im Aachener Stadtgebiet Einrichtung eines auf das Stadtbahnnetz abgestimmten Bussystems
Beibehaltung der Leistungsfähigkeit des Straßennetzes für den Kfz-Verkehr	Anlage von Busspuren bzw. separaten Gleiskörpern und Radfahrstreifen auch zu Lasten des Kfz-Verkehrs	Bündelung des Kfz-Verkehrs auf ein möglichst geringes Hauptverkehrsstraßennetz Pförtnerung des Kfz-Verkehrs an den Einfallstraßen	vollständige Umsetzung
punktuelle Ergänzung von Radverkehrsanlagen	Ausbau eines zusammenhängenden Radverkehrsnetzes	Ausbau eines zusammenhängenden Radverkehrsnetzes	vollständige Umsetzung
Beibehaltung der heutigen Kapazität für Kurzzeitparken in der Innenstadt	Verzicht auf ca. 1000 Stellplätze in der Innenstadt zugunsten von Maßnahmen für den Umweltverbund	Reduzierung des Parkraumes in der Innenstadt um ca. 3000 Stellplätze	Reduzierung des Parkraumes in der Innenstadt um ca. 2000 Stellplätze durch Umnutzung von Parkständen am Straßenrand
Ausdehnung des Anwohnerparkens auf Burtscheid, Frankenberger Viertel, Rehmviertel, Lousbergviertel	Ausdehnung des Anwohnerparkens auf Burtscheid, Frankenberger Viertel, Rehmviertel, Lousbergviertel und Johannistal	Einführung einer differenzierten Parkraumbewirtschaftung bis zum Außenring und in den Stadtteilzentren	Ausdehnung des Anwohnerparkens auf Burtscheid, Frankenberger Viertel, Rehmviertel, Lousbergviertel und Johannistal
Beibehaltung der „Fußgängerfreundlichen Innenstadt" an Samstagen	Beibehaltung der „Fußgängerfreundlichen Innenstadt" an Samstagen, Ausweitung der Fußgängerbereiche um die Bahnhofstraße und einen MIV-freien Elisenbrunnen	räumliche/zeitliche Ausdehnung der „Fußgängerfreundlichen Innenstadt", Schleiferschließung innerhalb des Alleenringes für den Kfz-Verkehr durch Schließung des Elisenbrunnens	vollständige Umsetzung
Ausbau des P+R-Systems in Aachen	**Variante Bus:** Ausbau des P+R-Systems **Variante Bahn:** P+R in kleinen Einheiten im Umland	P+R in kleinen Einheiten im Umland	vollständige Umsetzung

Stadt Aachen (Hrsg.): Verkehrsentwicklungsplanung Aachen. Konzepte und Wirkungen. Aachen 1994, S. 5; Stadt Aachen (Hrsg.): Verkehrsentwicklungsplanung Aachen. Mittelfristiges Handlungskonzept 2002. Aachen 1995, S. 5

Das Szenario „Trend" bildet die Zukunft ab, die sich bei der Weiterführung der heutigen Aktivitäten im Jahre 2010 voraussichtlich einstellt.
Das Szenario „Pull" setzt eine intensive Förderung der Verkehrsmittel des Umweltverbundes voraus.
Das Szenario „Push+Pull" beinhaltet neben einer Förderung der Verkehrsmittel des Umweltverbundes (mit Stadtbahn) auch einschränkende Maßnahmen für den Autoverkehr.
Das „Einstiegskonzept" mit dem Zielkonzept 2002 stellt eine Zwischenstufe auf dem Weg in Richtung „Push+Pull" dar.

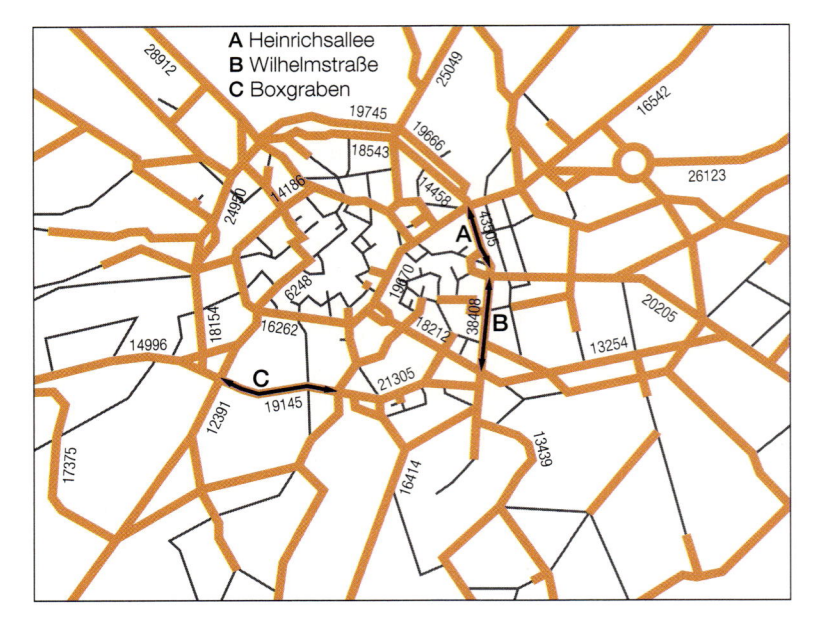

M 6 *Lärmbelastungen mit mehr als 65 dB(A) und werktäglicher Kfz-Verkehr auf ausgewählten Straßen (Erhebung 1991)*

A Heinrichsallee
B Wilhelmstraße
C Boxgraben

In der Verordnung zum Bundesimmissionsschutzgesetz (BImSchG) werden in Abhängigkeit von der baulichen Nutzung Grenzwerte für die Lärmbelastung angegeben. Für Sozialeinrichtungen gelten 57 dB(A), für Wohnen 59 dB(A), für Kerngebiete 64 dB(A), für Gewerbegebiete 69 dB(A) als zulässiger Tagesgrenzwert.

Stadt Aachen (Hrsg.): Verkehrsentwicklungsplanung. Grundlagen. Aachen 1994, S. 16 und 20

M 7 *Emissionswerte für ausgewählte Straßen des Alleenrings und Grabenrings („Analyse 1991", „Trend", „Einstiegskonzept" und „Push+Pull")*

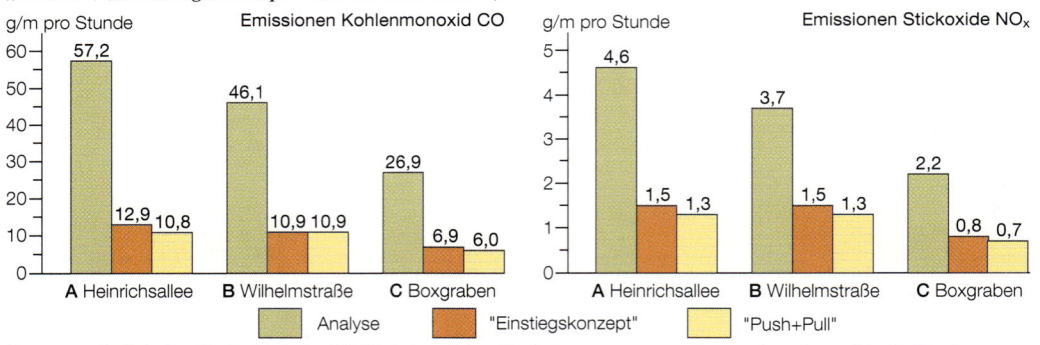

Emissionen Kohlenmonoxid CO (g/m pro Stunde):
- A Heinrichsallee: Analyse 57,2; Einstiegskonzept 12,9; Push+Pull 10,8
- B Wilhelmstraße: Analyse 46,1; Einstiegskonzept 10,9; Push+Pull 10,9
- C Boxgraben: Analyse 26,9; Einstiegskonzept 6,9; Push+Pull 6,0

Emissionen Stickoxide NO_x (g/m pro Stunde):
- A Heinrichsallee: Analyse 4,6; Einstiegskonzept 1,5; Push+Pull 1,3
- B Wilhelmstraße: Analyse 3,7; Einstiegskonzept 1,5; Push+Pull 1,3
- C Boxgraben: Analyse 2,2; Einstiegskonzept 0,8; Push+Pull 0,7

Grenzwerte der Schadstoffe, die durch den Kfz-Verkehr auf einer Straße insgesamt ausgestoßen werden, gibt es nicht. Im Bundesimmissionsschutzgesetz sind allerdings Grenzwerte für Immissionen der einzelnen Schadstoffarten festgelegt. Dabei wird nicht nach Verursachern differenziert. Durch eine überschlägige Formel lassen sich aus den berechneten Emissionen sogenannte Immissionsgleichwerte ermitteln. Nach dieser Formel werden bei einem Abstand von 15 m zur Straßenmitte bei Emissionen von 55 g/m pro Stunde bei CO und 1 g/m pro Stunde bei NO_x kritische Werte erreicht.

Stadt Aachen (Hrsg.): Verkehrsentwicklungsplanung. Mittelfristiges Handlungskonzept 2002. Aachen 1995, S. 10

M 8 *Verträglichkeitsgewinne und -verluste gegenüber der Analyse 1991*

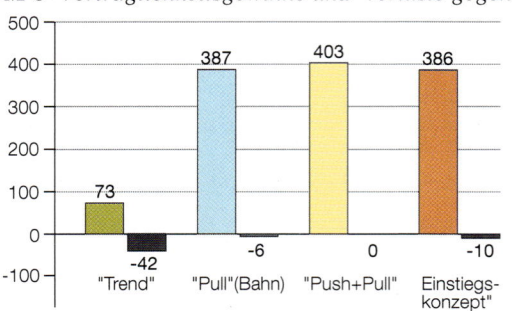

- "Trend": 73 / -42
- "Pull"(Bahn): 387 / -6
- "Push+Pull": 403 / 0
- Einstiegskonzept: 386 / -10

◀ Alle relevanten Straßenräume sind auf ihre straßenräumliche Verträglichkeit untersucht worden. 420 Straßenabschnitte wurden danach bewertet, wie die Bedingungen für Fußgänger im Längsverkehr und bei der Straßenüberquerung, für den Radverkehr sowie für die Anlieger und das Umfeld durch den Kraftfahrzeugverkehr beeinträchtigt werden. Mit dem „Einstiegskonzept" können z. B. 386 der 420 Straßenabschnitte verbessert werden, wobei nicht alle Verbesserungen als „verträglich" eingestuft werden können. Bei 10 Straßenabschnitten tritt eine Verschlechterung ein.

Stadt Aachen (Hrsg.): Verkehrsentwicklungsplanung. Mittelfristiges Handlungskonzept 2002. Aachen 1995, S. 11

M 9 Lärmbelastung „Einstiegskonzept" mit mehr als 65 dB(A)

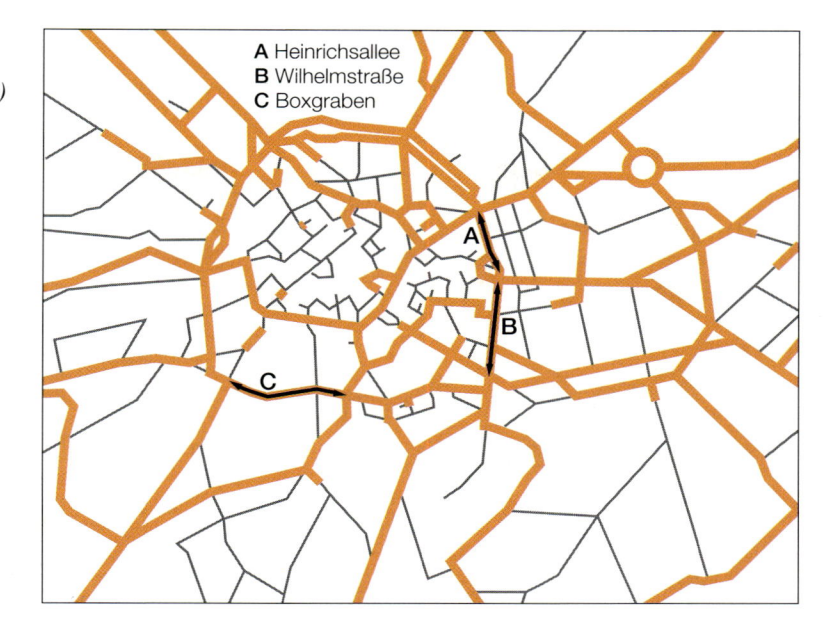

A Heinrichsallee
B Wilhelmstraße
C Boxgraben

Nach Stadt Aachen (Hrsg.): Verkehrsentwicklungsplanung. Mittelfristiges Handlungskonzept 2002. Aachen 1995, S. 10

M 10 Werktägliche Verkehrsmittelwahl (Aachener Bevölkerung und Pendler) 1991, „Einstiegskonzept" und „Push+Pull-Szenario"

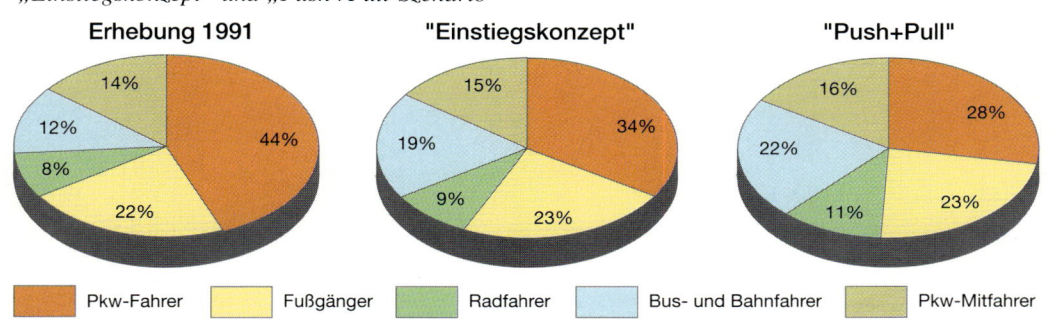

Erhebung 1991: Pkw-Fahrer 44%, Fußgänger 22%, Radfahrer 8%, Bus- und Bahnfahrer 12%, Pkw-Mitfahrer 14%

"Einstiegskonzept": Pkw-Fahrer 34%, Fußgänger 23%, Radfahrer 9%, Bus- und Bahnfahrer 19%, Pkw-Mitfahrer 15%

"Push+Pull": Pkw-Fahrer 28%, Fußgänger 23%, Radfahrer 11%, Bus- und Bahnfahrer 22%, Pkw-Mitfahrer 16%

Nach Stadt Aachen (Hrsg.): Verkehrsentwicklungsplanung. Grundlagen. Aachen 1994, S. 6 und Stadt Aachen (Hrsg.): Verkehrsentwicklungsplanung. Mittelfristiges Handlungskonzept 2002. Aachen 1995, S. 6

1. Untersuchen Sie die Verkehrssituation in Aachen und erörtern Sie die Notwendigkeit einer umfassenden Verkehrsplanung.
2. Nennen Sie Ursachen der starken Immissionsbelastung in der Aachener Innenstadt.
3. Welche Maßnahmen zur Eindämmung des MIV lassen sich den Materialien auf den Seiten 177–178 entnehmen?
4. Ein ökologischer Stadtumbau kann sich nicht auf die Beseitigung von Verkehrsproblemen beschränken. Erörtern Sie andere (begleitende) Maßnahmen.
5. Vergleichen Sie die Abgas- und Lärmbelastung in Aachen vor und nach dem verkehrspolitischen Handlungsprogramm (M 6, M 7, M 9).
6. Diskutieren Sie die in M 5 vorgestellten Konzepte und Szenarien und schätzen Sie deren Realisierungschancen ab.
7. Informieren Sie sich darüber, welche konkreten verkehrspolitischen Maßnahmen in Ihrem Wohn- bzw. Schulort in letzter Zeit durchgeführt wurden und welche geplant sind.

Flächennutzungs-konflikt und Bauleitplanung

Nutzungskonflikte: Bundesbahnausbesserungswerk Köln-Nippes

M 1 Köln

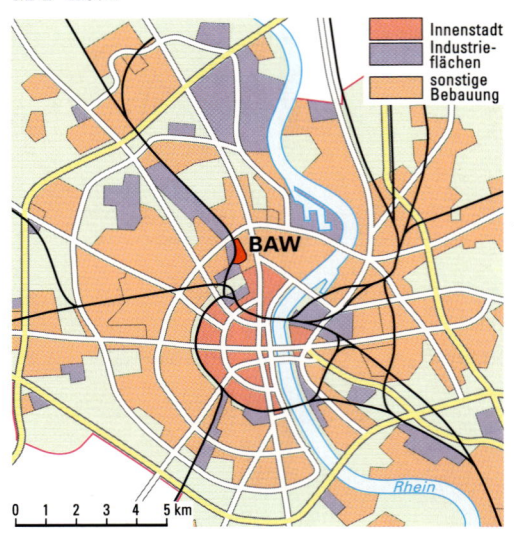

Anwohnerinnen und Anwohner der angrenzenden Wohngebiete. Sie fühlen sich gestört durch Belästigungen, die von Veranstaltungen auf dem Gelände ausgehen, haben möglicherweise ein Interesse an einer Nutzung des Geländes als Grün- bzw. Erholungsfläche.

Deutsche Bahn AG. Eigentümerin der Fläche, nutzt zur Zeit noch zwei Gebäude auf dem Gelände und ist interessiert an einer möglichst gewinnträchtigen Veräußerung der Fläche.

Stadtverwaltung – Amt für Stadtentwicklungsplanung. Es hat 1995 in Reaktion auf die Altlasten-Gutachten eine Modifizierung des Rahmenplans vorgelegt, die mehr Flächen für Gewerbe vorsieht zu Lasten der „sensiblen Nutzungen" Grün und Wohnen. Ein gültiger Flächennutzungsplan sowie ein Bebauungsplan kann jedoch erst nach Verkauf des Geländes durch die DB beschlossen werden.

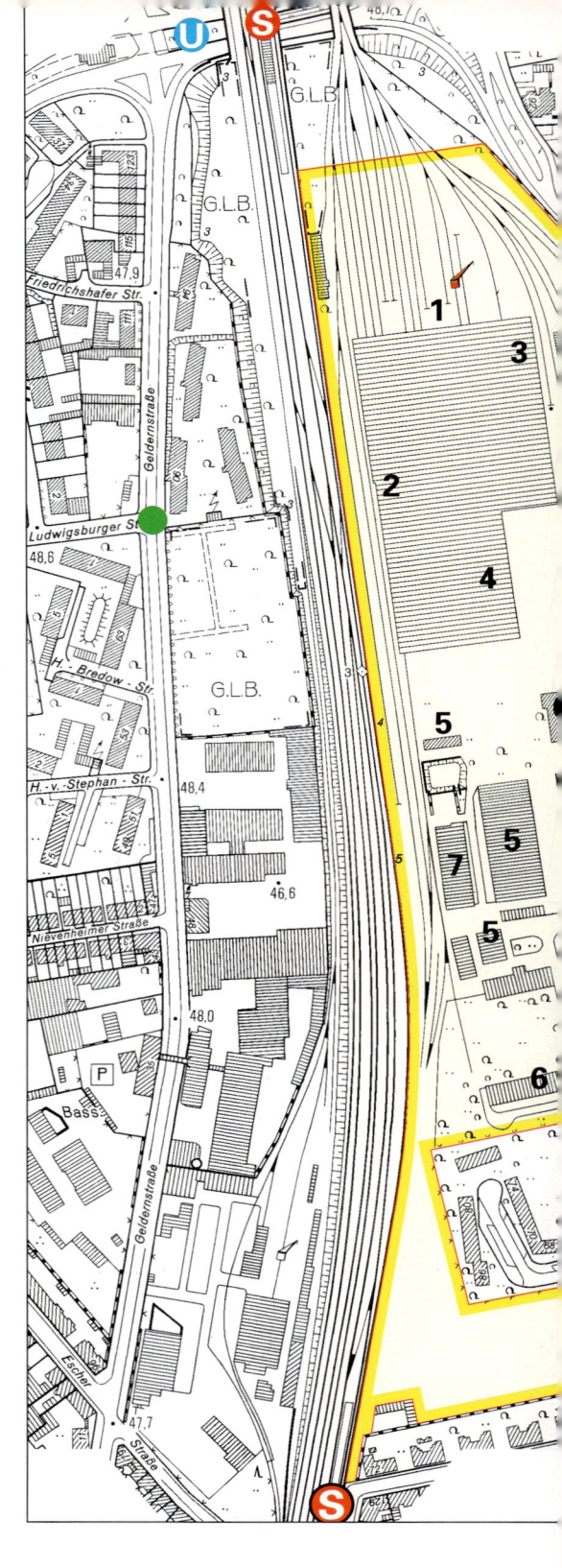

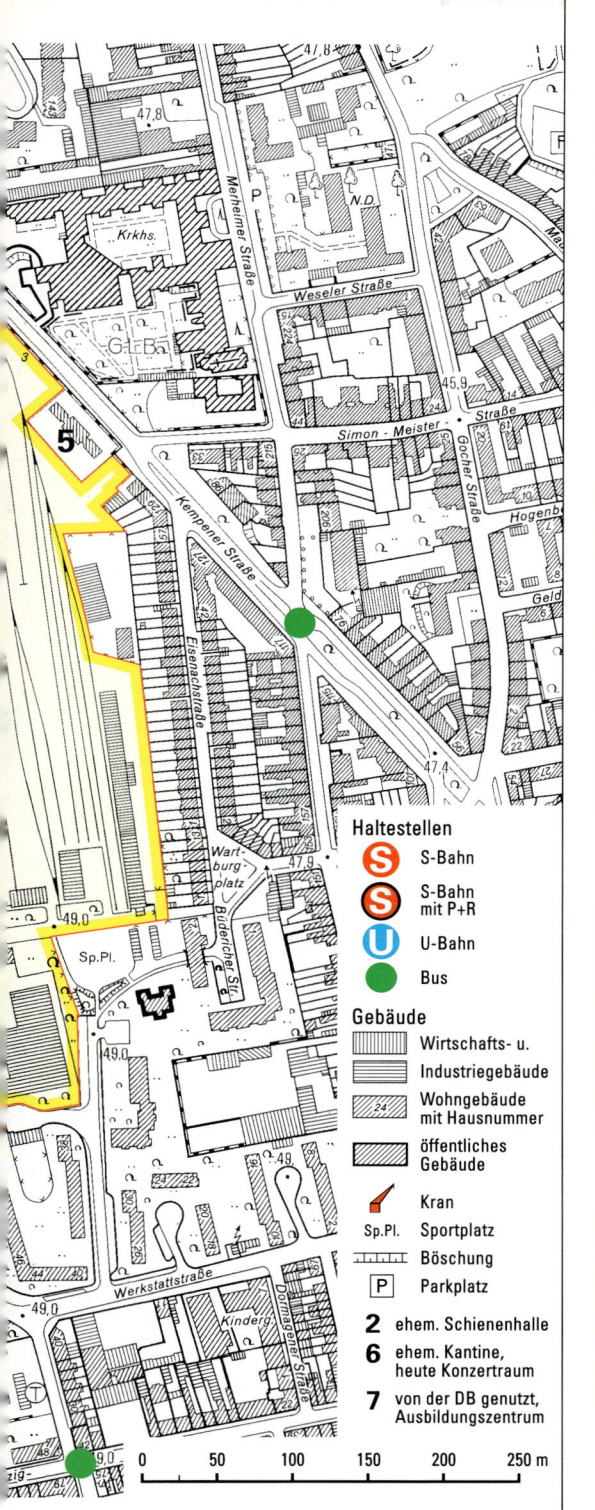

Betonwerk (Fertigteile). Hier werden zur Zeit Produkte für die DB hergestellt; der Betrieb des Betonwerks stellt aufgrund der Lärm- und Staubemissionen sowie des LKW-Verkehrs eine erhebliche Belastung für die angrenzenden Wohngebiete sowie für das gegenüberliegende Krankenhaus dar **(1)**.

Natur und Kultur e.V. Verein, der umweltpädagogische Aktionen auf dem Gelände durchführt und ein Gutachten über die stadtklimatische Bedeutung der Fläche als Frischluftkorridor für die nördliche Kölner Innenstadt erstellt hat. Der Verein schlägt die Nutzung des Geländes als „Umwelttechnologie- und Wissenschaftspark" vor **(3)**.

Künstlerinnen und Künstler. Sie finden aufgrund günstiger Mietverträge in den Gebäuden des ehemaligen Bundesbahnausbesserungswerkes ideale Arbeitsmöglichkeiten und sind an der Beibehaltung des gegenwärtigen Zustandes interessiert **(5)**.

Arbeitskreis Autofreie Siedlung Köln. Unabhängige Interessengemeinschaft, die interessiert ist an einer möglichst großflächigen Wohnnutzung des Geländes in Form einer autofreien Siedlung.

Rat der Stadt Köln. Er hat 1989 die sogenannte Rahmenplanung Nippes verabschiedet. Diese sieht eine Nutzung des Geländes zu je 25 % mit Gewerbe-, Büro- und Grünanlagen sowie Wohnen vor; die gewerbliche Nutzung soll stadtteilbezogen sein unter Berücksichtigung von Projekten des 2. Arbeitsmarktes sowie Umwelttechnikinitiativen. Die Umsetzung des Rahmenplans erfordert jedoch zunächst den Verkauf des Geländes durch die DB sowie eine Sanierung der im Boden befindlichen Altlasten.

Umweltzentrum West. Es betreibt auf dem Gelände einen Recyclinghof, beschäftigt mehrere Mitarbeiter in AB-Maßnahmen und ist an einer Beibehaltung des gegenwärtigen Zustandes interessiert **(4)**.

Bezirksvertretung Nippes. Sie ist mit der Mehrheit der Stimmen von SPD und Bündnis 90/Die Grünen an einer stadtteilbezogenen Nutzung des Geländes interessiert; das bedeutet einen möglichst hohen Anteil an Grün und Wohnen.

M 2 Bundesbahnausbesserungswerk

Deutsche Grundkarte 1:5 000, mit Genehmigung des Vermessungs- und Katasteramtes Köln

Bauleitplanung und Bürgerbeteiligung

Die größte Eigenständigkeit in ihren Gestaltungsmöglichkeiten besitzen die Gemeinden im Bereich der Bauleitplanung. Die Gemeinderäte diskutieren und beschließen die Flächennutzungs- sowie die Bebauungspläne, und sie entscheiden dabei auch zum Beispiel über „Maßnahmen zum Schutz, zur Pflege und zur Entwicklung von Natur und Landschaft" (Baugesetzbuch BauGB § 9). Allerdings sind die verabschiedeten Pläne der höheren Verwaltungsbehörde, also dem Landratsamt oder Regierungspräsidium, anzuzeigen. Sie müssen den Zielen der Raumordnung und Landesplanung entsprechen.

Das *Baugesetzbuch* enthält Möglichkeiten für die Bürgerinnen und Bürger, auf die Bauleitplanung Einfluss zu nehmen. Sie sind von deren Auswirkungen auch in vielerlei Hinsicht betroffen, sei es als Grundstückseigentümer, Bauherr oder Benutzer öffentlicher Einrichtungen.

Die *Bauleitplanung* hat die Aufgabe, die bauliche und sonstige Nutzung der Gemeindeflächen vorzubereiten und zu „leiten". Grundlage hierfür ist eine Erfassung des Ist-Zustandes, also der räumlichen Verteilung von Bevölkerung, Wirtschaft, Ver- und Entsorgungseinrichtungen, Verkehrs- und Grünflächen innerhalb einer Gemeinde. Auch deren finanzielle Möglichkeiten sind zu berücksichtigen. Als vorbereitende Bauleitplanung wird ein *Flächennutzungsplan* ausgearbeitet, der das gesamte Gemeindegebiet (meistens im Maßstab 1 : 10000 oder 1 : 5000) erfasst. Ihm liegen bestimmte Annahmen über die künftige Entwicklung der Gemeinde hinsichtlich der Einwohnerzahl, der Arbeitsplätze, des Bedarfs an Gemeindeeinrichtungen usw. zugrunde. Er verkörpert gleichsam das Leitbild der Gemeindeentwicklung, legt er doch für einen längeren Zeitraum (etwa 10 Jahre) die Grundzüge der Raumnutzung für das gesamte Gemeindegebiet fest. Der Flächennutzungsplan hat die Zielvorgaben und Planungsmaßnahmen der übergeordneten Instanz zu berücksichtigen. Auch die „Träger öffentlicher Belange", also z. B. das Straßenbau- und Fernmeldeamt, die zuständigen Stadtwerke oder die Industrie- und Handelskammer, sind an der Planung zu beteiligen.

Aus dem Flächennutzungsplan heraus sind die *Bebauungspläne* zu entwickeln. Sie legen für Teile des Gemeindegebietes detaillierte Nutzungsvorschriften fest. Für den Bauherrn schreiben sie verbindlich z. B. die Art und das Maß der baulichen Nutzung, die Bauweise sowie die überbaubaren und nicht überbaubaren Flächen seines Grundstücks vor.

Aus dem Amtsblatt der Gemeinde R.: „Bebauungsplan ‚Gänsäcker' einen Schritt weiter

Der Gemeinderat hat in seiner Sitzung vom 12. 3. 1996 dem Bebauungsplan und Grünordnungsplanentwurf ‚Gänsäcker' zugestimmt und den Auslegungsbeschluss gefasst. Durch eine frühzeitige Bürgerbeteiligung im Februar 1995 sowie die Beteiligung der ‚Träger öffentlicher Belange' konnten Anregungen in dem vorliegenden Bebauungsplanentwurf bereits zum Teil berücksichtigt werden.

In der letzten Gemeinderatssitzung trug ein Bauamtsmitarbeiter dem Gemeinderat die Planung vor. Im gesamten Geltungsbereich des Bebauungsplanes soll ein allgemeines Wohngebiet festgesetzt werden. In der Frage der seit Monaten heftig diskutierten Frischluftschneise konnte ein Kompromiss gefunden werden. So ist nun im nordwestlichen Teil des Plangebiets eine – im Gegensatz zum ursprünglichen Entwurf – wesentlich stärker aufgelockerte Bebauung vorgesehen. Damit werden auch die Bedenken der *Unteren Naturschutzbehörde*, einem der ‚Träger öffentlicher Belange', berücksichtigt.

Den erforderlichen Grünordnungsplan im Bebauungsplan hat ein Ingenieurbüro aufgestellt. Ein Vertreter dieses Planungsbüros trug vor, dass der Eingriff in Natur und Landschaft gut ausgeglichen worden sei. Eine größere Mulde wurde von der Bebauung frei gehalten, um die Kaltluftströmung in den Ort hereinzulassen."

Zusammengestellt nach dem Amtsblatt der Gemeinde R.

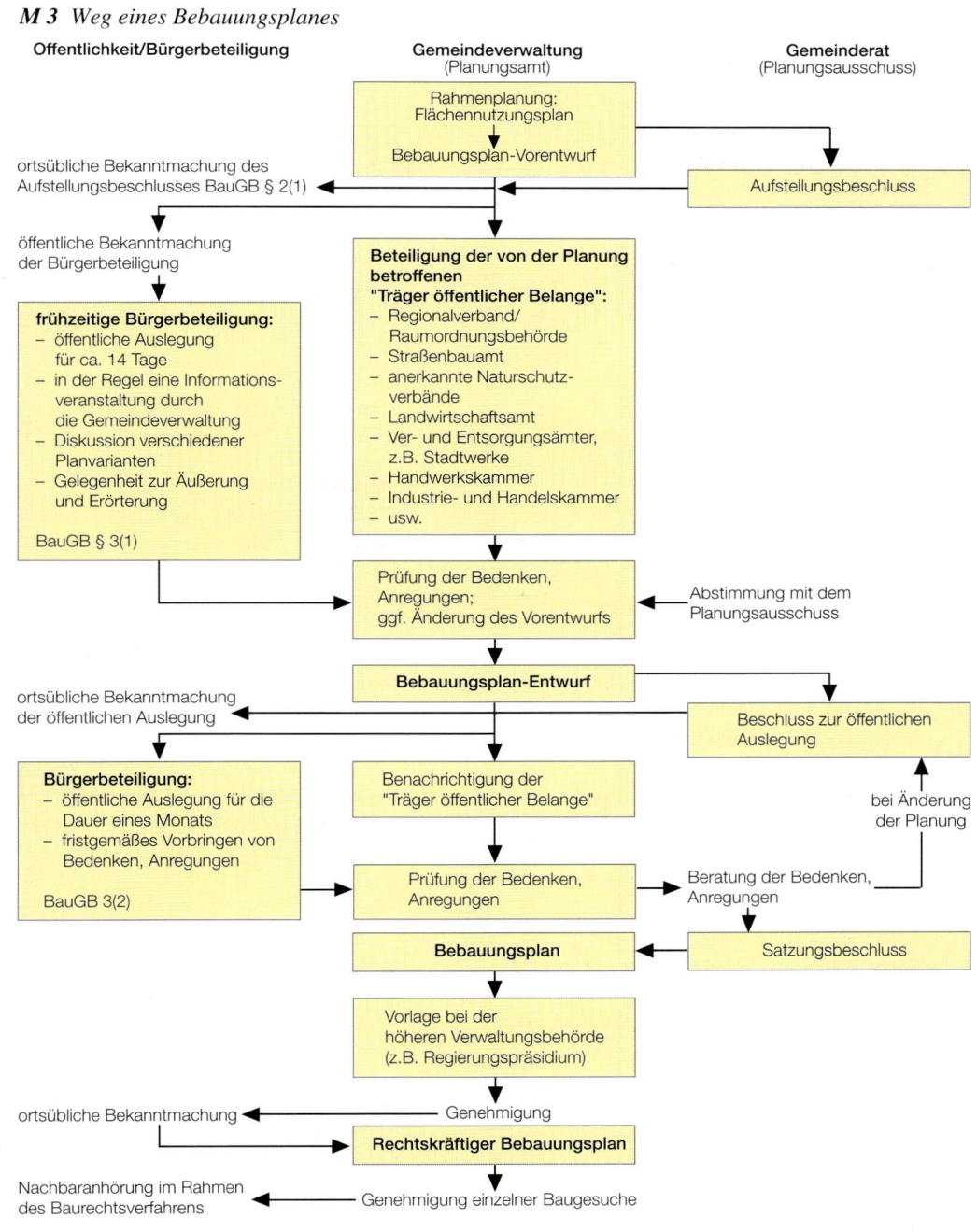

M 3 Weg eines Bebauungsplanes

Öffentlichkeit/Bürgerbeteiligung | **Gemeindeverwaltung** (Planungsamt) | **Gemeinderat** (Planungsausschuss)

Ablaufschema:

- Rahmenplanung: Flächennutzungsplan
- Bebauungsplan-Vorentwurf
- Aufstellungsbeschluss
- ortsübliche Bekanntmachung des Aufstellungsbeschlusses BauGB § 2(1)
- öffentliche Bekanntmachung der Bürgerbeteiligung

frühzeitige Bürgerbeteiligung:
- öffentliche Auslegung für ca. 14 Tage
- in der Regel eine Informationsveranstaltung durch die Gemeindeverwaltung
- Diskussion verschiedener Planvarianten
- Gelegenheit zur Äußerung und Erörterung

BauGB § 3(1)

Beteiligung der von der Planung betroffenen "Träger öffentlicher Belange":
- Regionalverband/ Raumordnungsbehörde
- Straßenbauamt
- anerkannte Naturschutzverbände
- Landwirtschaftsamt
- Ver- und Entsorgungsämter, z.B. Stadtwerke
- Handwerkskammer
- Industrie- und Handelskammer
- usw.

Prüfung der Bedenken, Anregungen; ggf. Änderung des Vorentwurfs ← Abstimmung mit dem Planungsausschuss

Bebauungsplan-Entwurf

ortsübliche Bekanntmachung der öffentlichen Auslegung ← Beschluss zur öffentlichen Auslegung

Bürgerbeteiligung:
- öffentliche Auslegung für die Dauer eines Monats
- fristgemäßes Vorbringen von Bedenken, Anregungen

BauGB 3(2)

Benachrichtigung der "Träger öffentlicher Belange"

bei Änderung der Planung

Prüfung der Bedenken, Anregungen → Beratung der Bedenken, Anregungen

Bebauungsplan ← Satzungsbeschluss

Vorlage bei der höheren Verwaltungsbehörde (z.B. Regierungspräsidium)

ortsübliche Bekanntmachung ← Genehmigung

Rechtskräftiger Bebauungsplan

Nachbaranhörung im Rahmen des Baurechtsverfahrens ← Genehmigung einzelner Baugesuche

---

1. Stellen Sie fest, welche Möglichkeiten das Baugesetzbuch Ihnen bietet, auf die Bauleitplanung einer Gemeinde Einfluss zu nehmen.
2. Ordnen Sie das Fallbeispiel „Bebauungsplan ‚Gänsäcker'" in das Ablaufschema ein.
3. Verfolgen Sie anhand von Zeitungsmeldungen aus der Lokalpresse das Verfahren zur Fortschreibung eines Flächennutzungsplanes oder zur Erstellung eines Bebauungsplanes. Besuchen Sie ggf. eine Gemeinderatssitzung, in der über die Bauleitplanung diskutiert und beschlossen wird.

Gefährdung der Erdatmosphäre

M 1

Trotz aller Bestrebungen, alternative Energien zu entwickeln, werden in den nächsten Jahrzehnten die fossilen Energieträger den Hauptanteil des Weltenergiebedarfs decken. Ihre Verbrennung setzt aber verschiedene Schadstoffe wie Stickoxide und Schwefeldioxid sowie Kohlendioxid und Staub frei. Der Anstieg des CO_2-Gehalts in der Atmosphäre, aber auch anderer Spurengase, ist die Ursache für den sogenannten *Treibhauseffekt* und eine sich anbahnende globale Erwärmung. Nur: Für die meisten von uns ist die Problematik relativ abstrakt und vor allem räumlich wie zeitlich weit entfernt. Deshalb ist es dringend notwendig, die möglichen Ursachen und Auswirkungen zu beleuchten.

Wie kommt es zum Treibhauseffekt?

Die Glasscheiben eines Treibhauses lassen Sonnenlicht ins Innere strömen. Der Boden absorbiert das Licht und erwärmt sich durch die aufgenommene Energie. Er sendet unsichtbare, langwellige Wärme- oder Infrarotstrahlung aus. Diese kann aber Glas nicht durchdringen, sodass die Wärme im Treibhaus erhalten bleibt. Im globalen Klimahaushalt spielen die Spurengase Wasserdampf, CO_2, CH_4, O_3 und N_2O die Rolle des Wärme stauenden Glases, lassen die kurzwelligen Strahlen eindringen und verhindern eine Abstrahlung von Energie in den Weltraum (*natürlicher Treibhauseffekt*). Wären sie nicht vorhanden, so betrüge die durchschnittliche Jahrestemperatur der Erde −18 °C statt wie gegenwärtig 15 °C.

M 2 Der natürliche Treibhauseffekt

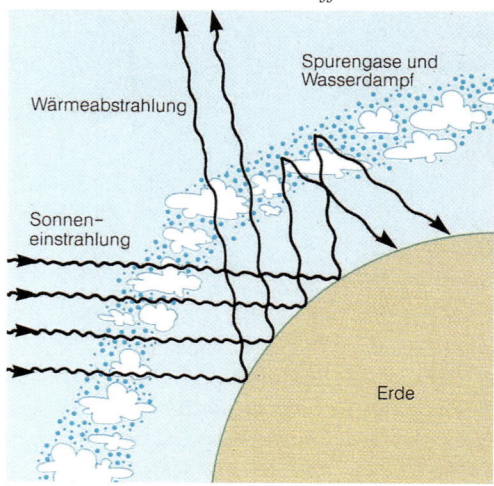

Spurengase in der Troposphäre können – trotz ihres geringen Anteils am Luftvolumen – in hohem Maße Strahlung aufnehmen (absorbieren) und abgeben (emittieren). Dabei werden nicht alle Wellenlängen gleichmäßig erfasst, vielmehr gibt es Beschränkungen auf enge Bänder. So fällt auf, dass die langwellige Ausstrahlung der Erde in die Atmosphäre nur durch einige wenige „Fenster" in den Weltraum entweichen kann, zum Beispiel durch das „große" (8-12 µm) und „kleine (3-4 µm) Wasserdampffenster". Man kann beide mit den offenen Fenstern eines gut isolierten Hauses vergleichen. Indem der Mensch immer weitere Spurengase freisetzt, engt er die „Fenster" ein. Damit bleibt in den unteren Schichten der Atmosphäre mehr Energie erhalten: Es wird wärmer.

Strahlungsabsorption durch atmosphärische Gase

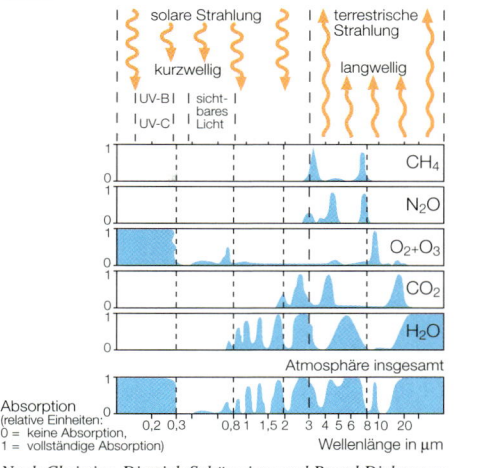

Nach Christian-Dietrich Schönwiese und Bernd Diekmann: Der Treibhauseffekt. Reinbek 1991, S. 117

M 3 *Atmosphärische CO_2-Konzentration*

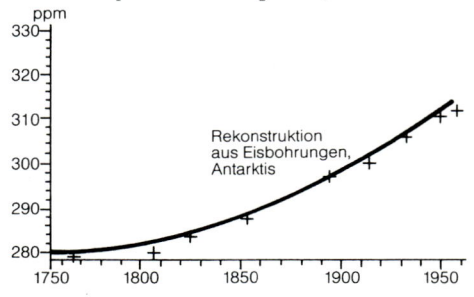

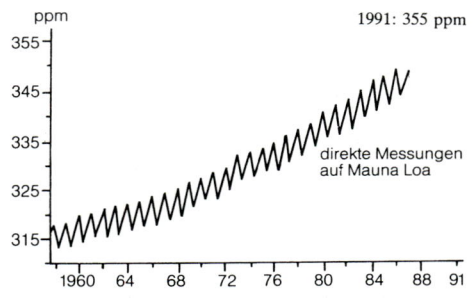

Nach Christian-Dietrich Schönwiese: a. a. O., S. 92 ergänzt

Seit rund 100 Jahren steigt aber die Konzentration der *Spurengase,* vor allem die des Kohlendioxids in der Troposphäre kontinuierlich. Das ist in erster Linie auf menschliche Einflüsse und weniger auf natürliche Ereignisse, z. B. Vulkanausbrüche, zurückzuführen. Der wichtigste Eingriff ist dabei die Verfeuerung fossiler Brennstoffe wie Erdöl, Kohle, Gas oder Holz. Das dabei entstehende Kohlendioxid kann im Gegensatz zu anderen Stoffen durch keine technischen Maßnahmen verhindert werden. Während der Kohlendioxid-Ausstoß vor rund 100 Jahren noch in der Größenordnung von jährlich etwa 700 Millionen Tonnen lag, hat er inzwischen schon Werte von über 20 Milliarden Tonnen erreicht (1992: 22,3 Mrd.).

Verglichen mit der Gesamtmenge des atmosphärischen Kohlendioxids von rund 600–700 Milliarden, erscheint der anthropogen bedingte Eintrag relativ gering. Aber er ist in der Lage, das bisher bestehende natürliche Gleichgewicht zu stören. Man nimmt an, dass nur etwa die Hälfte davon durch die Pflanzen und die Ozeane – über das Plankton sowie durch Lösung und Einbindung in das Wasser – aufgenommen werden kann. Die andere Hälfte der anthropogenen Kohlendioxid-Emission verbleibt in der Atmosphäre – addiert sich von Jahr zu Jahr.

Seit 1957/58 messen die Meteorologen am Vulkan Mauna Loa Spurenstoffe in der Atmosphäre. Die Luft an dieser Stelle gilt als äußerst sauber und ist so gut durchmischt, dass lokale Verfälschungen auszuschließen sind. Die jahreszeitlichen Schwankungen des CO_2-Gehalts erklären sich durch saisonales Wachstum der Pflanzen.

Noch höhere Zuwachsraten als das CO_2 weisen die übrigen Spurengase auf. Ihr Beitrag zum Treibhauseffekt hängt nicht allein von ihrem Volumenanteil ab, sondern davon, wie viel ein Molekül an Wärme aufnehmen und somit treibhauswirksam machen kann.

M 4 Verursacher des anthropogenen Treibhauseffekts

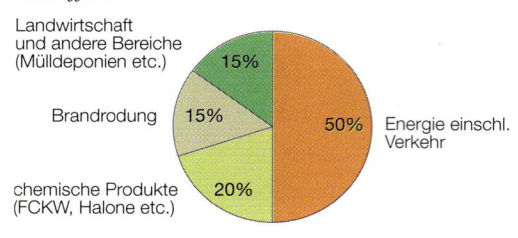

Landwirtschaft und andere Bereiche (Mülldeponien etc.) 15%
Brandrodung 15%
Energie einschl. Verkehr 50%
chemische Produkte (FCKW, Halone etc.) 20%

„Neue Form der Landwirtschaft nötig

Enquetekommission bezeichnet Zwischenbericht als 'Schrei nach Reform und Neuorientierung'

wok. Bonn. Einschneidende Änderungen in der Land- und Forstwirtschaft hat die Enquetekommission des Bundestages 'Schutz der Erdatmosphäre' verlangt. Darin (in dem Zwischenbericht) wird unter anderem verlangt, die agrarische Überschussproduktion zu vermindern, umweltgerechte Landwirtschaft stärker zu fördern und eine Abgabe auf mineralischen Stickstoffdünger zu erheben."

Stuttgarter Zeitung vom 11.8.1994, S. 2

M 5 Entwicklung des Weltprimärenergieverbrauchs

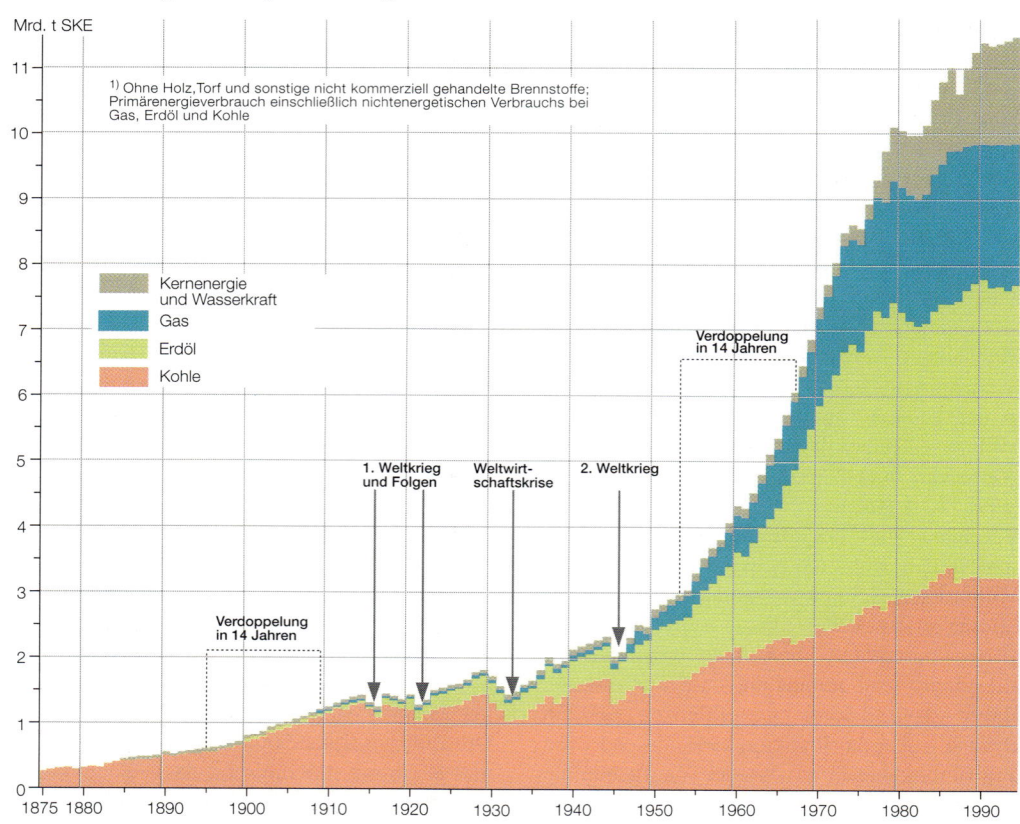

Mrd. t SKE

1) Ohne Holz, Torf und sonstige nicht kommerziell gehandelte Brennstoffe; Primärenergieverbrauch einschließlich nichtenergetischen Verbrauchs bei Gas, Erdöl und Kohle

Kernenergie und Wasserkraft
Gas
Erdöl
Kohle

Verdoppelung in 14 Jahren

1. Weltkrieg und Folgen
Weltwirtschaftskrise
2. Weltkrieg

Verdoppelung in 14 Jahren

Nach Nutzen und Risiko der Kernenergie. Vorträge eines Seminars. Berichte der Kernforschungsanlage Jülich. Jul 17, 4. Auflage 1979, S. 8. Kernforschungsanlage Jülich GmbH; ergänzt nach verschiedenen Quellen

Gegenwärtige und künftige Auswirkungen

Anzeichen einer beginnenden Klimaveränderung könnte die Zunahme der globalen Durchschnittstemperatur um 0,7°C seit Beginn des letzten Jahrhunderts sein. Wer diesen Anstieg für unbedeutend hält, sollte wissen, dass seit der letzten Eiszeit die Temperaturschwankungen über die ganze Erde und viele Jahre gemittelt nie eine Schwankungsbreite von etwa 1,5 °C überschritten haben. Andere Indizien sind
- der Anstieg des Meeresspiegels um etwa 10–20 cm innerhalb der letzten 100 Jahre
- der Temperaturrückgang in der nordhemisphärischen Stratosphäre um 0,5 °C innerhalb der letzten 20 Jahre
- der Rückgang vieler Alpengletscher
- der Anstieg der Temperatur in der Arktis um 1,7 °C im Jahresmittel bzw. in den Wintermonaten um 4 °C innerhalb der letzten 100 Jahre.

Aber es finden sich auch einige Indizien, die einer Verstärkung des Treibhauseffektes widersprechen. Beispielsweise hat die Oberflächentemperatur der Ozeane seit 1940 eher ab- als zugenommen, auch ist die Eisbedeckung in der Arktis seit 1980 eher größer geworden.

Nach Einschätzung der Enquetekommission des Deutschen Bundestages zum Schutz der Erdatmosphäre gilt ein sich verschärfender zusätzlicher Treibhauseffekt als „wissenschaftlich gesichert". Und nach einer viel zitierten Prognose des im Rahmen der UNO bestehenden internationalen Komitees für Klimaveränderungen vom Jahr 1990 werden sich die weltweiten Durchschnittstemperaturen bis zum Jahr 2100 um 2°C bis 5°C erhöhen.

Wie wird sich der Treibhauseffekt zukünftig auf das globale Klima und die Lebensbedingungen der Menschen auswirken? Es liegt auf der Hand, dass jede Temperaturänderung auch Veränderungen anderer Klimaelemente – Niederschläge, Verdunstung, Windverhältnisse – bewirkt. Folglich ist mit weit reichenden Auswirkungen auf die Nahrungsmittel-, Wasser- und Energieversorgung zu rechnen. In einer Modell-Rechnung wurde beispielsweise untersucht, wie sich die Flächenanteile der Waldtypen und Ökosysteme ändern könnten.

M 6 Modellrechnung – Änderung der Flächenanteile der Waldtypen und Ökosysteme bei einer CO_2-Verdopplung

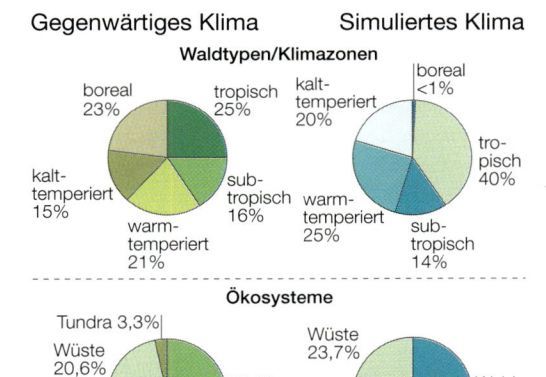

Gegenwärtiges Klima — **Simuliertes Klima**

Waldtypen/Klimazonen

Gegenwärtiges Klima:
- boreal 23%
- tropisch 25%
- kalt-temperiert 15%
- warm-temperiert 21%
- subtropisch 16%

Simuliertes Klima:
- boreal <1%
- kalt-temperiert 20%
- tropisch 40%
- warm-temperiert 25%
- subtropisch 14%

Ökosysteme

Gegenwärtiges Klima:
- Tundra 3,3%
- Wüste 20,6%
- Grasland 17,7%
- Wald 58,4%

Simuliertes Klima:
- Wüste 23,7%
- Grasland 28,9%
- Wald 47,4%

Nach W. R. Emanuel et al. 1985

Fast alle Klimaforscher sagen für die nächsten Jahrzehnte einen deutlichen Anstieg des Meeresspiegels voraus (30 bis 100 cm). Als Gründe werden die Wärmeausdehnung des Meerwassers, das Abschmelzen der Gebirgsgletscher und des südlichen grönländischen Eisschildes genannt. Für viele Küstenbereiche droht dadurch die Gefahr der Überflutung, des Eindringens von Salzwasser in das Grundwasser und der verstärkten Küstenerosion. Besonders betroffen wäre vor allem das bevölkerungsreiche Bangladesh, in dem ein Anstieg um einen Meter etwa ein Viertel der Bevölkerung existenziell gefährden würde. In Ägypten gingen 12 % des bebaubaren Landes verloren. Niedrige Inseln, ja sogar ganze Staaten Ozeaniens wären in ihrer Existenz bedroht.

Ein Verschwinden des Eises an den Polkappen ist wohl aufgrund verstärkter Schneefälle in den vermutlich wärmeren Wintern nicht zu befürchten. Generell werden die Niederschläge zunehmen, vor allem in den höheren, im Winterhalbjahr auch in den mittleren Breiten der Nordhemisphäre. Viele Berechnungen deuten auch darauf hin, dass sich die Gegensätze zwischen den Regen- und Wüstengebieten verstärken. Alle Ergebnisse und die daraus abgeleiteten Aussagen sind aber mit vielen Unsicherheiten belastet und sollten mit Vorsicht interpretiert werden.

Unter großem Aufwand versucht die Forschung Modell-Rechnungen zum künftigen Klimageschehen zu erstellen. Die 1988 von der Welt-Meteorologen-Organisation und dem Umweltprogramm der Vereinten Nationen einberufene Arbeitsgruppe legte sich bei ihrem Bericht zur Umweltkonferenz 1992 in Rio auf folgende Kernaussage fest: Eine Verdopplung des atmosphärischen CO_2-Gehalts auf 560 ppm wird zu Temperaturerhöhungen zwischen 1,5 °C und 4,5 °C führen. Große Fragezeichen gibt es aber noch über Ausmaß, zeitlichen Verlauf und regionale Auswirkung des Treibhauseffekts. Der zukünftige CO_2-Gehalt der Atmosphäre lässt sich aber nur dann hinreichend genau abschätzen, wenn bekannt ist, wie viel Kohlendioxid Atmosphäre, Ozeane und Landbiosphäre miteinander austauschen. Fest steht, dass ohne Ozeane der Treibhauseffekt ins Grenzenlose wachsen würde. Auch wenn ein zwingender Nachweis weltweiter Klimaänderungen durch den Menschen noch nicht möglich ist, sollte sich die Weltgemeinschaft zu raschen und energischen Abwehrmaßnahmen zusammenfinden. Vor allem die Hauptverursacher sind gefordert.

M 7 *Energiebedingte CO_2-Emissionen, Auswahl (in Mio. t)*

	1970	1980	1994
Welt (gesamt)	16 238	19 544	22 588
Afrika	344	491	712
Nordamerika	5 114	5 916	6 501
USA	4 747	5 183	5 696
Südamerika	653	634	802
Asien/Ozeanien	2 783	3 772	6 504
China	1 071	1 526	2 711
Japan	867	1 023	1 288
Europa (OECD)	3 275	3 783	3 668
Deutschland (alte u. neue Bundesländer)	1 072	1 126	941
Frankreich	467	507	403
Großbritannien	705	633	598
übriges Europa	–	4 522	3 559
GUS/UdSSR	2 564	3 339	2 701

Bundesministerium für Wirtschaft: Energiedaten. Bonn, verschiedene Jahrgänge

Die Ozonproblematik

„Ozonloch droht auch im Norden

Forschungsminister Krüger:
Schutzschicht drastisch verdünnt

Berlin (Reuter) – Deutsche Wissenschaftler halten es für möglich, dass unter ungünstigen Wettereinflüssen auch über der Nordhalbkugel ein Ozonloch entsteht. Bundesforschungsminister Paul Krüger (CDU) berichtete am Freitag in Berlin von einem drastisch verstärkten Abbau der schützenden Ozonschicht über Europa. Bislang war vor allem über der südlichen Halbkugel eine starke Abnahme der Ozonschicht beobachtet worden.
Krüger bezifferte den Ozonverlust über Europa auf jährlich 1,6 Prozent. Diese „relativ starken Verluste" machten weitere erhebliche Forschung notwendig. Im Herbst werde ein internationales Untersuchungsprogramm mit einem weltweit einmaligen Höhenforschungsflugzeug zur Erkundung der Atmosphäre beginnen. Krüger wandte sich dagegen, technisch in die Ozonveränderungen einzugreifen. Dazu gebe es zwar bereits Vorstellungen. Da nicht alle Zusammenhänge erforscht seien, berge ein solcher Eingriff aber Risiken. Zudem dürfte er sehr energieaufwendig sein.
Reinhard Zellner, Koordinator der deutschen Ozonforschung, rechnet damit, dass die Ozonverluste sich in den kommenden Jahren noch verstärken. Bis 2000 sei ein Rückgang um 20 bis 30 Prozent in Europa möglich. Vergleichsgröße für diese Entwicklung sei die Ozonsituation vor Freisetzung von Fluorchlorkohlenwasserstoffen durch den Menschen. Diese FCKW gelten als bedeutendste Verursacher des Ozonabbaus. Zellner zufolge spielen aber auch FCKW-Ersatzstoffe eine Rolle, der Flugzeugverkehr sowie der Treibhauseffekt, also die ebenfalls vom Menschen mitverursachte Aufheizung der Atmosphäre."

Süddeutsche Zeitung vom 9. 4. 1994

Ozon-Konzentration in der Antarktis (antarktischer Frühling). Die Datenmessung erfolgte durch ein Spectrometer eines Satelliten. Vergleichswerte: In den 70er-Jahren lagen die Werte gewöhnlich bei 300 Einheiten; ein Rekordtief mit 125 gab es 1989.

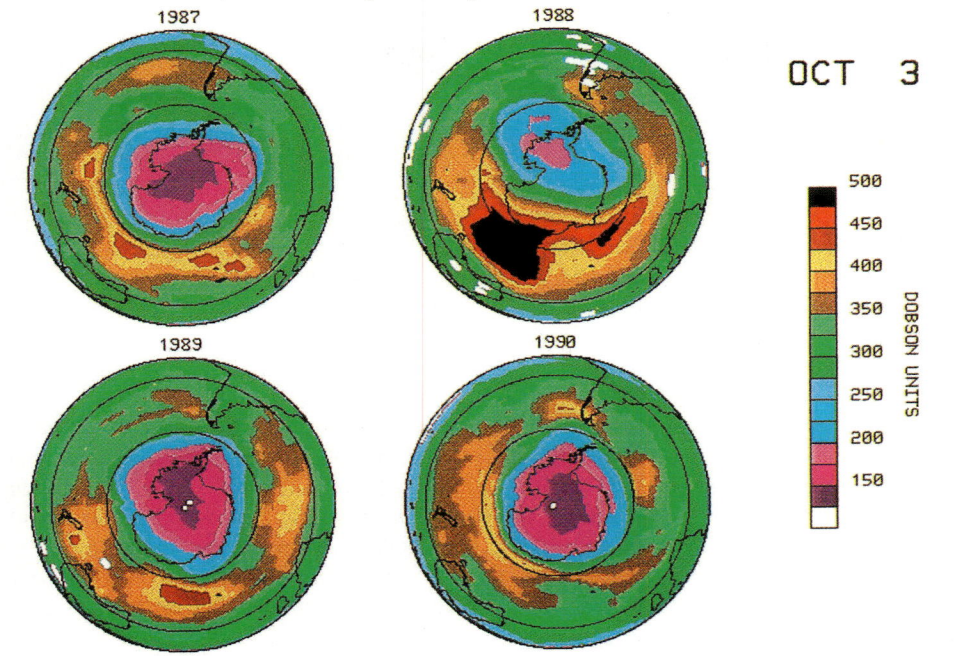

Eine Dobson-Einheit (D.U.) entspricht einem Hundertstel Millimeter und bezieht sich auf die Dicke einer Ozonschicht, die entstünde, wenn das atmosphärische Ozon auf Standardbedingungen gebracht würde.

Konrad Mauersberger: Das Ozonloch über dem Südpol.In: Die Geowissenschaften 1991, H. 11, S. 353

1985 entdeckten Forscher des British Antarctic Survey völlig Unerwartetes: Von 1977 bis 1984 hatte die im Frühling beobachtete Ozonsäule über der Forschungsstation Halley Bay um über 40 % abgenommen. Andere Forscher bestätigten den Befund und wiesen nach, dass sich die Ozonausdünnung über den antarktischen Bereich hinaus und in große Höhe erstreckte. Die Entdeckung des „Ozonlochs" alarmierte: Handelt es sich um eine antarktische Anomalie oder ein erstes Zeichen, dass die globale Ozonschicht in Gefahr ist?

Der Ozongehalt über der Antarktis geht jeden Winter auf natürliche Weise zurück, denn wegen fehlender Einstrahlung kann kein Ozon neu gebildet werden. Zu Beginn des Frühjahrs (Oktober) erreicht er dann ein Minimum und ab November steigt er wieder an. Ungeklärt ist, warum gerade im Frühjahr, wenn die Sonne auftaucht und eine neue Ozonproduktion anregen sollte, das Ozonloch am stärksten ist.

Dass sich das Ozonloch ausgeweitet und vertieft hat, wird mit den emittierten Spurengasen, vor allem den chlorhaltigen FCKW, in Zusammenhang gebracht. Warum und wie diese Gase das Ozon gerade über der Antarktis in dramatischer Weise abbauen, ist noch nicht genügend geklärt. Eine Rolle spielen sicherlich die besonderen meteorologischen Bedingungen auf dem Südkontinent, zum Beispiel die außerordentlich niedrigen Temperaturen und das Vorhandensein von stratosphärischen Wolken aus Eis und Salpetersäure. Von Bedeutung sind sicherlich auch die während eines großen Teils des Jahres um die Antarktis kreisenden Winde (zirkumpolare Wirbel). Sie schirmen den Kontinent vom globalen atmosphärischen Geschehen ab, sodass keine O_3-haltige Luft einströmen kann. Über dem Nordpolargebiet bestehen dagegen vergleichsweise höhere Temperaturen und die Wirbel sind weniger stark ausgebildet.

Das Spurengas Ozon (O_3) ist die dreiatomige Form des Sauerstoffs. Der Meteorologe Hartmut Graßl bezeichnet es als „die schillerndste Substanz in der gesamten Atmosphärenküche", denn es wird als einziges Treibhausgas nicht emittiert, sondern bildet sich in der Stratosphäre auf natürliche Weise aus Sauerstoff und Licht; in der Troposphäre entsteht es in einer komplizierten Abfolge von Reaktionen verschiedener Spurengase. Die gegenwärtige Ozonproblematik ist ein Problem der Ozonverteilung und lässt sich auf einen einfachen Nenner bringen: In der Stratosphäre, in der Ozon lebenswichtig ist, schwindet das Gas – und dort, wo es schädlich ist, in den erdnahen Luftschichten, gibt es zu viel davon: Oben zu wenig, unten zu viel!

Stratosphärisches Ozon bildet in etwa 15 bis 50 km Höhe die sogenannte *Ozonschicht*. Die Ozon-Konzentration ist dort etwa hundertfach größer als in den bodennahen Schichten. Sie ist von großer Bedeutung, denn Ozon absorbiert die schädliche kurzwellige, energiereiche UV-B-Strahlung. Ozonmoleküle werden in dieser Zone ständig auf- und abgebaut.

Messungen erweisen aber, dass die Konzentration des stratosphärischen Ozons abnimmt. Besonders deutlich wird das im sogenannten „Ozonloch", das sich während des Septembers und Oktobers über der Antarktis öffnet. Die Ursachen für die Ausdünnung der Ozonschicht werden in der Verwendung von Fluorchlorkohlenwasserstoffen (FCKW) gesehen. Diese galten noch bis in die 70er- und 80er-Jahre als besonders fortschrittliche Produkte der chemischen Industrie, weil sie viele Anforderungen an ein Industriegas erfüllten: Sie waren ungiftig, unbrennbar, stabil, unsichtbar und leicht zu verdichten. Verwendung fanden sie als Kühl- und Lösungsmittel, zum Aufschäumen von Kunststoffen und vor allem als Treibmittel, um Haarspray, Farben, Deos, Medikamente und andere Stoffe zu versprühen. Einmal freigesetzt, steigen die FCKW in die Stratosphäre auf, wo sie durch die starken, weil „ungefilterten" *UV-Strahlen* zersetzt werden. Das dabei frei werdende Chlor (Cl), aber auch andere Komponenten wie z. B. Brom (Br) und Stickstoffmonoxid (NO), zersetzen katalytisch die O_3-Moleküle. Ein Katalysator „zerstört" auf diese Weise Tausende O_3-Moleküle, bevor er selbst chemisch umgewandelt wird.

M 8 Katalytische Ozonzerstörung (schematisch)

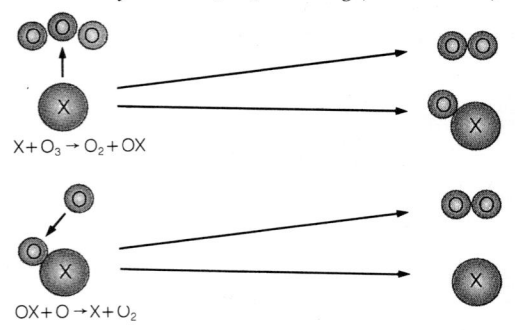

$X + O_3 \rightarrow O_2 + OX$

$OX + O \rightarrow X + O_2$

(X = Katalysator: z. B. Cl, Br, NO)

Da der Transport der FCKW in die Ozonschicht viele Jahre dauert, kann erst in den kommenden Jahrzehnten das Ausmaß der Schäden erkannt werden. Durch die Zerstörung der Ozonschicht wird mehr UV-Strahlung auf die Erde gelangen. Das wird die Vegetation und vor allem das Phytoplankton in den Weltmeeren bedrohen. Welche Folgen für die Menschen zu erwarten sind, wissen wir aus Ländern, wo die Ozonschicht heute schon eine geringere Schutzwirkung hat (z. B. Australien, Süd-Argentinien): Hautkrebs- und Augenerkrankungen treten vermehrt auf. Auch das Immunsystem wird gestört.

Ozon in der Troposphäre. An die steigende Ozonkonzentration in den bodennahen Luftschichten werden wir ständig erinnert, wenn die Medien an schönen Sommertagen vor hohen Werten warnen. Personen, die empfindlich auf Ozon reagieren – das sind immerhin etwa zehn Prozent der Bevölkerung –, sollten dann bei bestimmten Grenzwerten ungewohnte körperlich anstrengende Tätigkeiten im Freien vermeiden, und allen Personengruppen wird von besonderen sportlichen Belastungen abgeraten. Die Warnungen erfolgen deshalb, weil erhöhte Mengen Ozon die Zellen von Mensch und Tier in vielfältiger Weise schädigen können. Das aggressive Gas reizt die Schleimhäute, schädigt die Lungen und lässt die Augen tränen. Die stark oxidierenden Eigenschaften des Ozons wirken sich außerdem negativ auf die Pflanzenzellen aus.

M 9 *PKW und LKW in der Bundesrepublik Deutschland*

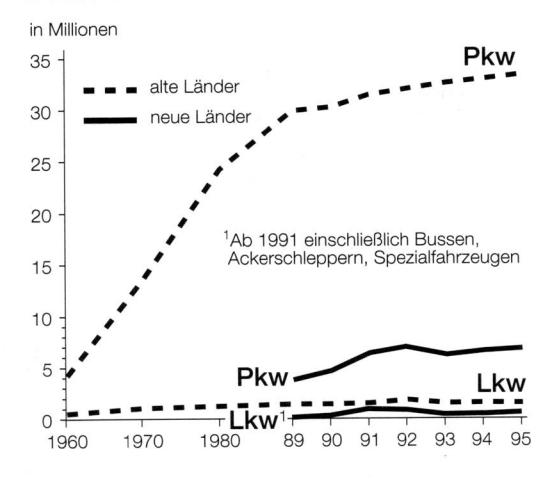

M 10 *Ozonmesswerte an einem Frühsommertag im städtischen und ländlichen Gebiet*

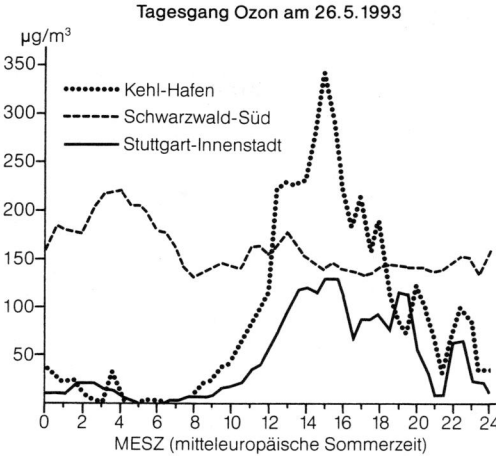

Nach Landesanstalt für Umweltschutz Baden-Württemberg: Die Luft in Baden-Württemberg. Jahresbericht 1993, Abb. 8.2

Schönes klares Sommerwetter und viel Autoverkehr sind – verkürzt gesagt – die entscheidenden Voraussetzungen für die Bildung des bodennahen Ozons. Bei seinem Zustandekommen in der Troposphäre sind nicht nur Sauerstoffmoleküle, sondern auch Stickoxide, Kohlenwasserstoffe (u. a. Benzol) und Kohlenmonoxid (CO) beteiligt. Stickstoffdioxid (NO_2), überwiegend aus den Auspuffen, wird unter Lichteinwirkung zersetzt (Fotolyse), wobei Stickstoffmonoxid (NO) und ein freies Sauerstoffatom entstehen. Dieses reagiert sofort mit einem Sauerstoffmolekül (O_2) zu Ozon (O_3). Aber auch NO sucht sich einen Reaktionspartner, und zwar – wenn vorhanden – Ozon. Auf diese Weise wird eben erst entstandenes Ozon zerstört, es bildet sich NO_2 und Sauerstoff; es entsteht ein Gleichgewicht. Zu einer Ozonanreicherung kann es nur dann kommen, wenn der NO_2-Nachschub hoch ist und wenn zu den Stickoxiden Kohlenwasserstoffe (etwa aus Benzindämpfen) und Kohlenmonoxid (aus Autoabgasen) hinzukommen und diese zusammen chemische Reaktionen eingehen.

Die zunehmende Ozonkonzentration ist demnach eine Folge der steigenden Emissionen des Verkehrs, der Industrie und der Haushalte. Kein Wunder, dass daher in den letzten Jahrzehnten die Ozonkonzentration stark zugenommen hat.

Seit Beginn der Messungen im Jahr 1967 hat sich beispielsweise an der Wetterstation Hochpeißenberg (Bayern) die Ozonkonzentration in der Luft um jährlich etwa 2 Prozent erhöht.

Die Ozonwerte sind wegen der unterschiedlichen Sonneneinstrahlung im Sommer stärker als im Winter, bei Tag stärker als bei Nacht. Paradox erscheint zunächst, dass die höchsten Ozonwerte nicht immer direkt in Verdichtungsgebieten gemessen werden, sondern in deren Randbereichen. Begründbar ist das dadurch, dass die Winde das bei der Ozonbildung beteiligte Gasgemisch und das gerade entstandene Ozon auf das Land verfrachten. Dort fehlt es wegen der geringeren Emissionen an „Ozon killendem" NO, das schon in den Stadtgebieten weitgehend verbraucht wurde. Erhöhte Ozonwerte können demnach in allen Schönwettergebieten auftreten, unabhängig davon, ob dort auch die „Verursacher" sind.

Ob die Ozonzunahme in der Troposphäre imstande ist, verstärkt auftretende schädliche UV-Strahlung zu absorbieren, ist zu bezweifeln, da die Reaktionsprozesse und -partner sich in Troposphäre und Stratosphäre unterscheiden. Jedenfalls erhöht die Zunahme auch den Treibhauseffekt, denn Ozon absorbiert gut infrarote Strahlung.

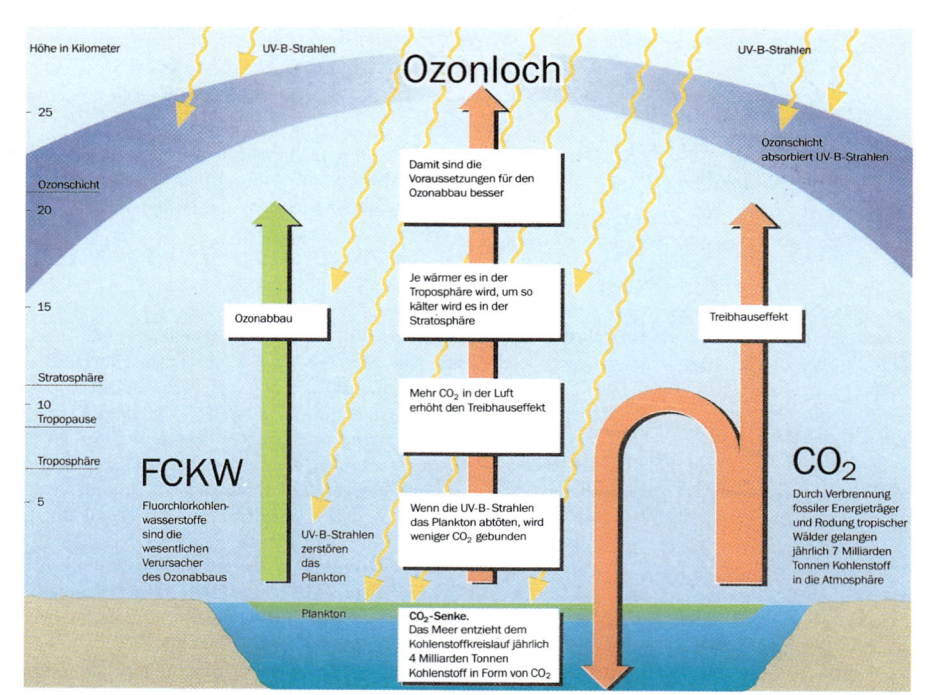

M 11 Zusammenhang von Ozonloch und Treibhauseffekt Bild der Wissenschaft 1994, H 2, S. 70/71

Ozonloch und Treibhauseffekt

Die Wissenschaftler haben lange Zeit angenommen, dass Ozonloch und Treibhauseffekt zwei Phänomene sind, die sich völlig unabhängig voneinander entwickeln. Die Prozesse, die zu ihrer Entstehung führen, spielen sich ja in unterschiedlichen Stockwerken der Atmosphäre ab. Inzwischen gibt es aber Vermutungen über einen Zusammenhang beider Vorgänge.

Eine aktuelle wissenschaftliche Hypothese sieht folgenden Zusammenhang von Ursachen und Wirkungen. Der Mensch produziert Fluorchlorkohlenwasserstoffe (FCKW) und zerstört dadurch die Ozonschicht. Das so entstehende Ozonloch lässt die gefährliche UV-B-Strahlung hindurch, die das Plankton in den Weltmeeren schädigt. Dadurch können diese Einzeller weniger Kohlendioxid aufnehmen. Das wäre aber dringend notwendig, weil durch die Verbrennung fossiler Energieträger immer mehr CO_2 in die Atmosphäre gelangt. Der Treibhauseffekt wird verstärkt, die globale Oberflächentemperatur steigt schneller.

1. Erläutern Sie den Gang der solaren und der terrestrischen Strahlung durch die Atmosphäre.

2. 1816 war in Europa und in Nordamerika ein schlimmes Hungerjahr, das „Jahr ohne Sommer" (Junimittel um etwa 5°C niedriger als sonst). Die Forschung ist sich sicher, dass dieses auf den Ausbruch des Vulkans Tambora (Indonesien) zurückzuführen ist. Erläutern Sie, inwiefern Vulkanausbrüche meteorologische Vorgänge beeinflussen können.

3. Begründen Sie, warum die Brandrodung auf zweierlei Weise den Treibhauseffekt verstärkt.

4. Informieren Sie sich, gegebenenfalls mit Hilfe der Chemielehrerin oder des Chemielehrers, über die Wirkung der FCKWs und die Entstehung des Ozonlochs.

5. Erklären Sie Zusammenhänge zwischen Treibhauseffekt und Ozonproblematik.

6. Das Ozonloch – ein Problem nur für die Pinguine?

*7. Überlegen Sie, welche Maßnahmen von politischer Seite vorgenommen werden müssten, um den Treibhauseffekt zu verringern.
Was kann der Einzelne dazu beitragen?*

Anhang
Weiterführende Literatur

Kapitel „Die Erde – ein gefährdetes Ökosystem"

Firor, John: Herausforderung Weltklima. Ozonloch, globale Erwärmung und saurer Regen. Heidelberg, Berlin, Oxford: Spektrum Akademischer Verlag 1993
Geographische Rundschau: Klima. 1993, Heft 2
Jonas, Hans: Das Prinzip Verantwortung. Versuch einer Ethik für die technologische Zivilisation. Frankfurt/M.: Insel Verlag 1979
Nisbet, Euan G.: Globale Umweltveränderungen. Ursachen, Folgen, Handlungsmöglichkeiten. Klima, Energie, Politik. Heidelberg, Berlin, Oxford: Spektrum Akademischer Verlag 1994
Praxis Geographie: Global denken – Menschheit wohin? 1995, Heft 4
Spektrum der Wissenschaft: Verständliche Forschung. Sammelband: Atmosphäre, Klima, Umwelt. Heidelberg: Spektrum der Wissenschaft 1990

Kapitel „Die Atmosphäre – Aufbau und klimawirksame Vorgänge"

Frankenberg, P.: Moderne Klimakunde. Braunschweig: Westermann 1991
Geo-Special: Wetter. 1982, Heft 2
Geo-Wissen: Klima, Wetter, Mensch. 1987, Heft 2
Graßl, Hartmut; Klingholz, Reiner: Wir Klimamacher. Frankfurt/M.: S. Fischer 1990
Praxis Geographie: Unruhige Atmosphäre. 1989, Heft 6

Kapitel „Böden"

Diez, Theodor; Weigelt, Hubert: Böden unter landwirtschaftlicher Nutzung. München: BLV Verlagsgesellschaft 1987
Heinrich, Dieter; Hergt, Manfred: Atlas zur Ökologie. München: Deutscher Taschenbuch Verlag 1990
Schroeder, Diedrich: Bodenkunde in Stichworten. Kiel: Hirt 1972
Semmel, Arno: Grundzüge der Bodengeographie. Stuttgart: Teubner 1977

Kapitel „Vegetation"

Ellenberg, H.: Vegetation Mitteleuropas mit den Alpen. Stuttgart: Ulmer 1986
Larcher, W.: Ökologie der Pflanzen. Stuttgart: Ulmer 1980
Leser, H.: Landschaftsökologie. Stuttgart: Ulmer 1986
Walter, H.: Allgemeine Geobotanik. Stuttgart: Ulmer 1986
Walter, H.; Breckle, Siegmar.-W.: Ökologie der Erde. Stuttgart: Gustav Fischer Verlag 1983

Kapitel „Landschaftszonen"

Kap. Tropen

Bender, Hans-Ulrich u.a.: Fundamente. Neubearbeitung. Stuttgart: Klett 1995
Geographie und Schule: Tropische Räume. 1988, Heft 60/8
Müller-Hohenstein, Klaus: Die Landschaftszonen der Erde. Stuttgart: Teubner 1981
Praxis Geographie: Savannen. 1985, Heft 11
Praxis Geographie: Wüsten und Halbwüsten. 1986, Heft 10
Weischet, Wolfgang: Die ökologische Benachteiligung der Tropen. Stuttgart: Teubner 1977
– Tropischer Regenwald: Gefährdung komplexer Ökosysteme und Zerstörung des Tropischen Regenwaldes
Bundesministerium für wirtschaftliche Zusammenarbeit (Hrsg.): Entwicklungspolitik – Erhaltung der tropischen Regenwälder (BMZ aktuell 1988)
Geographische Rundschau: Tropen. 1989, Heft 7/8
Geographie und Schule: Wald und Waldnutzung. 1992, Heft 79/10
Herkendell, Josef; Koch, Eckehard: Bodenzerstörung in den Tropen. München: Beck 1991
Praxis Geographie: Dritte Welt – Ökonomie und Ökologie im Konflikt. 1992, Heft 9
Sioli, Harald: Amazonien. Stuttgart: Wissenschaftliche Verlagsgesellschaft 1983
Weischet, Wolfgang: Die ökologische Benachteiligung der Tropen. Stuttgart: Teubner 1977
– Erschließungsprojekte in Amazonien
Börner, Ulrich: Tucuri – ein Energieriese im tropischen Regenwald Brasiliens. In: Zeitschrift für den Erdkundeunterricht 1992, Heft 4, S. 128–130
Herrnleben, Hans-Georg: Entwicklungsprogramm 'Grande Carajás'. In: Praxis Geographie 1986, Heft 9, S. 30–35

Kohlhepp, Gerd: Amazonien. Problemräume der Welt. Bd. 8. Köln: Aulis 1986.
Schacht, Siegfried: Brasilien zwischen sozialen und ökologischen Problemen. In: Praxis Geographie 1995, Heft 11, S. 4–10
– Sahel: Problemraum in den Wechselfeuchten Tropen
Bundesministerium für wirtschaftliche Zusammenarbeit (Hrsg.): Desertifikationsbekämpfung und Ressourcenmanagement in den Trockenzonen (BMZ aktuell Sept. 1993)
Geographie und Schule: Nutzung von Trockenräumen. 1981, Heft 81
George, Uwe: Eine Reise nach Afrika. In: Geo, 1985/9
Mensching, Horst: Nordafrika und Vorderasien (Fischer Länderkunde 4). Frankfurt/M.: Fischer Taschenbuchverlag 1988
Mensching, Horst: Die Sahelzone (Problemräume der Welt 6). Köln: Aulis 1991
Manshard, Walther: Afrika – südlich der Sahara (Fischer Länderkunde 5). Frankfurt/M.: Fischer Taschenbuchverlag 1988
Manshard, Walther: Entwicklungsprobleme in den Agrarräumen des tropischen Afrika. Darmstadt: Wissenschaftliche Buchgesellschaft 1988

Kap. Subtropen

Geographische Rundschau: Subtropen. 1991, Heft 7/8
– Mittelmeer
Geographische Rundschau: Weltmeere. 1986, Heft 12
Rother, Klaus; Popp, Herbert (Hrsg.): Die Bewässerungsgebiete im Mittelmeerraum. Passauer Schriften zur Geographie 1993
Rother, Klaus: Der Mittelmeerraum. Ein geographischer Überblick. Studienbücher der Geographie. Stuttgart: Teubner 1993
Struck, Ernst (Hrsg.): Aktuelle Strukturen und Entwicklungen im Mittelmeerraum. Passauer Kontaktstudium Erdkunde 3. Passau: Passavia Universitätsverlag 1993
– China
Smil, Vaclav: China's environmental crisis: an inquiry into the limits of national development. M. E. Sharpe: New York 1993

Kap. Gemäßigte Zone

Hofmeister, Burkhard: Gemäßigte Breiten. Braunschweig: Höller und Zwick 1985
Praxis Geographie: Laubwälder der gemäßigten Breiten. 1988, Heft 12
Praxis Geographie: Steppengürtel. 1984, Heft 11

– Rheinhochwasser
Bundesanstalt für Gewässerkunde : Das Hochwasser am Rhein, Januar 1995. Koblenz 1996
Gerken, Bernd: Auen, verborgene Lebensadern der Natur. Freiburg: Rombach 1988
Henrichfreise, Alfons: Ist ein optimaler Hochwasserschutz ohne Wiederüberschwemmung der natürlichen Retentionsräume am Oberrhein möglich? Kurzfassung des Vortrages vom 12. November 1992 in St. Goar vor der Hochwassernotgemeinschaft Mittelrhein. Bundesamt für Naturschutz 1994
Landesanstalt für Umweltschutz Baden-Württemberg (Hrsg.): Schriftenreihe: Der Oberrhein im Wandel, Heft 1–3, Karlsruhe
Ministerium für Umwelt, Baden-Württemberg (Hrsg.): Hochwasserschutz und Ökologie o. J.
Rat der Stadt Köln: Hochwasserschutzkonzept. Köln 1996
– Great Plains
Hofmeister, Burkhard (Hrsg.): Nordamerika (Fischer Länderkunde 6). Frankfurt/M.: Fischer Tachenbuchverlag 1980
Kümmerle, Ulrich; Vollmar, Rainer: USA. Länder und Regionen. Stuttgart: Klett 1988
Windhorst, Hans-Wilhelm; Klohn, Werner: Die Bewässerungslandwirtschaft in den Great Plains (Vechtaer Studien zur Angewandten Geographie und Regionalwissenschaft 14). Vechta: Vechtaer Druckerei und Verlag 1995
Windhorst, Hans-Wilhelm; Klohn, Werner: Entwicklungsprobleme ländlicher Räume in den Great Plains der USA. (Vechtaer Studien zur Angewandten Geographie und Regionalwissenschaft 2). Vechta: Vechtaer Druckerei und Verlag 1991

Kap. Kalte Zone

Schultz, Jürgen: Die Ökozonen der Erde. UTB 1514. Stuttgart: Ulmer 1988, S. 79–167
Walter, Heinrich; Breckle, Siegmar-W.: Ökologie der Erde Band 3. UTB für Wissenschaft, große Reihe. Stuttgart: Fischer 1986, S. 362ff.
– Westsibirien
Bender, Hans-Ulrich; Weber, Heinz: Die westsibirische Erdöl- und Erdgasprovinz. In: Praxis Geographie 1990, Heft 3, S. 39ff.
– Hydroenergie Kanadas
Lenz, Karl: Der boreale Nadelwaldgürtel Kanadas: In: Geographische Rundschau 1990, Heft 7–8, S. 408–414
Soyez, Dietrich: Hydro-Energie aus dem Norden Qebecs. In: Geographische Rundschau 1992, Heft 9, S. 494–501

Kapitel „Stadtökologie"

Adam, Klaus: Stadtökologie in Stichworten. Hirt's Stichwortbücher. Uterägeri 1988
Baumüller, Jürgen u.a.: Städtebauliche Klimafibel, Hinweise für die Bauleitplanung, Folge 2. Hrsg. vom Wirtschaftsministerium Baden-Württemberg 1993
Fezer, Fritz: Das Klima der Städte. Gotha: Klett-Perthes 1995
Helbig, Alfred; Baumüller, Jürgen; Kerschgens, Michael (Hrsg.): Stadtklima und Luftreinhaltung. Berlin, Heidelberg: Springer Verlag, 1996 (in Vorbereitung)
Knoth, P.; Stricker, B.: Lebensraum Stadt: Raum zum Leben? Oberstufen-Geographie. München: Bayerischer Schulbuchverlag 1995
Kuttler, Wilhelm: Planungsorientierte Stadtklimatologie. In: Geographische Rundschau 1993, Heft 2, S. 95ff.
Praxis Geographie: Siedlungsökologie – Mehr Natur in Stadt und Dorf. 1995, Heft 9
Stottele, Tillmann; Ruf, Sonja: Kein Herbst ohne Blätter. Jugendaktionen gegen Umweltzerstörung. Stuttgart: Spektrum Verlag 1992
Umweltbundesamt (Hrsg.): Umweltdaten Deutschland 1995 (kostenlose Broschüre)
– Stadtklima Düsseldorf
Landeshauptstadt Düsseldorf, Umweltamt (Hrsg.): Meßbericht 1995. Luftbelastung in Düsseldorf, 1996
Ministerium für Umwelt, Raumordnung und Landwirtschaft des Landes Nordrhein-Westfalen (Hrsg.): Luftreinhaltung Nordrhein-Westfalen. Eine Erfolgsbilanz der Luftreinhaltung 1975–1988. Düsseldorf 1989
Ministerium für Umwelt, Raumordnung und Landwirtschaft des Landes Nordrhein-Westfalen (Hrsg.): Luftreinhalteplan Rheinschiene Mitte. 1. Fortschreibung 1988–1992. Düsseldorf 1988
– Energieversorgung der Städte
Bundeszentrale für Politische Bildung (Hrsg.): Energie. Informationen zur politischen Bildung, Heft 234. Bonn 1992 (kostenlos; Bezug: Franzis-Druck, München)
Greenpeace (Hrsg.): Tat-Ort Schule: Energie. Berlin 1994. (kostenlos; Bezug: Greenpeace, Hamburg)
Praxis Geographie: Energie. 1996, Heft 11
Seifried, D.: Gute Argumente: Energie. Becks Reihe Nr. 318. München: Beck 1991
– Wasser
Umweltbundesamt (Hrsg.): Was Sie schon immer über Wasser und Umwelt wissen wollten. Berlin (kostenlos)
Umweltbundesamt (Hrsg.): Wasser ist zum sparen da. Berlin (Faltblatt, kostenlos)
Vereinigung Deutscher Gewässerschutz (Hrsg.): Grundwasser. Bonn (Broschüre)
– Abwasser
Abwassertechnische Vereinigung (Hrsg.): Abwasser im Klartext. Hennef 1994 (Broschüre)
– Grundwasserbelastung und Wasserversorgung Herne
Kötter, Ludger u.a.: Erfassung möglicher Bodenverunreinigungen auf Altstandorten. Kommunalverband Ruhrgebiet. Essen 1989
– dito: Ruhrgebiet
Dege, Wilhelm; Dege, Winfried: Das Ruhrgebiet. Kiel: Hirt 1980
Emschergenossenschaft/Lippeverband (Hrsg.): Wasser – Natur – Technik. Essen 1982
– Abfall
Projekt „Total tote Dose" (Hrsg.): Jugendaktionshandbuch Abfall. Göttingen 1994
Umweltbundesamt (Hrsg.): Was Sie schon immer über Abfall und Umwelt wissen wollten. Berlin 1991
– Abfallaufkommen und -entsorgung in NRW
Ministerium für Umwelt, Raumordnung und Landwirtschaft des Landes Nordrhein-Westfalen (Hrsg.): Abfallbilanz NRW 1994 für Siedlungsabfälle. Düsseldorf 1996
– Verkehr
Deutsche Angestellten-Krankenkasse (Hrsg.): Wieviel PS braucht der Mensch? Hamburg (Broschüre, kostenlos)
Greenpeace (Hrsg.): Tat-Ort Schule: Verkehr. Berlin 1994 (kostenlos; Bezug: Greenpeace, Hamburg)
Mobil ohne Auto (Hrsg.): Jährlich neue Broschüren. Nürnberg
Seifried, D.: Gute Argumente: Verkehr. Becks Reihe Nr. 411. München: Beck 1991
Umweltbundesamt (Hrsg.): Was Sie schon immer über Auto und Umwelt wissen wollten. Berlin
WWF (Hrsg.): Verkehrte Welt – Aktionsbroschüre 1995 (kostenlos; Bezug: WWF, Bremen)
– Aachen
Kürten, L.: Kommunale Verkehrsplanung: Im Zwiespalt der Interessen. In: Spektrum der Wissenschaft. Dossier: Verkehr und Auto. 1994, S. 24–29
Ministerium für Umwelt, Raumordnung und Landwirtschaft des Landes Nordrhein-Westfalen (Hrsg.): Ökologische Stadt der Zukunft. Zwischenbericht 1994. Düsseldorf 1994

Kapitel „Gefährdung der Erdatmosphäre"

Arbeitskreis Schulinformation Energie (Hrsg.): Perspektiven der Energieversorgung in der Bundesrepublik Deutschland. Frankfurt/M. 1992
Bach, Wilfried: Klimabeeinflussung durch Spurengase. In: Geographische Rundschau 1986, Heft 2, S. 58-70
Bach, Wilfried: Wie entwickelt sich das Weltklima? In: Praxis Geographie 1989, Heft 6, S. 22-27
Bund: Umweltbilanz. Hamburg: Rasch und Röhring 1987
Bundeszentrale für politische Bildung (Hrsg.): Informationen zur politischen Bildung. Heft 234: Energie. Bonn 1992
Frisch, Franz: Klipp und klar. 100 x Energie. Mannheim: Bibliographisches Institut 1989
Geiger, Michael: Klima in Gefahr. In: Praxis Geographie 1989, Heft 6, S. 18-21
Geographie und Schule: Stadtklima. 1985, Heft 36
Geographische Rundschau: Energie. 1990, Heft 10
Heinrich, Dieter; Hergt, Manfred: Atlas zur Ökologie. München: Deutscher Taschenbuch Verlag 1990
Information zur Elektrizität: Energiewirtschaft 1991, H. 24: Erneuerbare Energie. Ihre Nutzung durch die Elektrizitätswirtschaft.
Informationen zur Elektrizität (IZE) (Hrsg.): StromDiskussion. Dokumente und Kommentare zur energiewirtschaftlichen und energiepolitischen Diskussion
Kelletat, Dieter: Meeresspiegelanstieg und Küstengefährdung. In: Geographische Rundschau 1990, Heft 12, S. 648-652
Kuttler, Wilhelm: Planungsorientierte Stadtklimatologie. In: Geographische Rundschau 1993, Heft 2, S. 95ff.
Pletschow, Ulrich; Meyerhoff, Jürgen; Thomasberger, Claus: Umweltreport DDR. Frankfurt/M.: S. Fischer 1990
Schönwiese, Christian-Dietrich; Diekmann, Bernd: Der Treibhauseffekt. Reinbek: Rowohlt Taschenbuch Verlag 1991
Spektrum der Wissenschaft: Verständliche Forschung. Sammelband: Atmosphäre, Klima, Umwelt. Heidelberg: Spektrum der Wissenschaft 1990
Wirtschaftsministerium Baden-Württemberg (Hrsg.): Städtebauliche Klimafibel. Folge 2. Stuttgart 1993
Wood, Robin (Hrsg.): Klima Aktionsbuch. Was tun gegen Ozonloch und Treibhauseffekt? Göttingen: Die Werkstatt 1992

Register

adiabatisch	11
Aerosole	11
Agrarische Tragfähigkeit	98
Agroforesting	61
Agronomische Trockengrenze	121
Albedo	68, 129
Antizyklonen	14
Assimilate	104
Ausgangsgestein	54
Azonale Vegetation	41
Baugesetzbuch	184
Bauleitplanung	184
Bebauungspläne	184f.
Benzol	172
BHKW	153
Block-Heiz-Kraftwerke	153
Bodenacidität	54
Bodenarten	30
Bodenfruchtbarkeit	36
Bodengare	36
Boreale Biomasse	129
Boreale Nadelwaldzone	126
Bowen	68
Brennwerttechnik	153
Center pivots	124
Chemische Verwitterung	30
Corioliskraft	15
Desertifikation	73
Destruenten	104
Dreischichttonminerale	31
Dry Farming	123
Duales System	162
Dürrekatastrophen	73
Dürren	73
Dust Bowl	122
Effektive Klassifikation	23
Eiswüste	126
Emission	172
Energetische Bauleitplanung	154
Feedlots	124
Fernwärmenetz	153
ferrallitisch	54
Ferrallitischer Boden	35
Flächennutzungsplan	184
Fotochemischer Smog	105
Fotooxidantien	105
Fotosynthese	104
Frontalzone	15
Frostschuttzone	130
Furkationszone	113
Gegenstrahlung	9
Genetische Klassifikation	23
Gewerbegebiete	146
Gradientkraft	14
Gradientwinde	14
Gründüngung	32
Halbnomaden	78
Hochdruckgebiete	14
Horizontaler Luftaustausch	148
Huminkolloide	32
Huminstoffe	32
Immission	172
Industrieflächen	146
Innenraumbelastung	171
Innertropische Konvergenzzone	16
Inversionswetterlage	148
Isobaren	14
ITC	16
Jahreszeitenklima	130
Jetstreams	16
Kalte Zone	126
Kaltfront	20
Kaolinite	54
Klima	7
Klimabündnis	154
Klimaelemente	7
Klimafaktoren	7
Klimatope	146
Kohlenmonoxid	172
Kohlenstoffhaushalt	129
Kondensationskerne	11
Kondensationskraftwerke	153
Konsumenten	104
Kontinentales Klima	22
Korngröße	30
Kraft-Wärme-Kopplung	153
Krümelstruktur	36
Kurzgeschlossener Nährstoffkreislauf	54

Land-Seewind-Phänomen	14
Landdegradation	82
Landklima	22
Laterite	54
Luftdruck	14
Luftfeuchte	10
Luftfeuchtigkeit	10
Mäanderzone	113
Maritimes Klima	22
MBV	168
Mechanisch-biologische Restmüll-Vorbehandlungsanlage	168
Mineralische Bodensubstanz	30
Mineralisierer	104
Mineralisierung	32
MIV	172
Modal split	172
Moorseen	134
Nahwärme	153
Natürlicher Treibhauseffekt	9, 186
Nördliche Nadelwaldzone	126
Nordostpassat	16
Okklusion	20
ÖPNV	172
Organische Kohlenwasserstoffe	161
Ozonschicht	192
Parabraunerde	34
Permafrostböden	127, 131
PH-Wert	33
Planetarische Frontalzone	16
Podsol	34, 127
Polare Zone	126
Polarfrontzyklone	20
Primäre Luftverunreinigungen	105
Primärproduzenten	104
Reduzenten	104
Respiration	104
Rohstoffliches Recycling	162
Rossbreiten	16
Roterden	54
Saurer Regen	105f.
Schichtsilikate	31
Schwarzerde	35
Schwermetalle	161
Seeklima	22

Seitenerosion	113
Sekundäre Verunreinigungen	105
Shifting cultivation	56
Sohlenerosion	113
Solarkonstante	8
Spurengase	187
Standortertragsfähigkeit	36
Stauseen	159
Stickstoffverbindungen	160
Stomata	104
Sublimation	10
Subpolare Tiefdruckrinne	16
Subpolare Zone	126
Subsistenzwirtschaft	50
Südostpassat	16
Synergetische Wirkung	108
Tageszeitenklima	46
Taiga	126
Terrestrische Strahlung	9
Tiefdruckgebiete	14
Tonminerale	31
Treibhauseffekt	186ff.
Tropfbewässerung	90
Troposphäre	7
Tundra	126
Tundrazone	130
Tundren-Gleyboden	131
Überweidung	79
Untere Naturschutzbehörde	184
UV-Strahlen	192
Variabilität der Niederschläge	74
Vertikaler Luftaustausch	148
Vollnomaden	78
Waldsterben	101
Wanderfeldbau	56
Wärmedämmung	154
Wärmeinsel	146
Warmfront	20
Werkstoffliches Recycling	162
Wetter	7
Windfeld	146
Witterung	7
Zonale Vegetation	41
Zweischichttonminerale	31
Zyklonen	14

Bildnachweis

ABC Antiquariat Marco Pinkus, Zürich: S. 6; Akhtar, Berlin: S. 81;.BASF, Limburgerhof: S. 28 li; Bender, Köln: S. 95; Bilderberg/ Burkard, Hamburg: S. 137; Biologische Bundesanstalt für Land- und Forstwirtschaft, Braunschweig: S. 101; Carl-W. Röhrig/CO-Art, Hamburg: S. 21 o; CDZ, Stuttgart: S. 17; Das Fotoarchiv/Sackermann, Essen: S. 176; Decker, Welzheim: S. 100 u; Deutsche Forschungsanstalt für Luft- und Raumfahrt e.V., Weßling: S. 22; Deutsche Landwirtschafts-Gesellschaft Verlags-GmbH, Frankfurt: S. 35 u; Duales System Deutschland GmbH, Köln: S. 164; Focus/Blaustein,Hamburg: S. 48; Fotomarketing Wolfgang Balfer, Köln: S. 110; Gerster, Zumikon: S. 87 li, 123; Gruner + Jahr, Hamburg: S. 72 o (Barth), 72 u (George); Heitmann, Stabio: S. 60 u; Helga Lade Fotoagentur, Frankfurt/M.: S. 10 li; Jugendumweltbüro, Göttingen: S. 169 o u. u; Jung; Hilchenbach: S. 102, 103; Jürgens, Köln: S. 134; Kahnt, Stuttgart: S. 31, 32 re; Koch, Zollikon: S. 127, 130; Korby, Korb: S. 9, 18; Kümmerle, Saulgau: S. 87 re; Kuttler & Schnieders, Düsseldorf: S. 146 re u.li ; Landwirtschaftliche Beratung Thomasdünger, Düsseldorf: S. 28 re, 32 li, 34 o u. u, 35 o, 37; Lineair derde wereld fotoarchief/Giling, Arnhem (Niederlande): S. 77; Löbach-Hinweiser, Bern: S. 175; Luftbild Elsässer, Stuttgart: S. 100 o; Magnum/ McCurry, Hamburg: S. 5; Mensching, Hamburg: S. 80, 83; NASA/USIS, Bonn: S. 52; Okapia/Christian Grzimek, Frankfurt/M.: S. 50; Philipp, Stuttgart: S. 40 li o u. li u,43 li u; realfoto, Weil der Stadt: S. 10 re; Reinhard - Tierfoto, Heiligkreuzsteinach: S. 43 re o; Seitz, Freiburg: S. 55; Silvestris GmbH, Kastl: S. 40 re o (Albinger), 40 re u (Hoffmann); Soyez, Köln: S. 141; Stein, Wolfsburg: S. 165, 174; Touristik-Marketing, Hannover: S. 89; Umweltamt Braunschweig: S. 150; US Department of Agriculture, Soil Conservation Service, Washington: S. 122; Verlag Heinrich Vogel, München: S. 170; von der Ruhren, Aachen: S. 56, 177; Wagner, Würzburg: S. 88, 92; Wilczek, München: S. 65 (von Atzingen), 67 (Pabst); Wössner, Berlin: S. 186; ZEFA/Schmied, Düsseldorf: S. 60 o